顶级休闲·娱乐空间
设计施工图集

TOP, ENTERTAINMENT LEISURE DESIGN FOR CONSTRUCTION

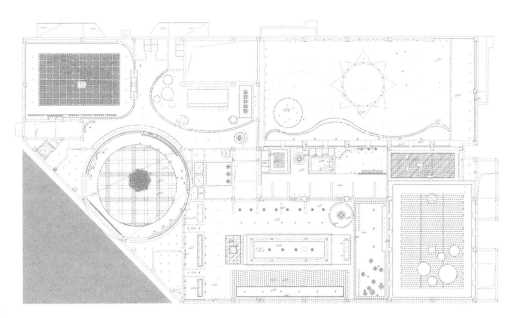

杨 淘 张祖迪 主编

辽宁科学技术出版社
沈 阳

本书编委会

主　编：杨　淘　张祖迪
副主编：孙志刚　江蕲珈　冼　宁　孙　迟
编　委：张学黎　牛颖伟　刘元文　付希亮　杜心舒　吕　美
　　　　李　菲　杨　明　韩　涛　王志夫　黄文凤　殷　爽
　　　　刘智丽　胡　杰　王　哲　刘　洋　董　礼

图书在版编目（CIP）数据

顶级休闲、娱乐空间设计施工图集 ／ 杨淘,张祖迪主编.
—沈阳：辽宁科学技术出版社，2011.11
　　ISBN 978-7-5381-7064-1

　　Ⅰ.①顶… Ⅱ.①杨… ②张… Ⅲ.①文娱活动－公共建筑－
空间设计－图集②文娱活动－公共建筑－工程施工－图集
Ⅳ.①TU242.4-64

中国版本图书馆CIP数据核字(2011)第142367号

出版发行：辽宁科学技术出版社
　　　　　（地址：沈阳市和平区十一纬路29号　邮编：110003）
印 刷 者：沈阳天择彩色广告印刷有限公司
经 销 者：各地新华书店
幅面尺寸：230mm×300mm
印　　张：40
插　　页：16
字　　数：200千字
印　　数：1～2000
出版时间：2011年11月第1版
印刷时间：2011年11月第1次印刷
责任编辑：郭媛媛
封面设计：熙云谷品牌设计
版式设计：熙云谷品牌设计
责任校对：李　霞
书　　号：ISBN 978-7-5381-7064-1
定　　价：168.00元（附赠光盘）

投稿热线：024-23284356　18604056776
投稿信箱：purple6688@126.com
邮购热线：024-23284502
http://www.lnkj.com.cn
本书网址：www.lnkj.cn/uri.sh/7064

Preface
前言

休闲娱乐是人们享受生活本质意义和乐趣的重要精神需求，现代休闲生活方式的丰富多彩和积极的经济意义，促进了娱乐业和休闲娱乐建筑的迅速发展。在市场需求多样化、个性化和时尚化的推动下，其功能类型及形式也日趋丰富多彩。这就要求设计师不仅要掌握休闲娱乐空间基本的设计原则，还要更多地了解最前沿的设计思想。

本书收录了希尔斯池典、名都嘉年华、上海（市北）鸿艺会和风采·巴厘岛国际男士水疗会所的完整设计与施工图纸。其中希尔斯池典建筑面积18 000平方米，地处辽宁省沈阳市铁西新区建设中路与保工街交汇处，由辽宁金沙集团斥资1.3亿元建设。会所集水疗SPA、餐饮客房、养生保健、茶艺棋牌、休闲娱乐等多功能于一体，规模宏大，功能齐全，奢华至极，在东三省乃至全国都屈指可数的超大型综合性会所。名都嘉年华位于辽宁省沈阳市铁西区兴工街，建筑面积20 000平方米。会所集接待、洗浴、SPA、休闲等于一体，整体建筑外观风格以现代、简洁、大气为主，建筑周围被较大面积绿化所围绕。室内设计以浅色为空间的主基调，旨为注重宁静、典雅。功能齐全的设施加上人性化的设计，使宾客真正感受到温馨和舒适，在宁静中放松了疲惫的心灵。上海（市北）鸿艺会地处上海市北工业园区之内，整体空间设计将ART DECO装饰艺术的表现手法融会贯通到整个贵宾会所的设计风格之中，将现代元素和传统元素结合在一起，以现代人的审美需求来打造富有传统韵味的风格，创造出一个高贵、典雅、华丽、舒适的集餐饮、娱乐、休闲、健身、会议于一体的高档会所。风采·巴厘岛国际男士水疗会所位于辽宁省沈阳市沈河区奉天街，建筑面积800平方米，是一家异域文化的专业SPA会所，经营者希望通过"巴厘岛"引领当地"高端男士"的时尚消费。浓郁的东南亚装饰设计风格给人们带来一种舒适、静谧、奢华感觉。

本书图文并茂，内容精练实用，可供艺术院校师生、环境艺术设计人员以及其他从事娱乐业的专业人员参考使用。本书收录的前三个休闲娱乐空间分为空间展示与施工图两个部分，空间展示中详细地介绍了工程概况、设计理念、方案阶段的效果图及完工后的实景照片等。施工图部分详细地展示了各个空间的主要施工图，读者可以按照施工图的目录方便、快捷地找到所需的图纸。风采·巴厘岛国际男士水疗会所的空间展示部分收录在书中，施工图部分收录在随书赠送的光盘中。

本书的资料提供与后期整理由杨淘老师、张祖迪老师及沈阳大展装饰设计顾问有限公司、上海本善装饰设计工程有限公司和他们的设计团队共同完成，在他们的努力下，《顶级休闲·娱乐空间设计施工图集》终于和大家见面了。由于时间仓促及版面限制等诸多原因，书中仍然会存在许多不足之处，敬请各位读者予以指正。

鸣谢

沈阳大展装饰设计顾问有限公司
地址：辽宁省沈阳市铁西区建设东路57号
　　　爱都国际B座2206室
电话：024-23411341　23415961

上海本善装饰设计工程有限公司
地址：上海市闵行区莘东路521号
　　　光电大厦7楼
电话：021-64889358　64889366

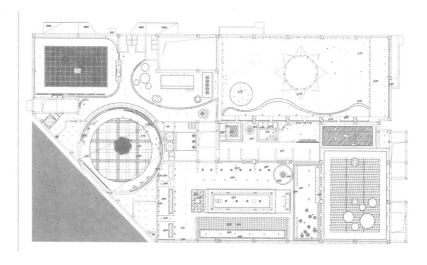

TOP ,ENTERTAINMENT LEISURE DESIGN FOR

CONSTRUCTION

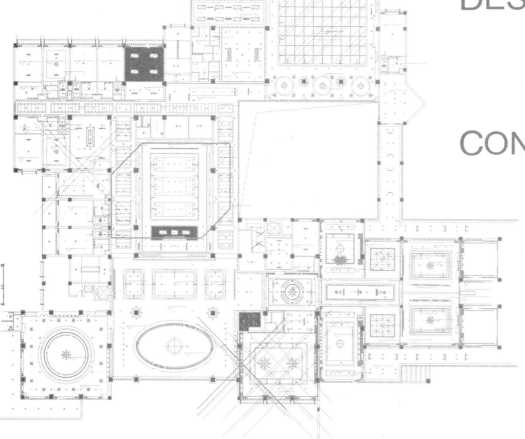

CONTENTS
目录

希尔斯池典

项目介绍 PROJECT INTRODUCTION

　　希尔斯池典位于辽宁省沈阳市铁西区建设中路，建筑面积18 000平方米。希尔斯池典，是沈阳市超五星级一站式国际商务休闲会所。地处沈阳市铁西新区建设中路与保工街交汇处，是集水疗SPA、餐饮客房、养生保健、茶艺棋牌、休闲娱乐等多功能于一体的超大型综合性会所。

设计理念
DESIGN IDEA

意念 CONCEPTION

希尔斯为"health"的译音，健康、休闲是业主的初衷，整体设计融入了异域风格、地中海的热带风情及中东奢华的宫廷风格，将"奢华的休闲"通过材料、造型、符号,整理，融合得以体现。

风格 STYLE

"希尔斯池典"案名出类拔萃，卓尔不群。打破传统"澡堂"、"洗浴中心"和"会馆"之类命名习俗，以"希尔斯"（英文"健康"音译）和"池典"（沐浴大典）构成。其案名由高端产业策划人唐易中人设计。整体设计利用地中海热带风情及中东奢华宫廷风格，彰显装饰设计大气、奢华。

↓大堂

大堂

　　进入大堂，首先映入眼帘的就是明显的水池，安静、清爽。大而精致的水晶吊灯对应水池垂落下来。曲线的运用使大堂看起来不再呆板，变得更加的生动、柔美。地面拼花形式丰富、精致、大气，色彩丰富又不失协调统一。整个空间氛围干净、优雅、大气、奢华又不显奢侈。大堂的右侧为总服务台，功能齐全，人性化的设计随处可见，且装饰性强。大堂的左侧为等待休息区，沙发颜色采用红色与黄色，空间开阔、温馨舒适。

↓男士更衣区

↓男士换鞋区

男士更衣区

空间用天然的材料，白灰泥墙、连续的拱廊与拱门、陶砖无一不在体现本案地中海设计风格。所有的设计元素并不是简单拼凑，地中海风格贯穿其中。镂空的花纹木雕加以清透的纱帘让更衣室看起来更加亲近自然、纯美。大幅地毯的铺装也为空间增添了奢华感觉。

男士换鞋区

地中海风格按照地域自然出现了三种典型的颜色搭配。土黄及红褐：这是北非特有的沙漠、岩石、泥、沙等天然景观颜色，这两种颜色在此空间中很明显地透过家具、布帘体现出来，另外，天花丰富的花纹图案彰显出浓郁的地域风情。地中海风格的设计注重绿化，爬藤类植物是常见的室内植物。

↓ 男士浴区

男士浴区

　　整个男浴部分成为希尔斯的焦点，男士浴区空间塑造极为宽敞大气，东南亚风情的石材和木材亭子和浓郁的地中海地面铺砖及蓝色池面，以及泰式的高大装饰石像，构成了一个多元化的但富有自然风情的洗浴空间。立面的肌理粗糙石材增加了空间原始自然韵味，置身于此，更有一种处于室外自然场景之中。男士浴区功能也极其完善，设有冷水池、热水池、常温池，同时还设有露天浴区。

↓ 女士浴区1

女士浴区

地中海的色彩确实太丰富了，并且由于光照足，所有颜色的饱和度也很高，体现出色彩最绚烂的一面。地中海风格特点是，无须造作，本色呈现。利用比较常见的蓝与白对比，塑造最经典的地中海装饰风格。运用大幅的镜子和水晶吊灯都旨在塑造柔美、优雅的女性气质。整个女士浴区氛围优雅、干净，华丽但不庸俗。细节处理精致、唯美。

↑ 女士浴区2

↓ 女士换鞋区

女士换鞋区

女士换鞋区的设计风格与男士换鞋区一样，但是基于女性的气质需要，在细节处理以及功能上都比较的人性化。墙面大幅的装饰画利用天然的材料编制而成，凸显手工艺品的精致入微，带来纯美的、浓郁的地域风格感受。

休闲区

空间利用天然的藤条编制的座椅和高大的棕榈来体现热带风情。天花映衬了植物，使其看起来通透，而不拥挤。玻璃和纱帘的运用在材料上软硬结合，产生对比。整个空间设计崇尚自然、原汁原味。

↑ 休闲区

↓休息大厅

休息大厅

　　休息大厅的色调浓郁、饱满，凸显着地中海的装饰设计风格。天花采用天然的木格栅加以简单的吊灯，配合着墙面凹凸的圆形造型，形式统一、完整，相互呼应。室内采用最尖端的服务设施，舒适的沙发配合着液晶电视，做到了人性化考虑。在这里会让你感觉最大限度的舒适、奢华。

↓ 三层过厅水景区

三层过厅水景区

　　在三层空间安排上设有一处大型的水景，规模大，细节处理丰富，水池运用蓝色的马赛克与深黑色马赛克相结合，颜色上产生视觉对比，稳重、饱满。每一个大理石台面都托着一个透明玻璃材质的盛水器皿，干净、精致。大的水晶吊灯为整个水景增添浪漫气氛。墙面采用花瓣式的造型再加以宫廷式的沙发，凸显女性柔美、优雅气质，尽显华丽、精致。

↓ SPA房

SPA房

　　精致的SPA房采用奢华的花纹壁纸和大面积的深红色窗帘，色彩饱满、浑厚。灯光的变化使整个空间看起来稳重、静谧。房间的每一处都尽显浓郁的地域文化气质，充分体现了本案的设计风格。蜡烛在细节处理上起到画龙点睛的作用，在为塑造空间温馨、优雅的氛围上起到了一定点缀作用。SPA房里会让客人感到最大限度的放松。

客房

　　进入客房，给人的第一感觉就是无比的舒适、温馨。微弱的灯光渲染着整个房间，唯美、浪漫。简约而大气的设计手法，没有过多的造型及装饰，昏暗的灯光，把客人引入一个温馨、浓郁的休息氛围。

↑ 客房

图 纸 目 录

施工图索引说明：

在本书施工图中，以字母及数字组合形成施工图图号。图纸以每层为单位进行划分，图号中的第一个字母代表该空间所处的层数，第二个字母代表图的类别，其中P代表平面、C代表天花、PC代表平面和天花、E代表立面、D代表节点。第三个字数字表图纸在该类别图中的序列号，最后一个字母代表空间类型。

如：　1　E　05 — A

空间所处的层数 —— 　　　　—— 空间类型
　　图的类别 —— 　　　　—— 图的序列号

希尔斯池典各层空间类型分列如下：

外立面：　W——外立面

一　层：　A——大堂　　　　B——电梯厅
　　　　　C——男更衣区　　D——男士浴区
　　　　　E——女更衣区　　F——女士浴区

二　层：　A——自助餐厅　　B——休息大厅（一）
　　　　　C——休闲区　　　D——休息大厅（二）

三　层：　A——电梯厅　　　B——走廊
　　　　　C——泰式按摩包房　D——玉石足疗包房

四　层：　A——SPA房

五　层：　A——散台区　　　B——茶餐房
　　　　　C——麻将房

六　层：　A——豪华套房

图 纸 目 录

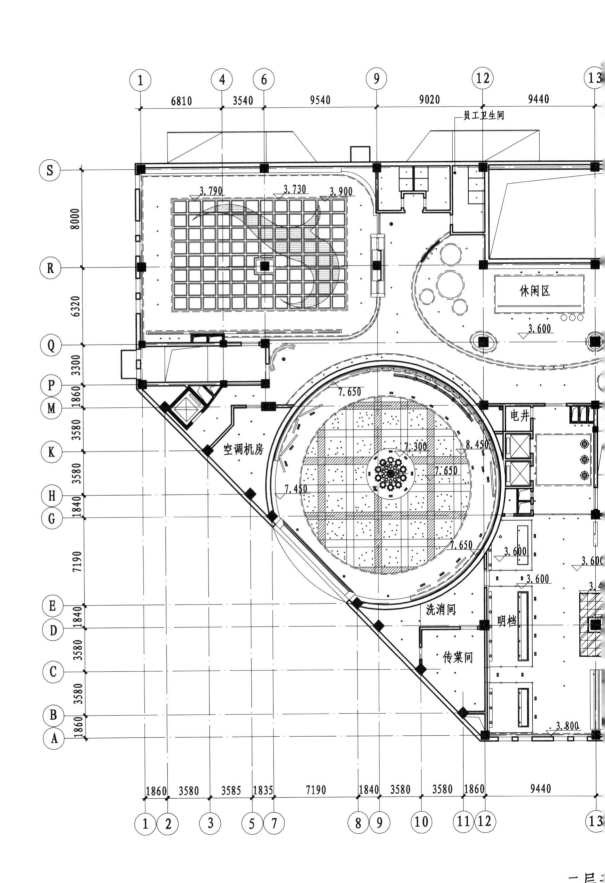

二层

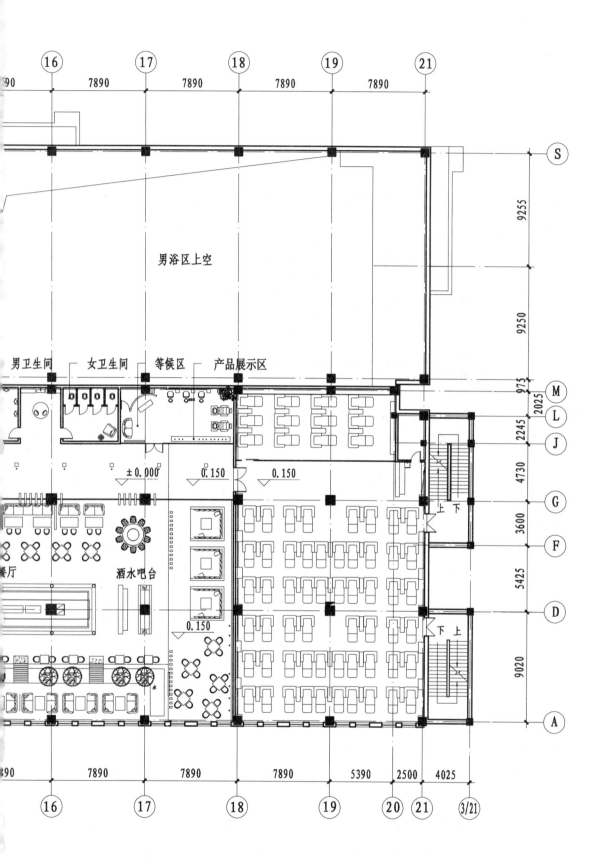

男浴区上空

男卫生间　　女卫生间　　等候区　　产品展示区

±0.000　　0.150　　0.150

餐厅　　酒水吧台　　0.150

16　17　18　19　21

7890　7890　7890　7890

S

9255

9250

975

M

2025

L

2245

J

4730

G

3600

F

5425

D

9020

上 下

下 上

A

16　17　18　19　20　21　3/21

7890　7890　7890　5390　2500　4025

: 300

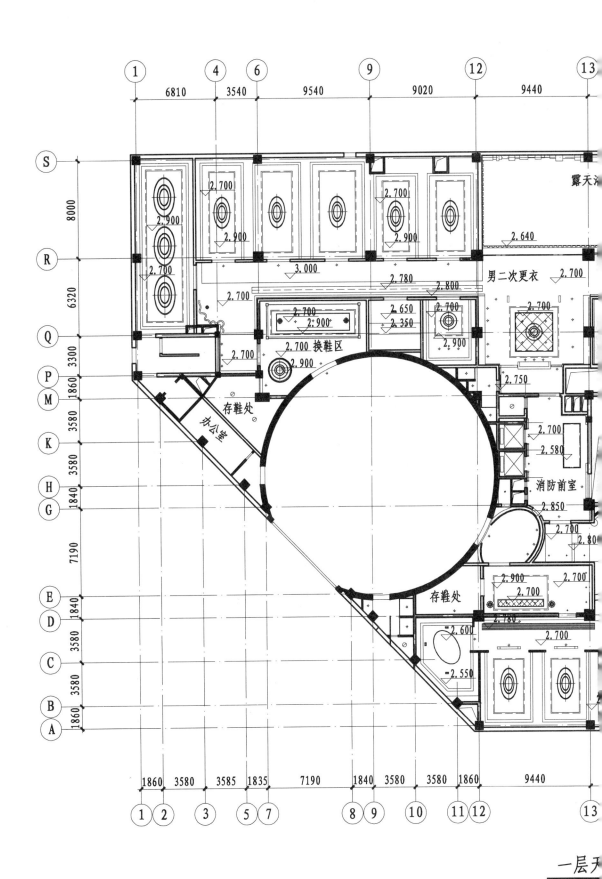

一层天

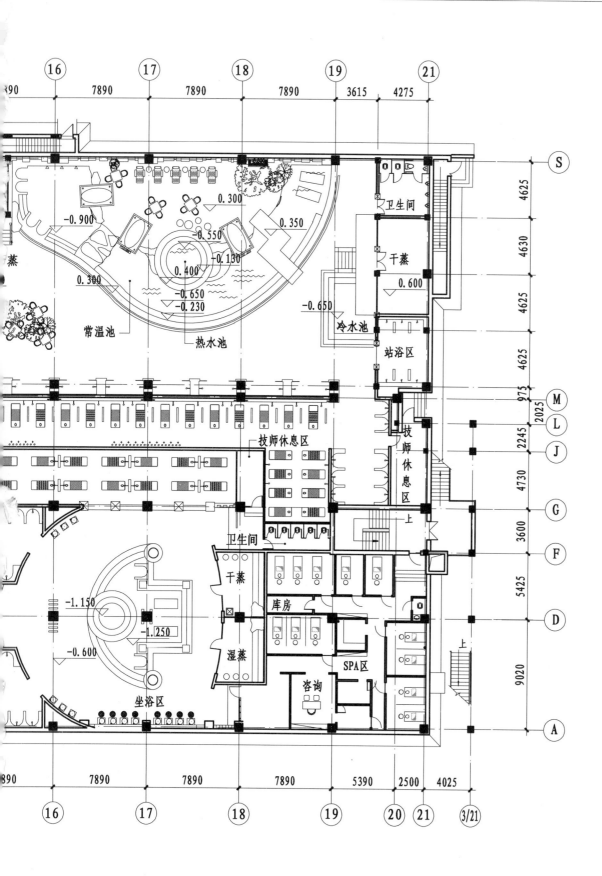

16　17　18　19　21

7890　7890　7890　3615　4275

S

4625

卫生间

4630

干蒸

0.600　4625

-0.650

冷水池　4625

站浴区　975

M　2025

L

J　2245

4730

G

F

3600

5425

D

上

9020

A

0.300

-0.900

0.350

-0.550

-0.130

0.400　0.300

-0.650
-0.230

常温池　热水池

技师休息区

技师休息区

卫生间

干蒸

库房

-1.150

-1.250

湿蒸

SPA区

-0.600

咨询

坐浴区

16　17　18　19　20　21　3/21

7890　7890　7890　7890　5390　2500　4025

: 300

一层平面布置图

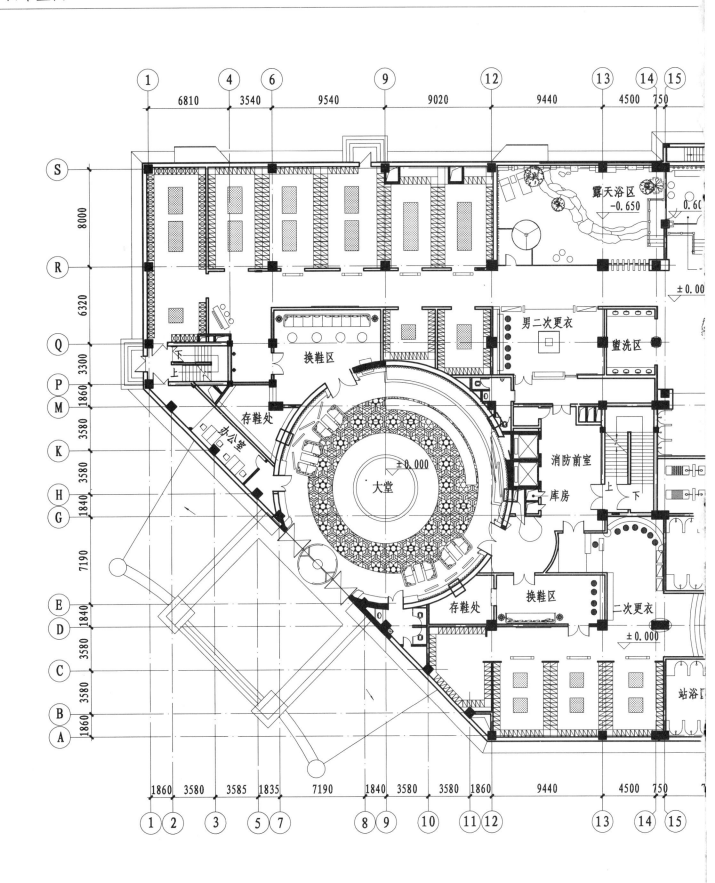

一层平面布置图 1

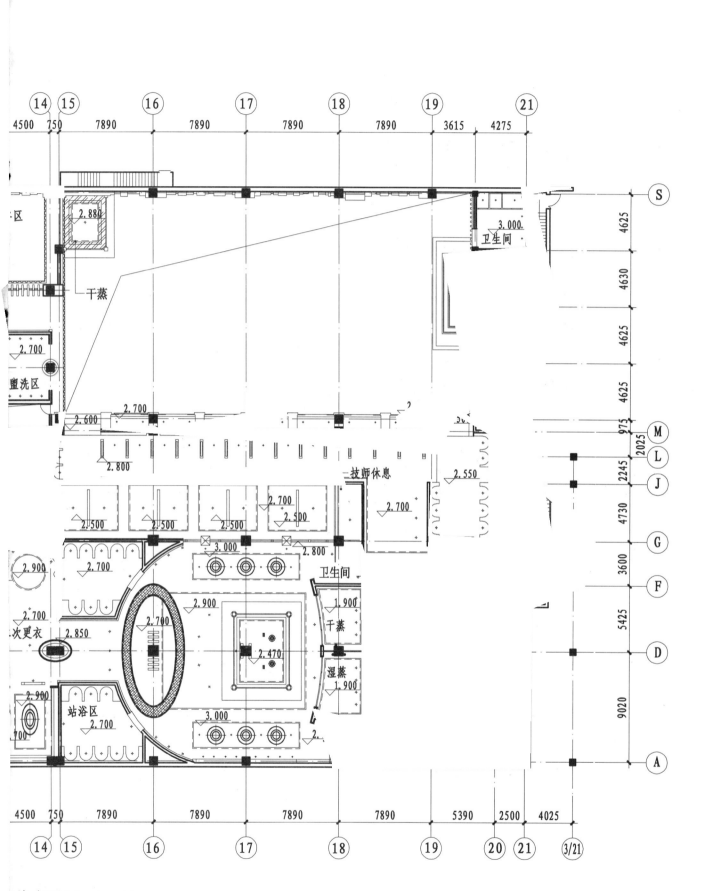

一层天花布置图 1：300

二层平面布置图

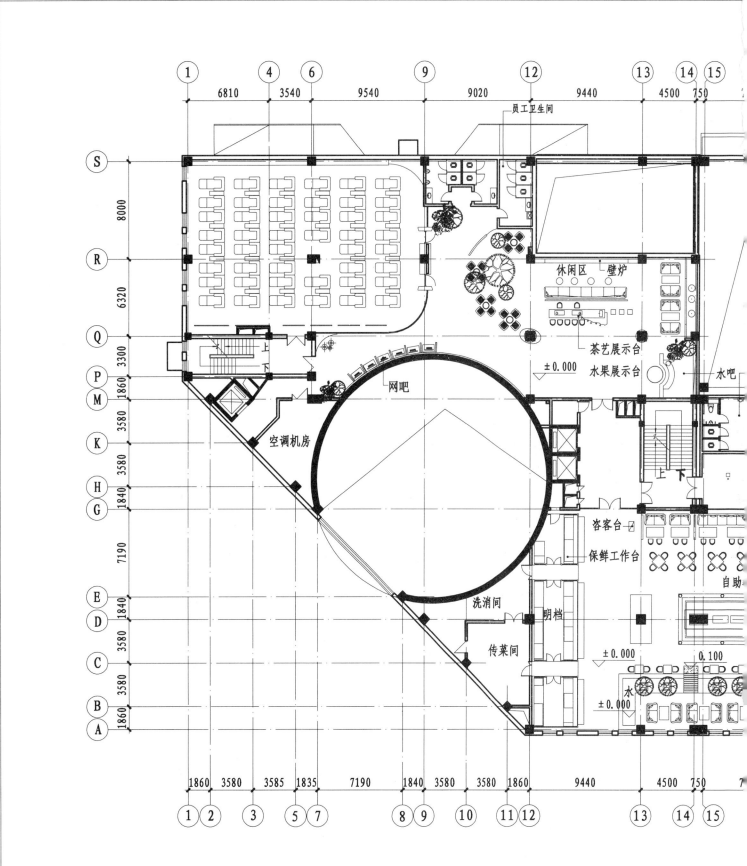

二层平面布置图 1

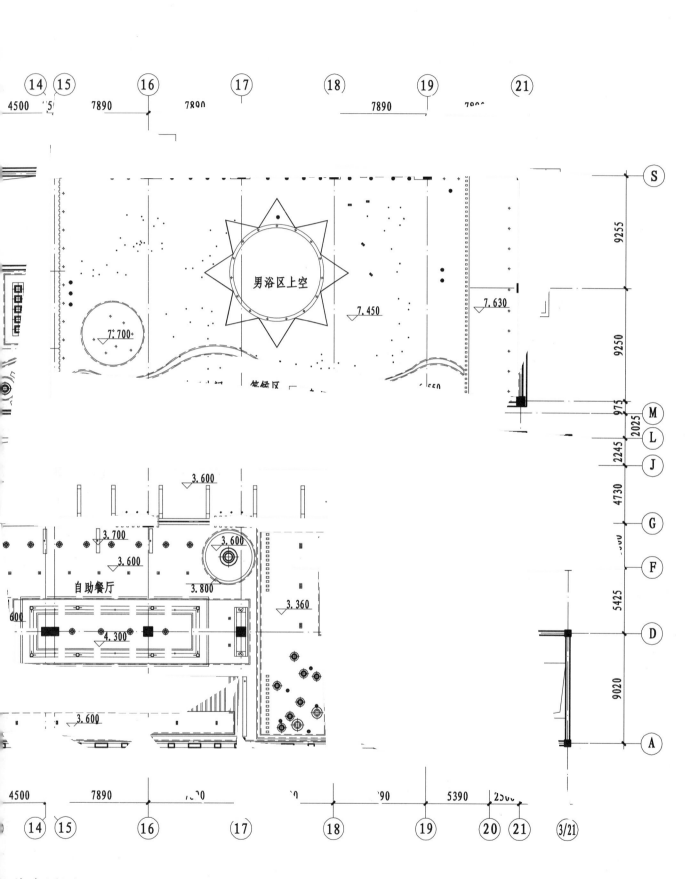

⑭ ⑮　　　　⑯　　　　　⑰　　　　　⑱　　　　⑲　　　　　㉑

4500　5　　7890　　　7890　　　　　　7890　　　7890

男浴区上空

7.450

7.630

7.700

7.450

S

9255

9250

975　M

2025　L

2245　J

4730　G

F

5425

3.600

3.700

3.600

3.600

自助餐厅

3.800

3.360

4.300

D

9020

3.600

A

4500　　7890　　　　　　　　　90　　5390　　2500

⑭ ⑮　　　　⑯　　　　　⑰　　　　　⑱　　　　⑲　　　⑳ ㉑　　⑶/21

天花布置图　1：300

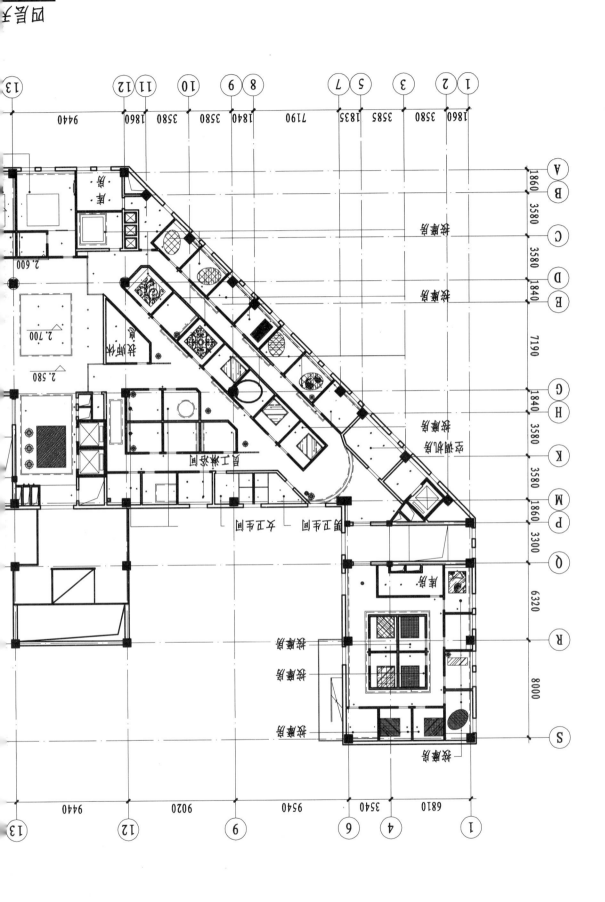

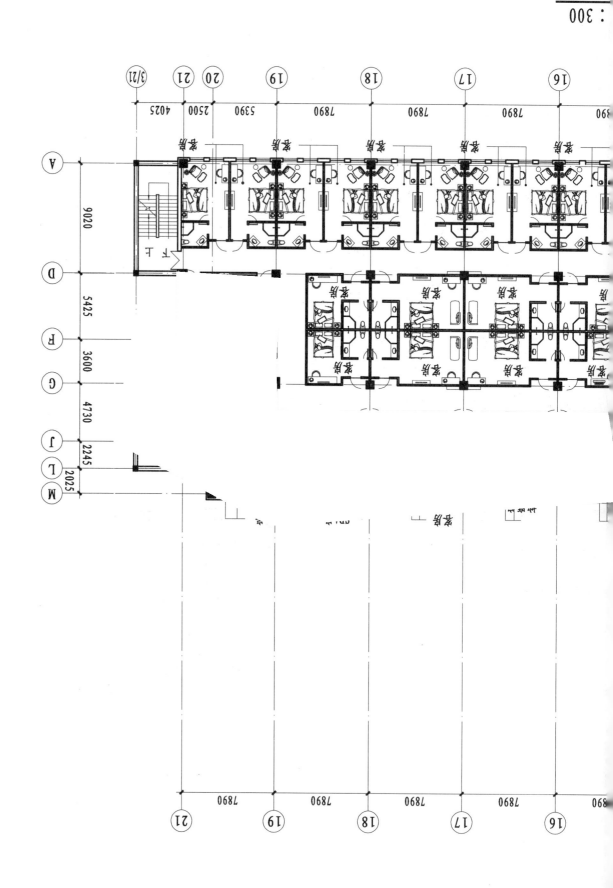

标准层平面图   1 : 300

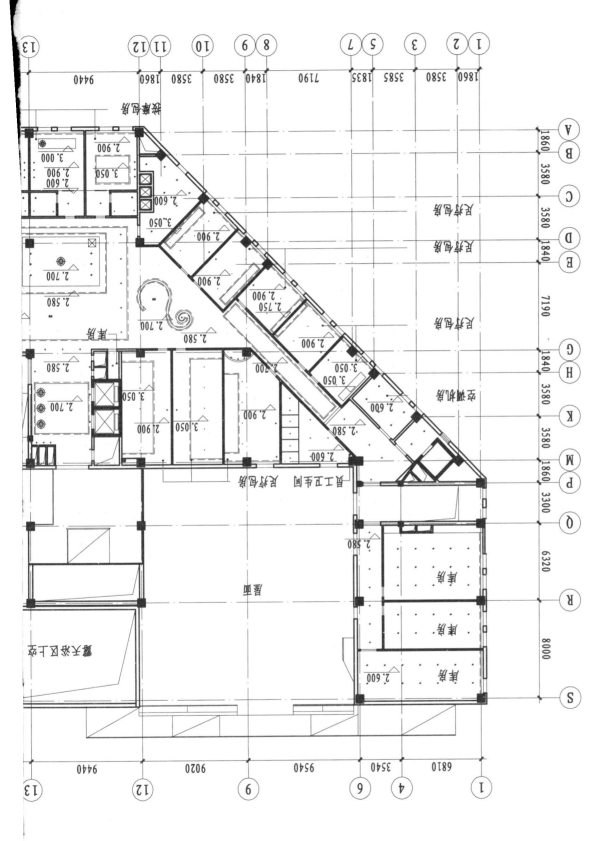

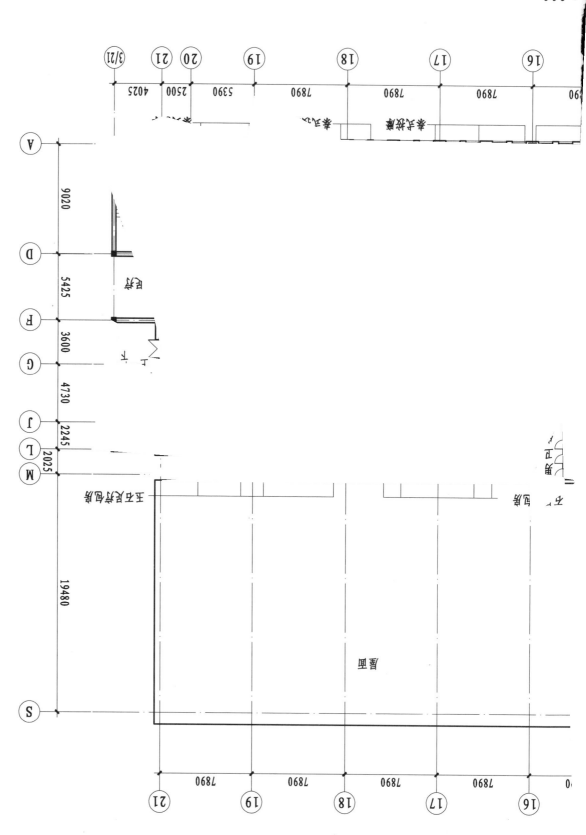

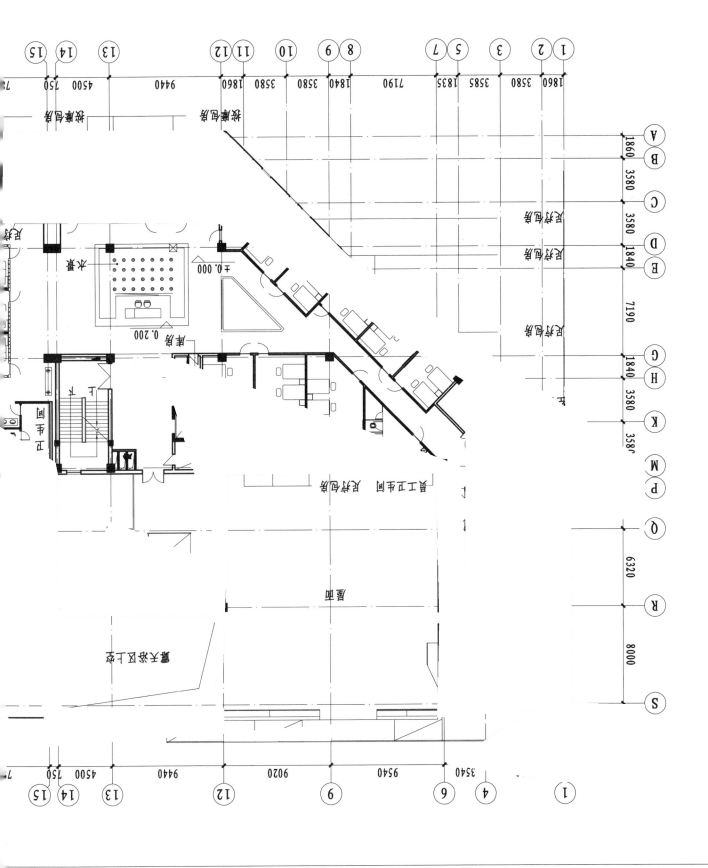

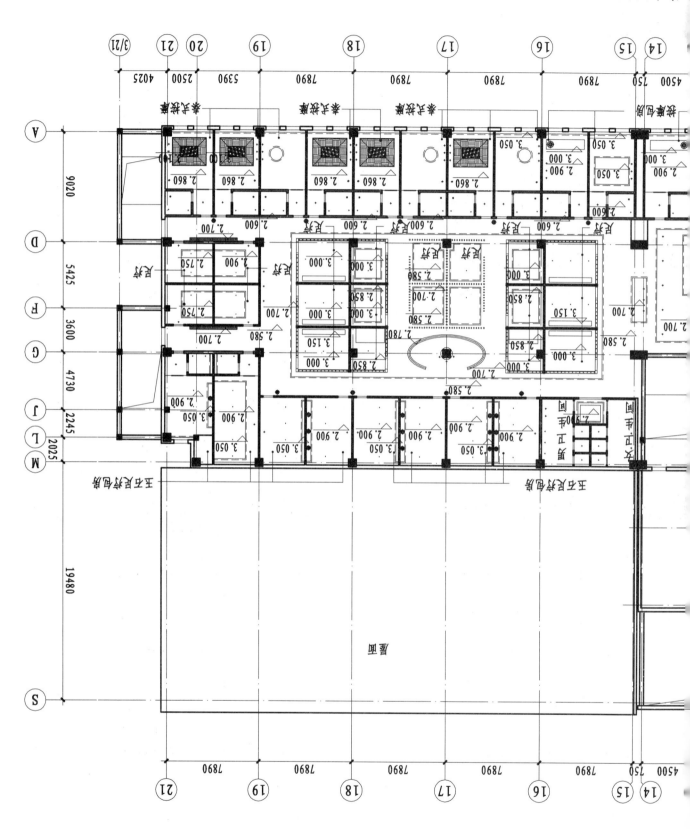

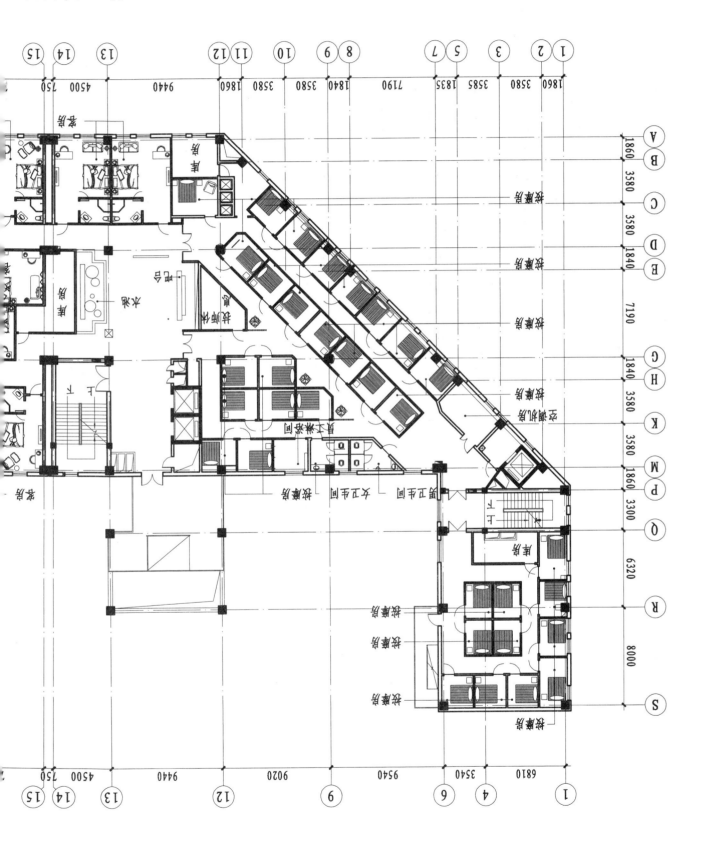

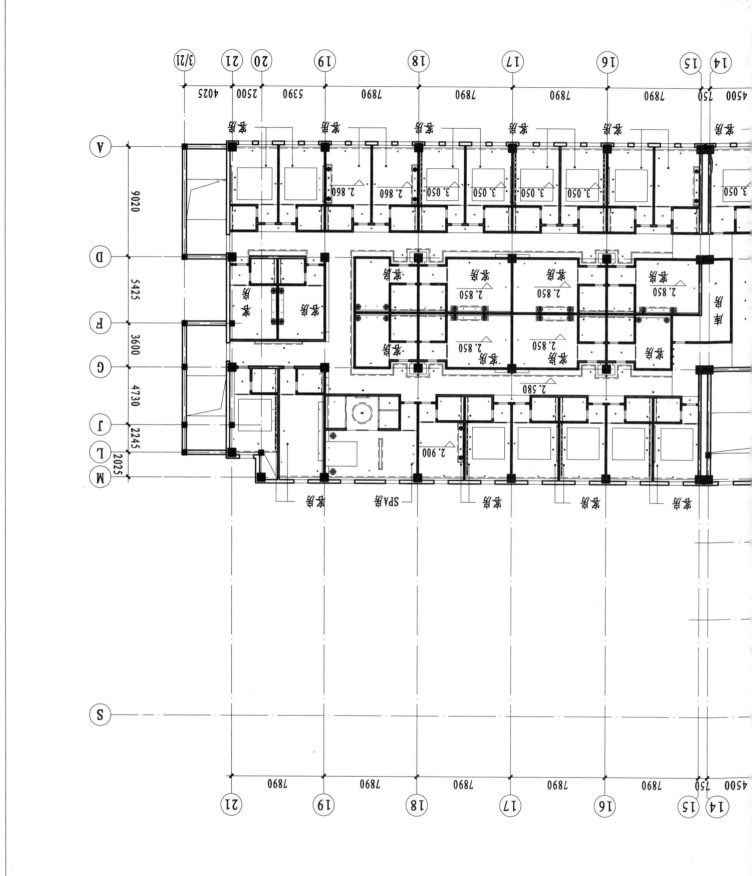

四层天花布置图 1:300

四层天花布置图

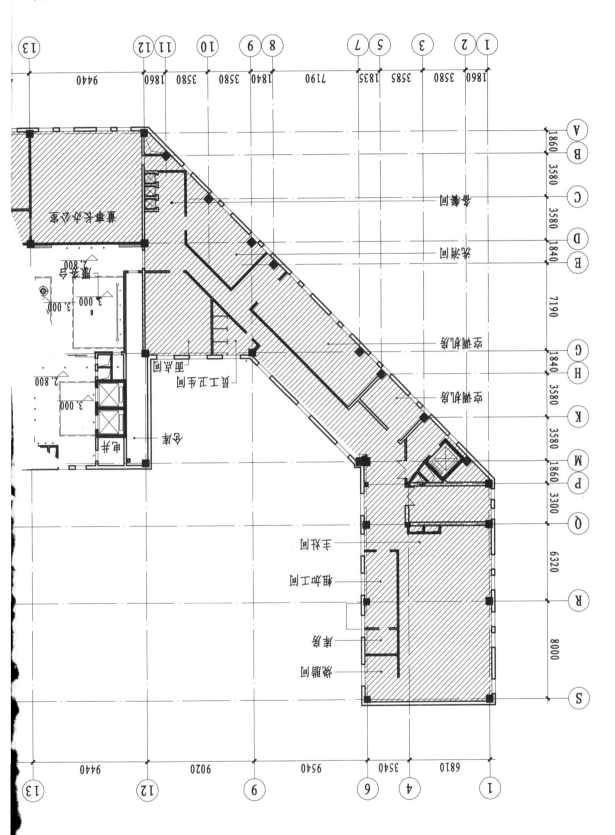

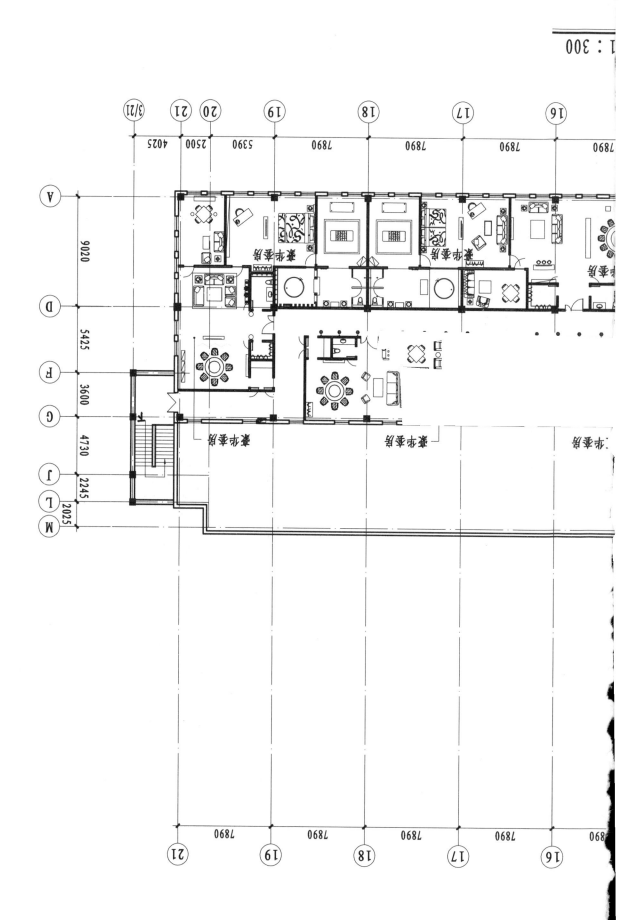

东立面标准层

1:300

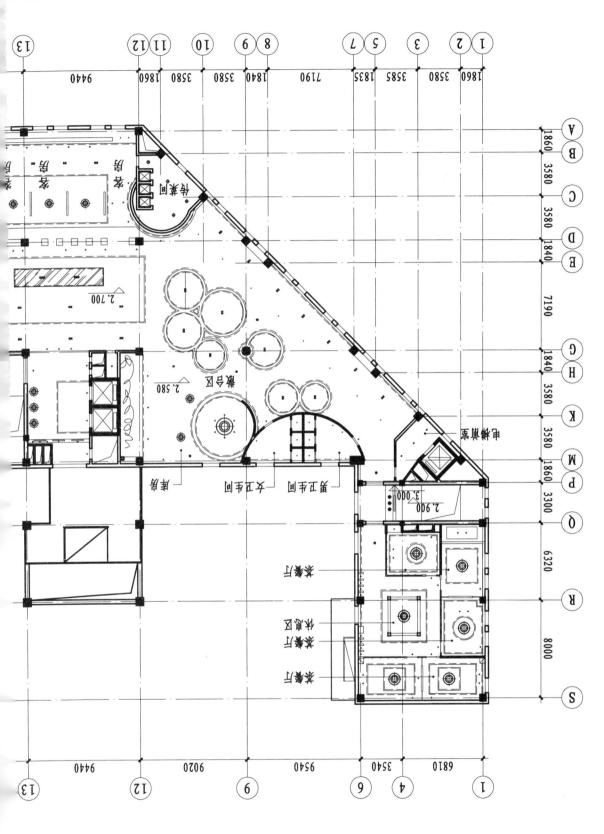

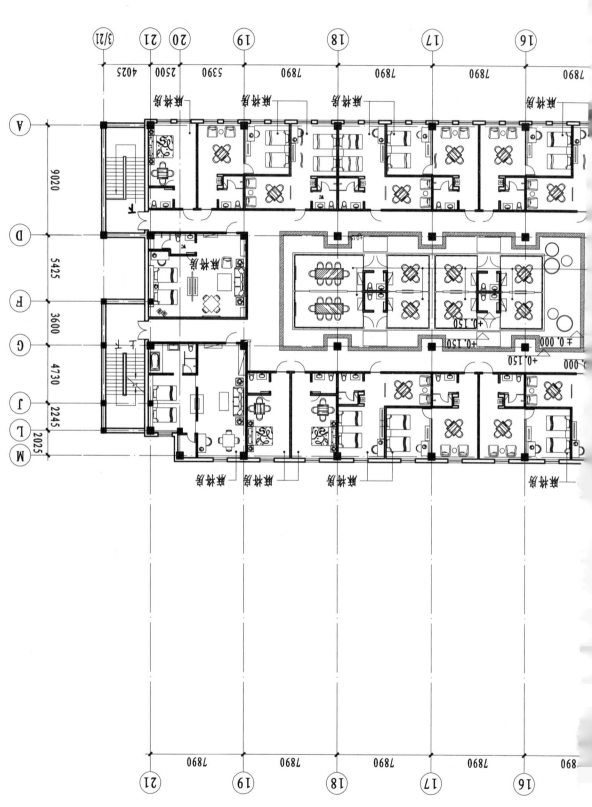

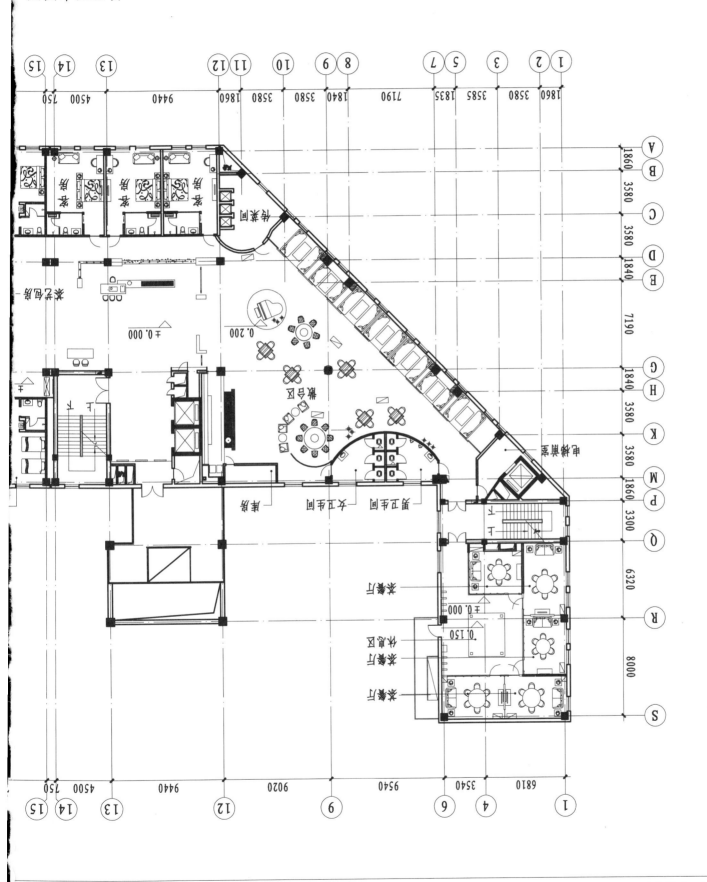

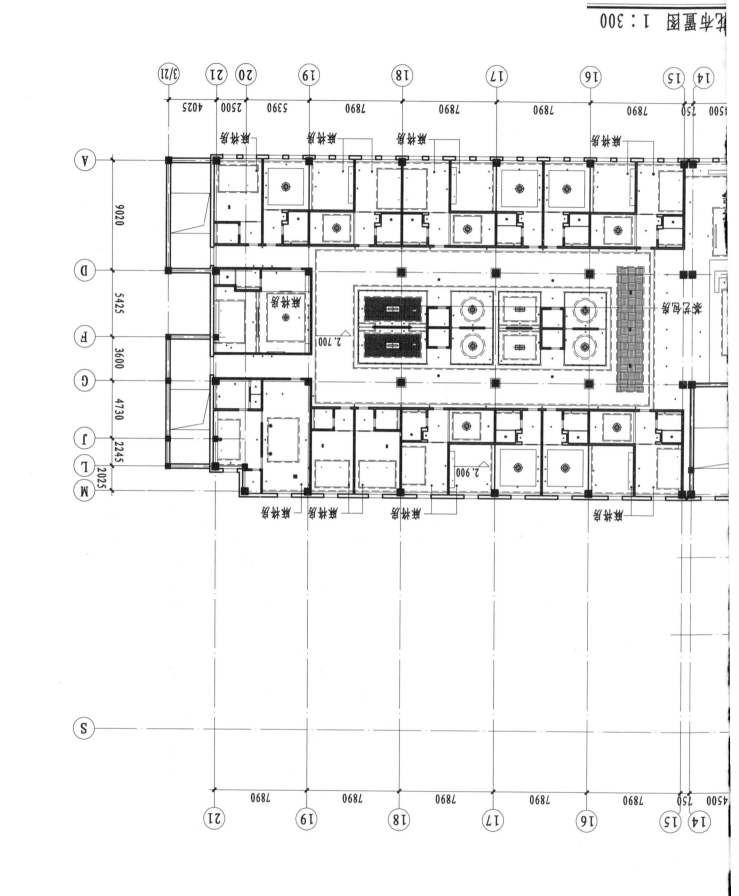

构件布置图 1:300

北层天花布置图

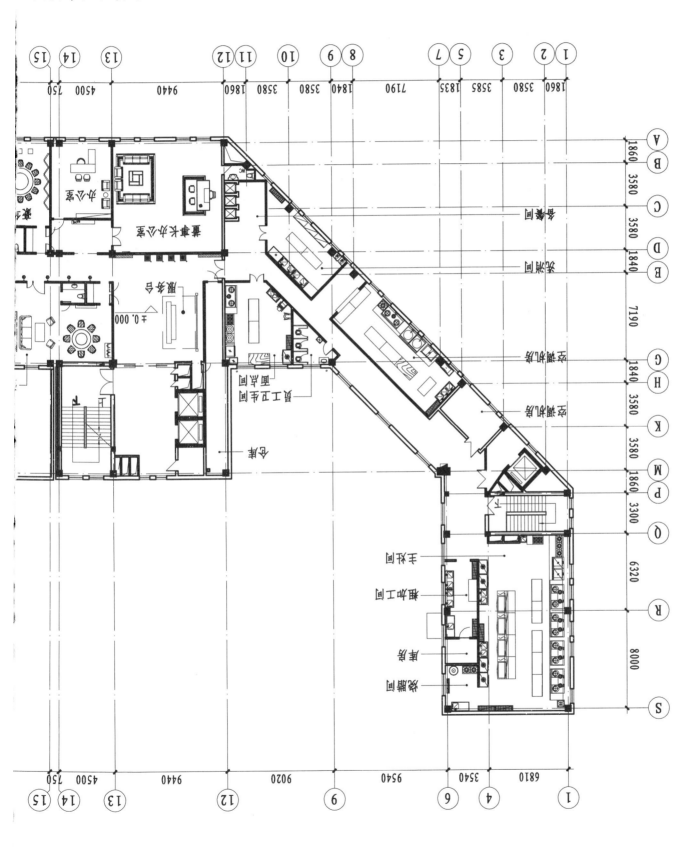

六层平面布置图

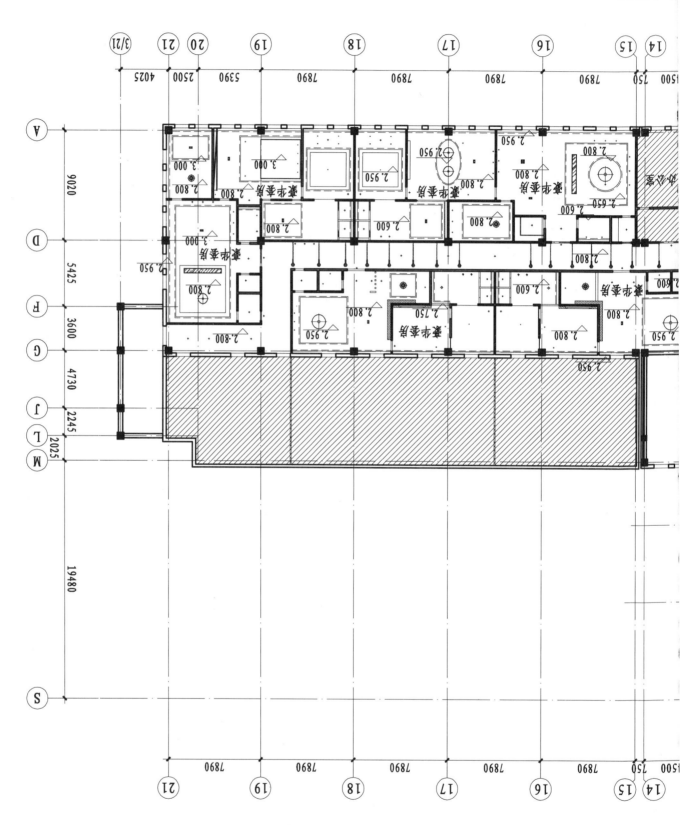

六层天花布置图 1:300

六层天花布置图

建筑外观平面图

希尔斯池典

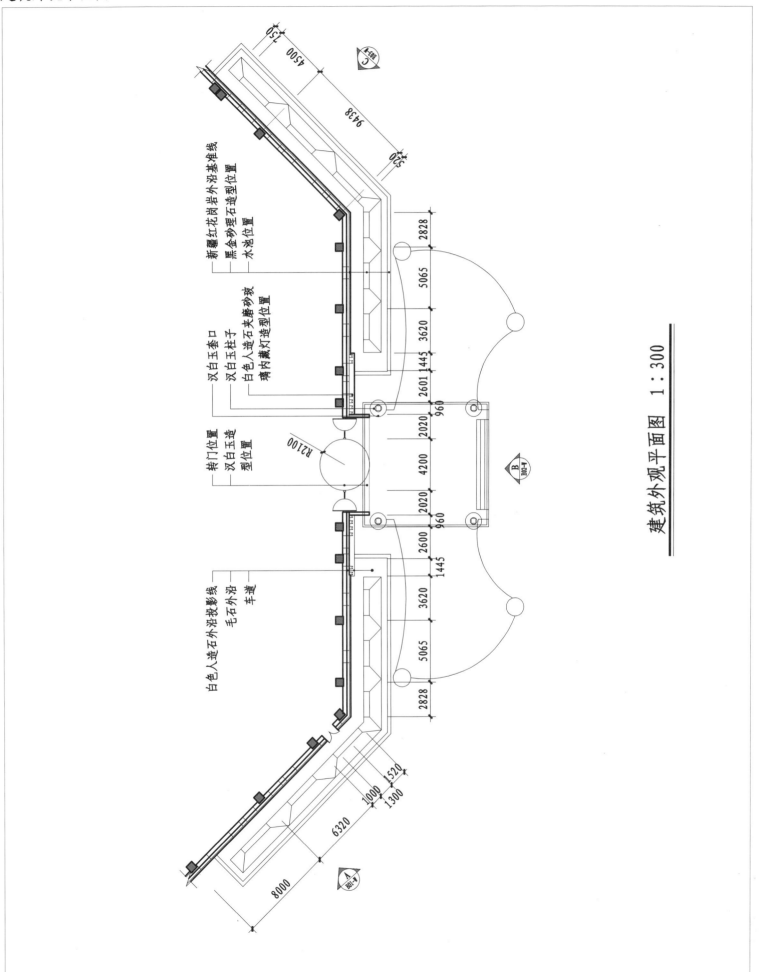

建筑外观平面图 1:300

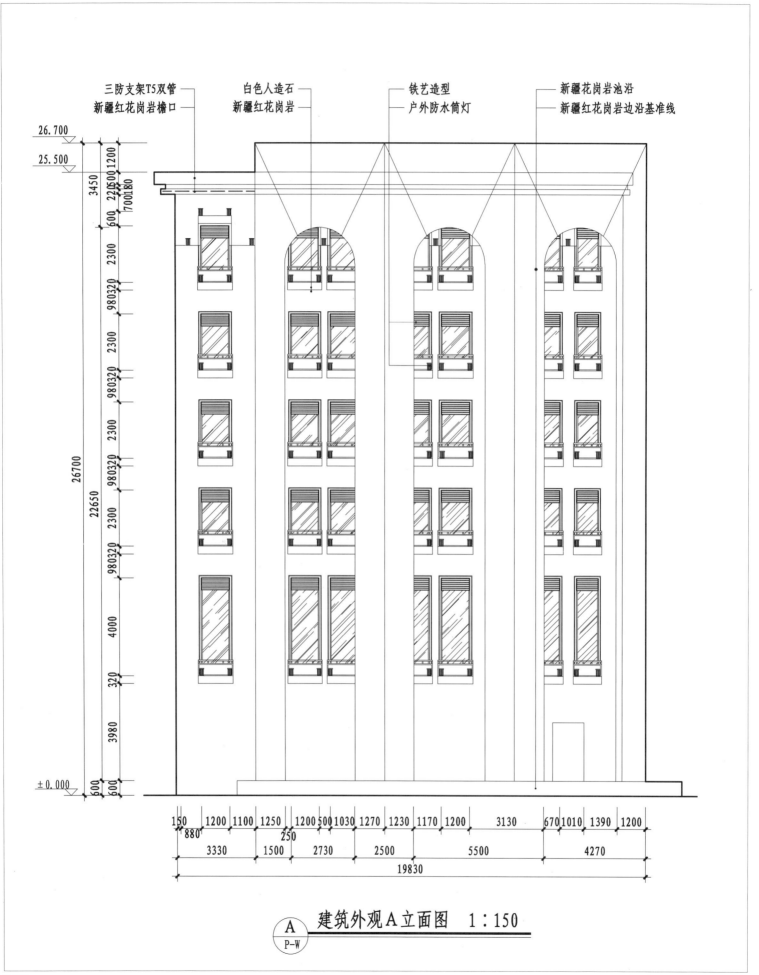

三防支架T5双管
新疆红花岗岩檐口

白色人造石
新疆红花岗岩

铁艺造型
户外防水筒灯

新疆花岗岩池沿
新疆红花岗岩边沿基准线

建筑外观A立面图　1：150

A
P-W

建筑外观B立面图

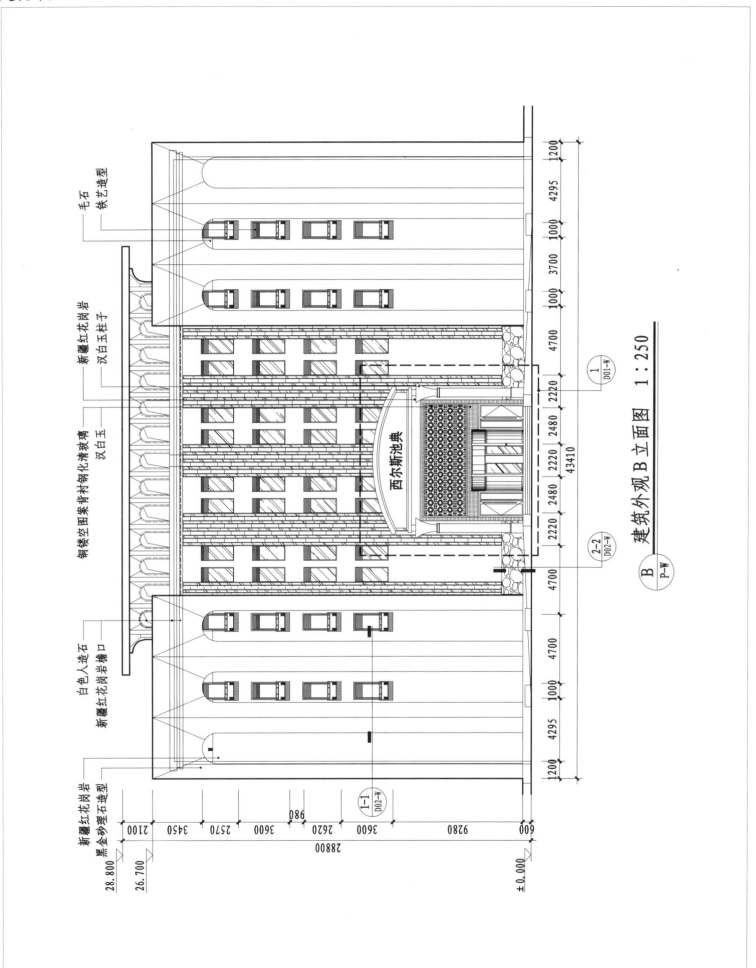

建筑外观 B 立面图　1：250

B　P-W

毛石
铁艺造型
新疆红花岗岩
汉白玉柱子
铜镂空图案背衬钢化清玻璃
汉白玉
白色人造石
新疆红花岗岩檐口
新疆红花岗岩
黑金砂埋石造型

见彩图第 7 页

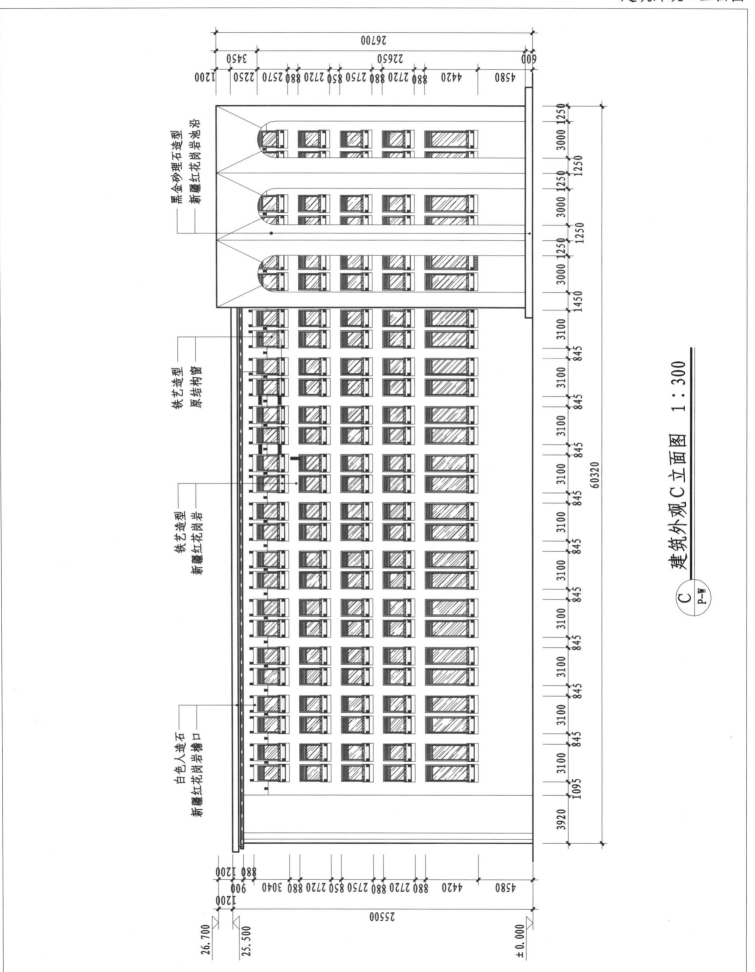

建筑外观C立面图　1 : 300

建筑外观转门立面详图

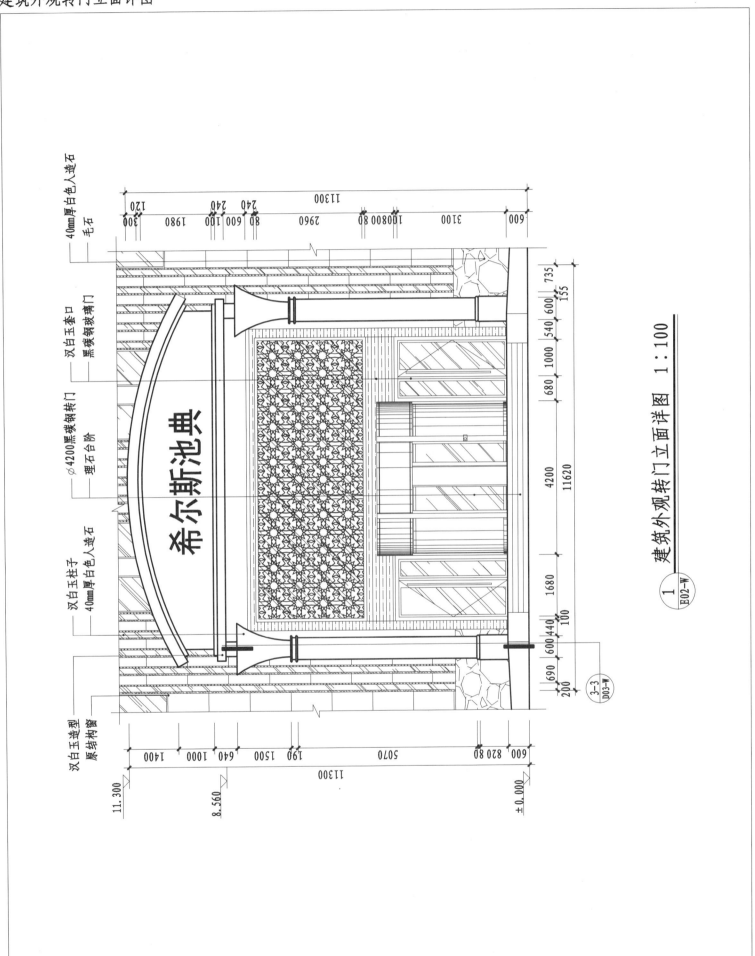

建筑外观转门立面详图　1：100

① 建筑外观转门立面详图
E02-W

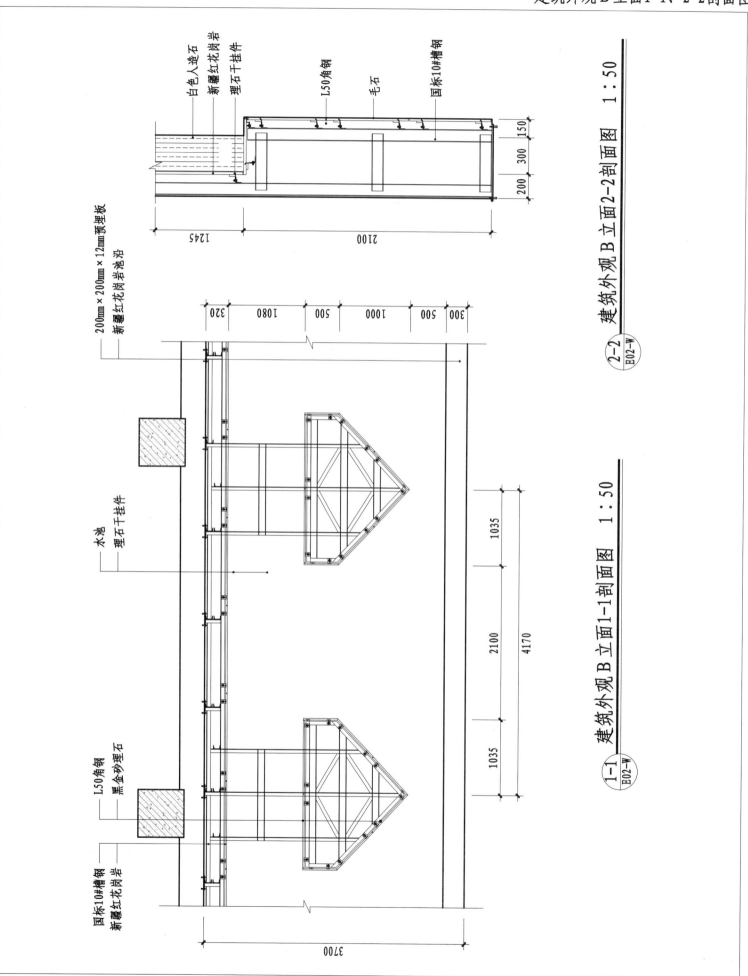

白色人造石
新疆红花岗岩
理石干挂件

L50角钢
毛石
国标10#槽钢

200mm×200mm×12mm预埋板
新疆红花岗岩岩池沿

150
300
200

1245
2100

建筑外观B立面2-2剖面图　1：50

2-2
B02-W

水池
理石干挂件

L50角钢
黑金砂理石

国标10#槽钢
新疆红花岗岩

320
1080
500
1000
500
300

1035
2100
4170
1035

3700

建筑外观B立面1-1剖面图　1：50

1-1
B02-W

建筑外观汉白玉柱子1-1剖面图、详图

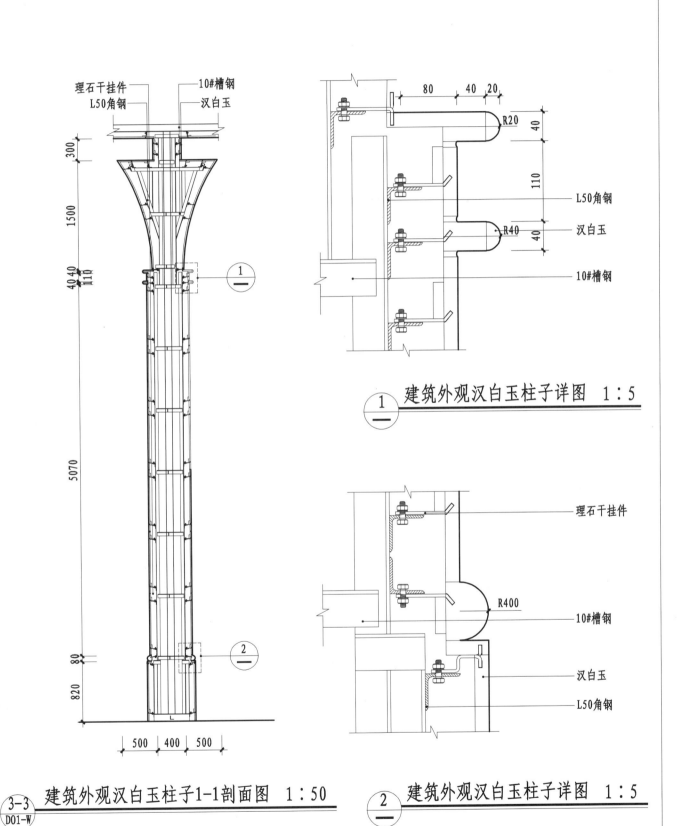

理石干挂件

L50角钢

10#槽钢

汉白玉

80 40 20

R20

40

110

L50角钢

R40

40

汉白玉

10#槽钢

300

1500

40 40 110

5070

80

820

500 400 500

① 建筑外观汉白玉柱子详图 1:5

理石干挂件

R400

10#槽钢

汉白玉

L50角钢

3-3
D01-W
建筑外观汉白玉柱子1-1剖面图 1:50

② 建筑外观汉白玉柱子详图 1:5

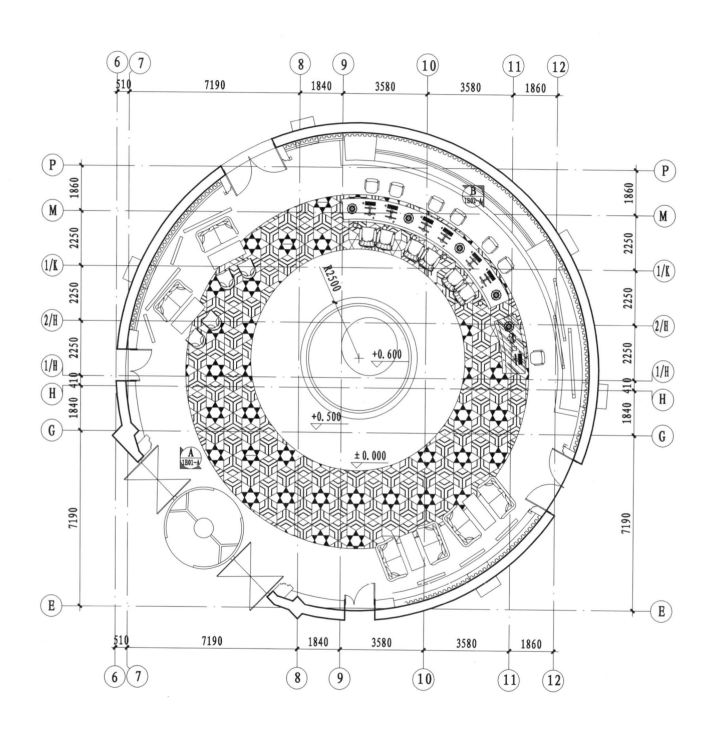

一层大堂平面布置图 1:150

一层大堂天花布置图

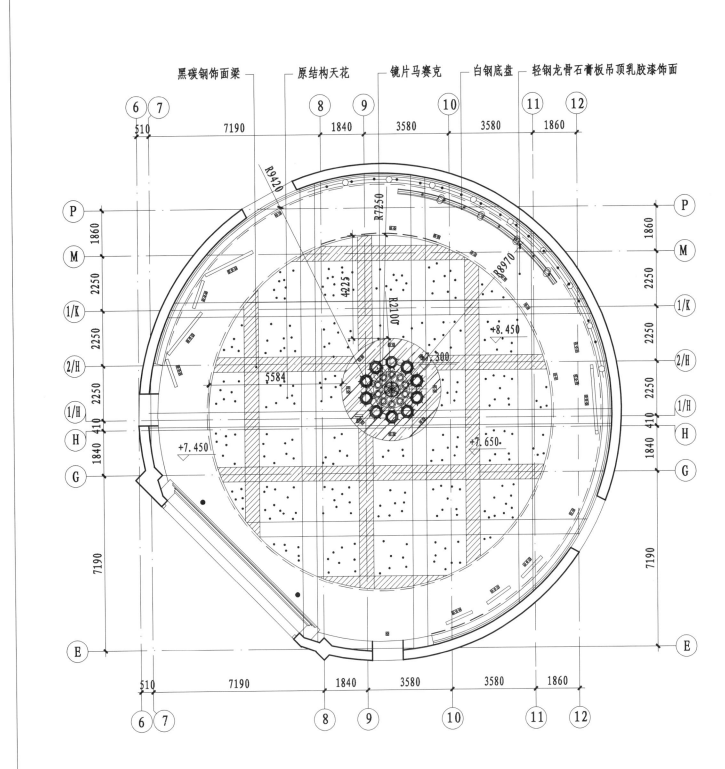

一层大堂天花布置图 1：150

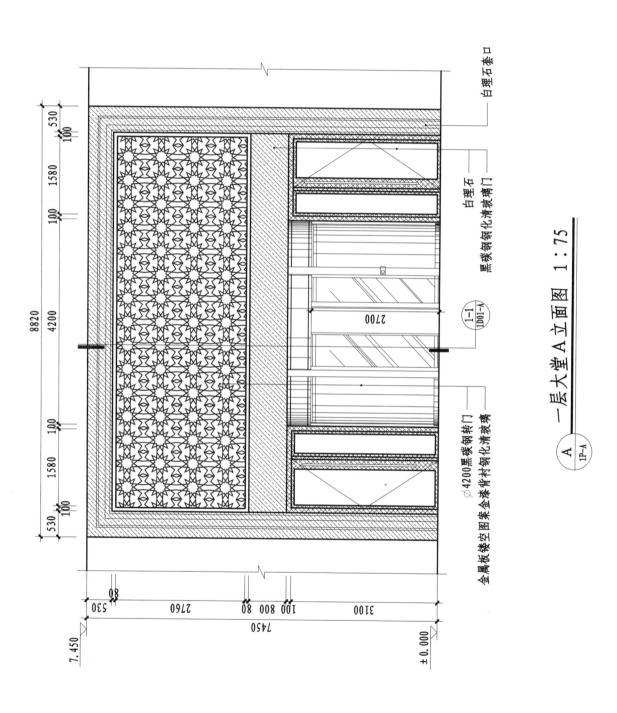

一层大堂A立面图 1:75

一层大堂B立面图

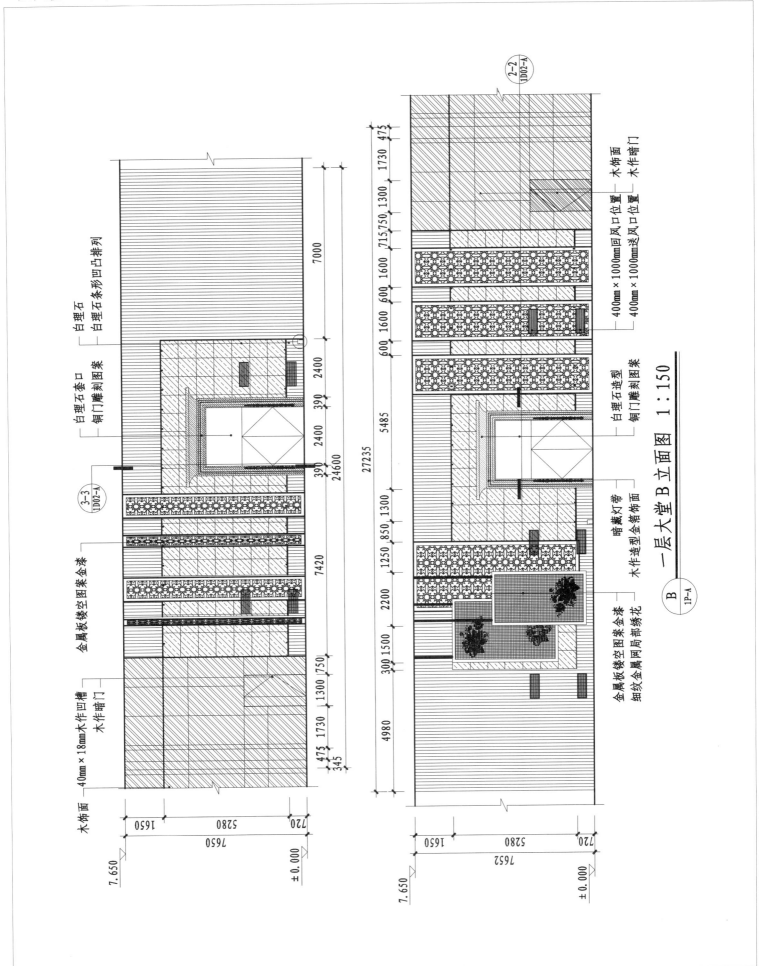

白理石
白理石套口
铜门雕刻图案

白理石
白理石条形凹凸排列

金属板镂空图案金漆

7000

2400

390

2400

390

2400

390

24600

7420

1730 750
1300

475
345

木饰面
40mm×18mm木作凹槽
木作暗门

2-2
1D02-A

木饰面
木作暗门

400mm×1000mm回风口位置
400mm×1000mm送风口位置

白理石造型
铜门雕刻图案

暗藏灯带
木作造型金箔饰面

金属板镂空图案金漆
细纹金属网局部绣花

475
1730
1300
715 750 1300
1600
600
1600
600
5485
1250 850 1300
2200
300 1500
4980
27235

一层大堂B立面图 1:150

B
1P-A

1650
5280
720
7650
7.650
±0.000

1650
5280
720
7652
7.650
±0.000

3-3
1D02-A

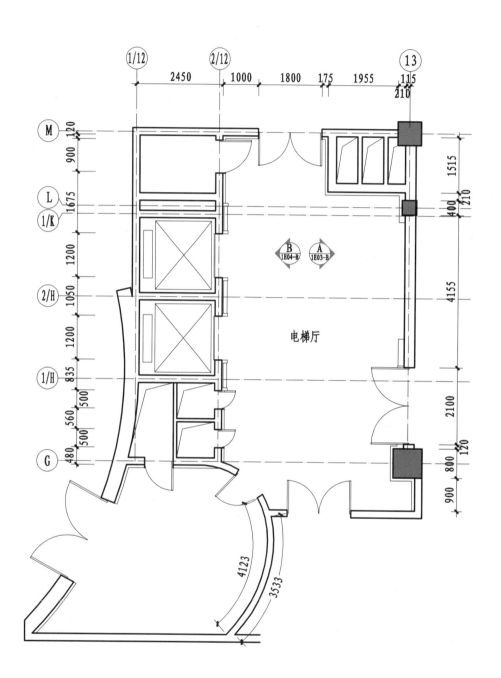

一层电梯厅平面布置图 1:100

一层电梯厅天花布置图

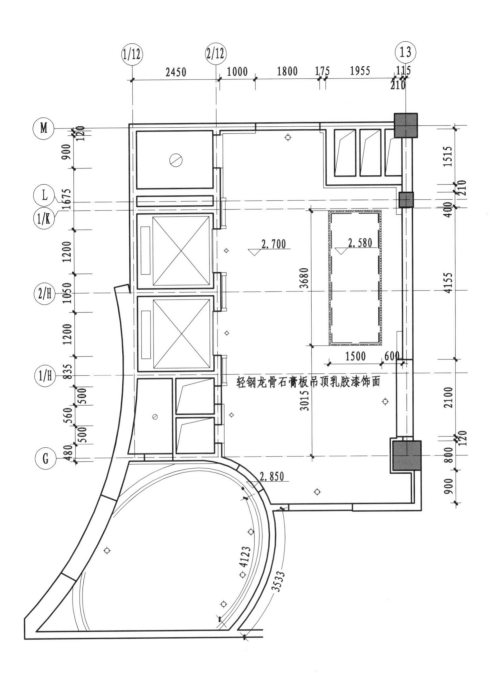

一层电梯厅天花布置图 1:100

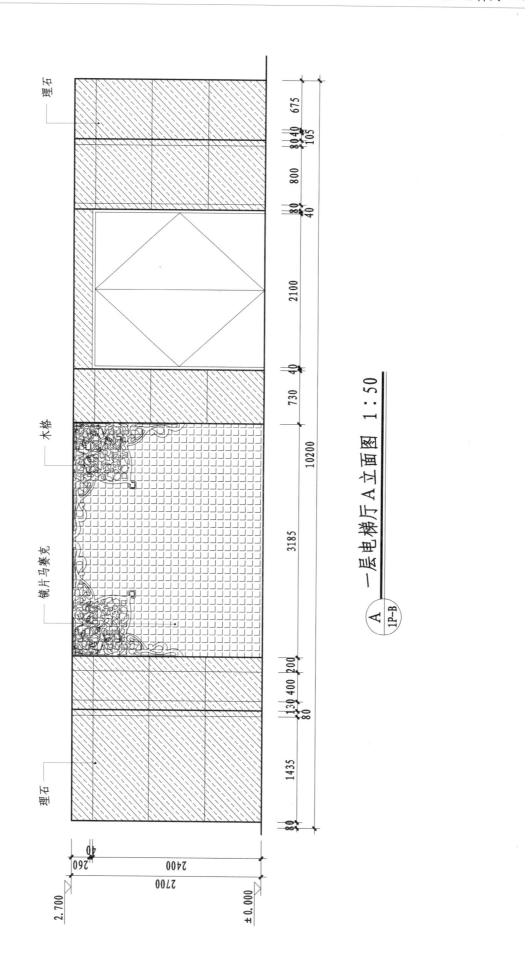

一层电梯厅 A 立面图 1：50

A
1P-B

一层电梯厅B立面图

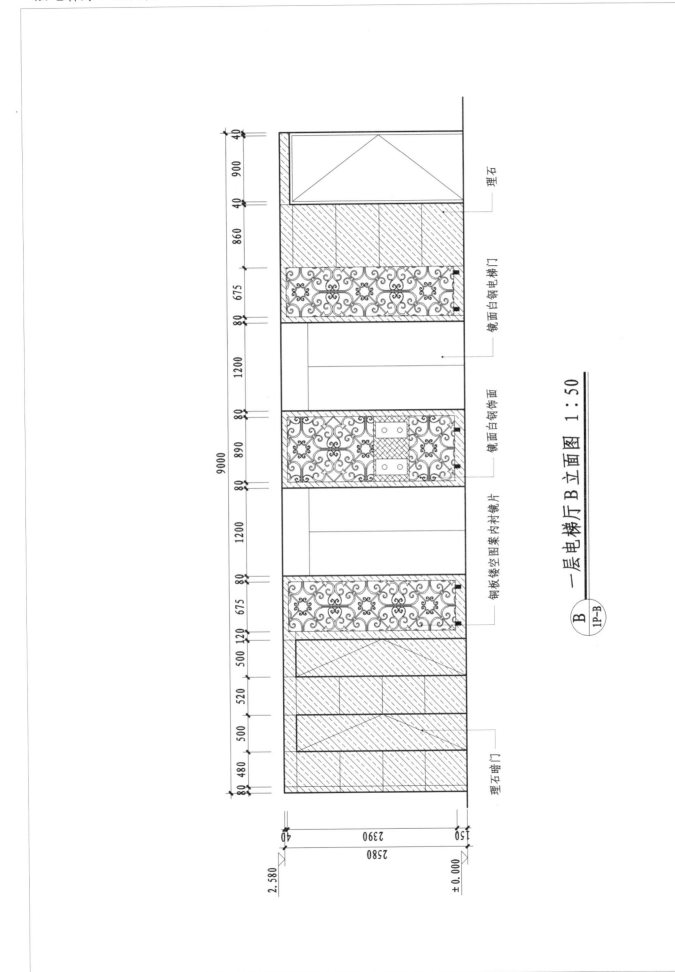

一层电梯厅B立面图 1：50

理石

镜面白钢电梯门

镜面白钢饰面

铜板镂空图案内衬镜片

理石暗门

B
1P-B

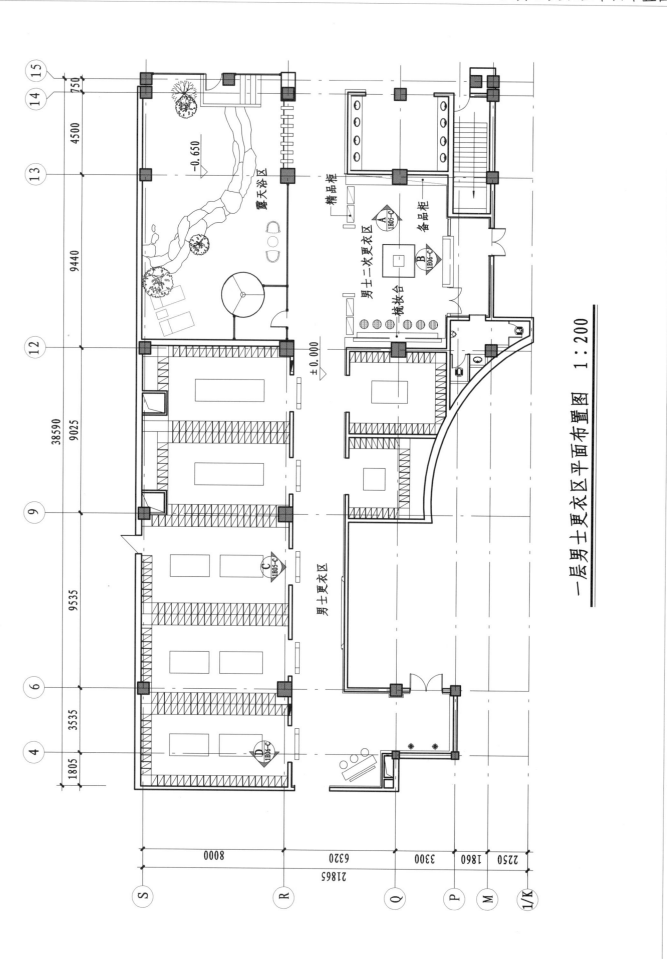

一层男士更衣区平面布置图 1：200

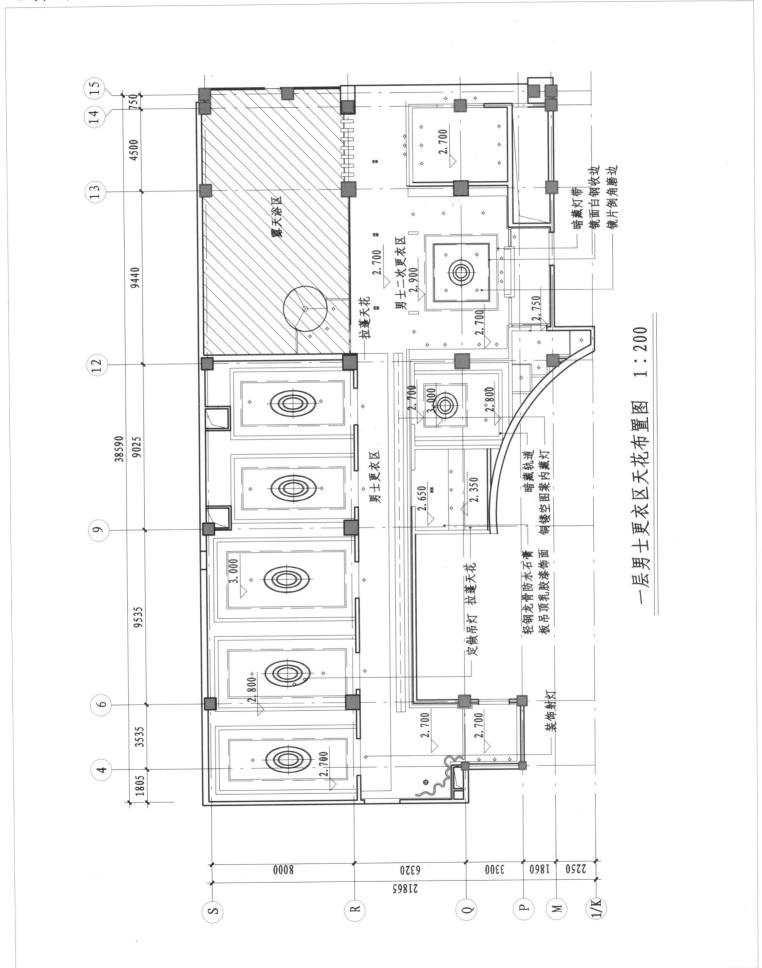

一层男士更衣区天花布置图

一层男士更衣区天花布置图 1：200

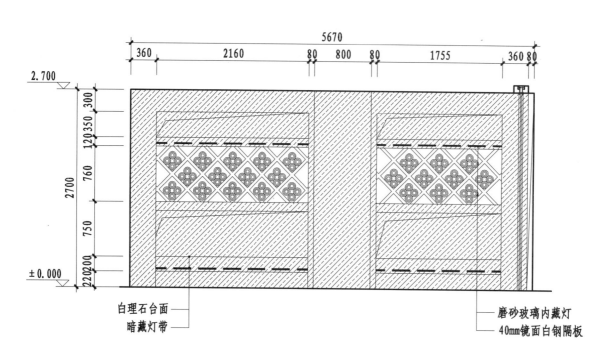

一层男士二次更衣区A立面图 1：50

白理石台面
暗藏灯带
磨砂玻璃内藏灯
40mm镜面白钢隔板

Ⓐ
1P-C

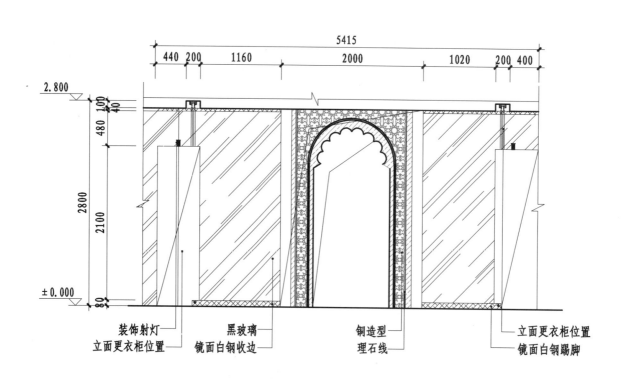

一层男士更衣区C立面图 1：50

装饰射灯
立面更衣柜位置
黑玻璃
镜面白钢收边
铜造型
理石线
立面更衣柜位置
镜面白钢踢脚

Ⓒ
1P-C

一层男士二次更衣区B、更衣区D立面图

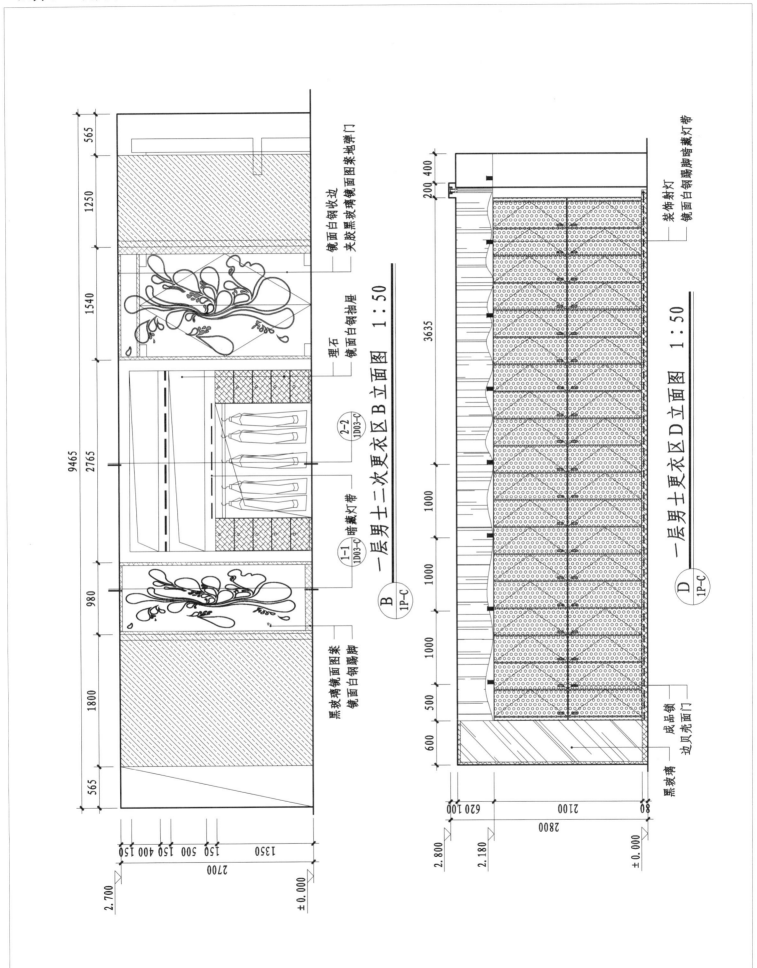

一层男士二次更衣区B立面图 1:50

B / 1P-C

一层男士更衣区D立面图 1:50

D / 1P-C

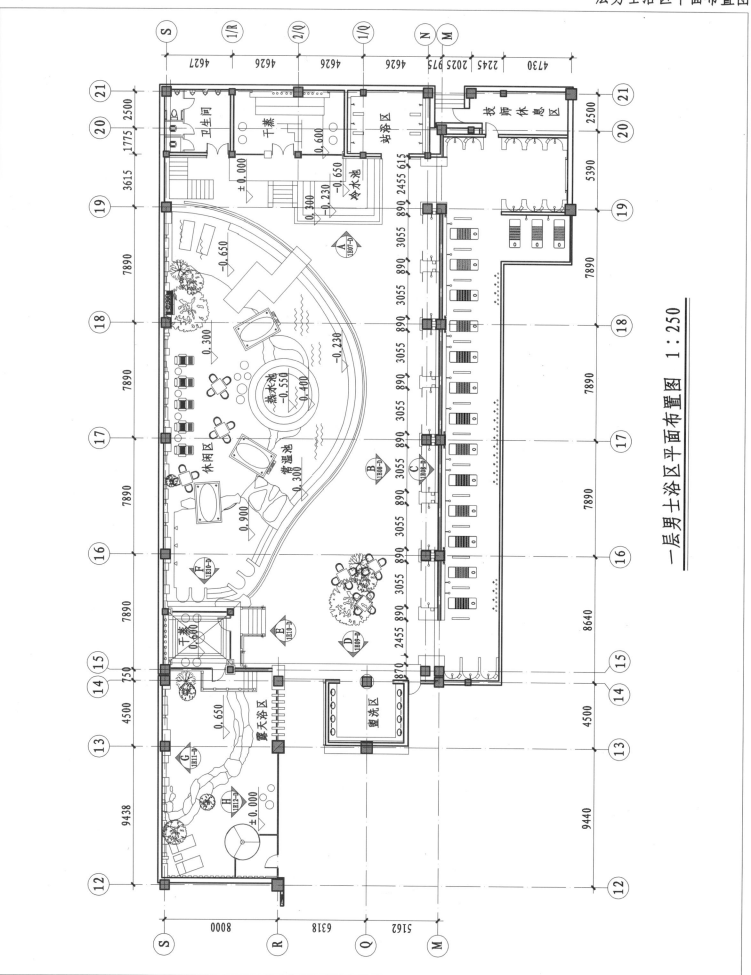

一层男士浴区平面布置图 1:250

一层男士浴区一层天花布置图

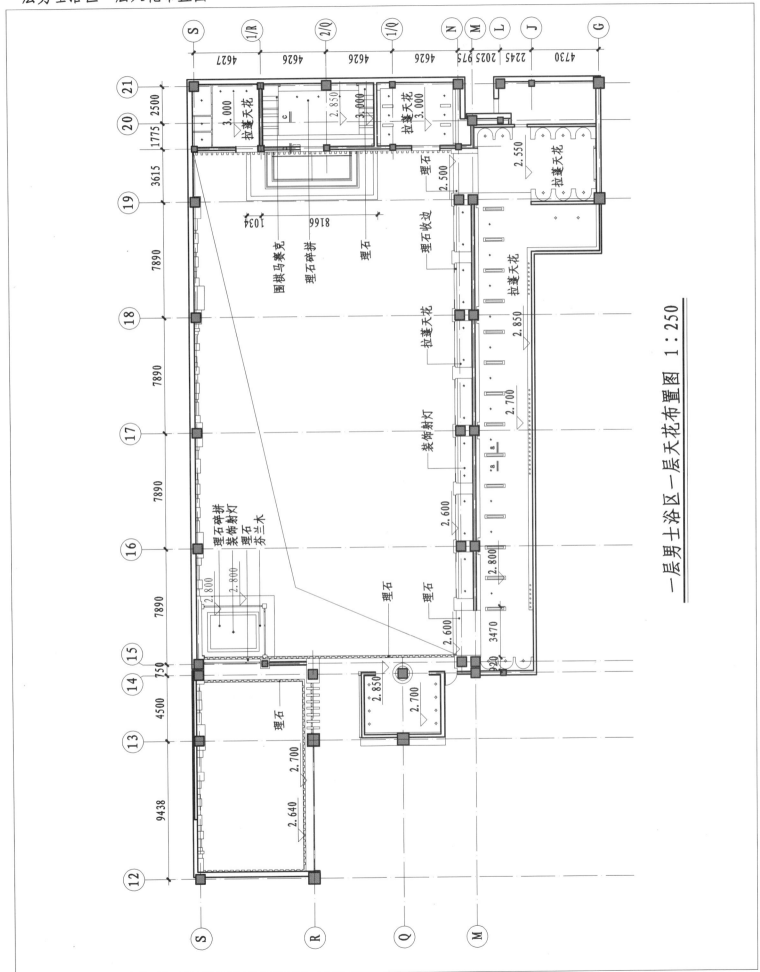

一层男士浴区一层天花布置图 1:250

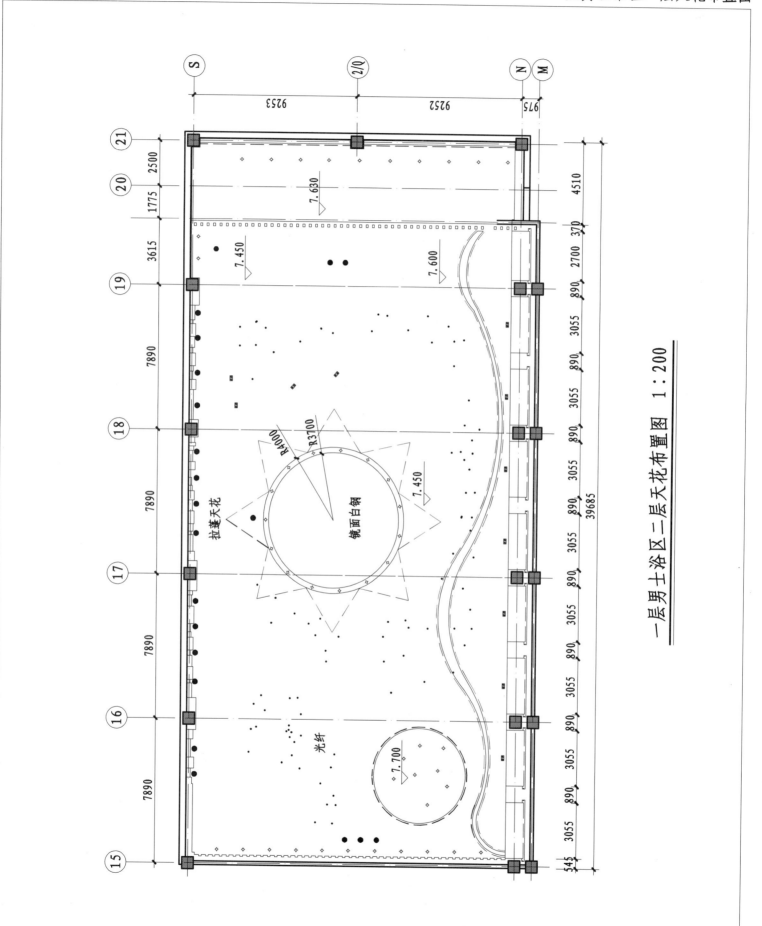

一层男士浴区二层天花布置图　1：200

一层男士浴区A立面图

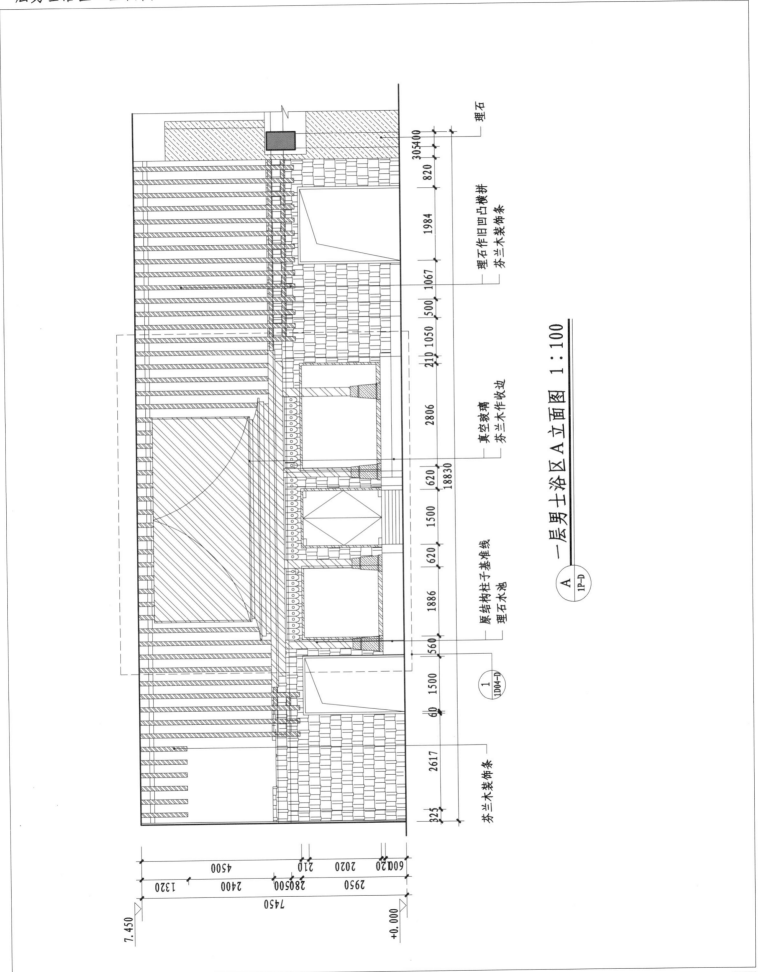

一层男士浴区A立面图 1：100

见彩图第11页

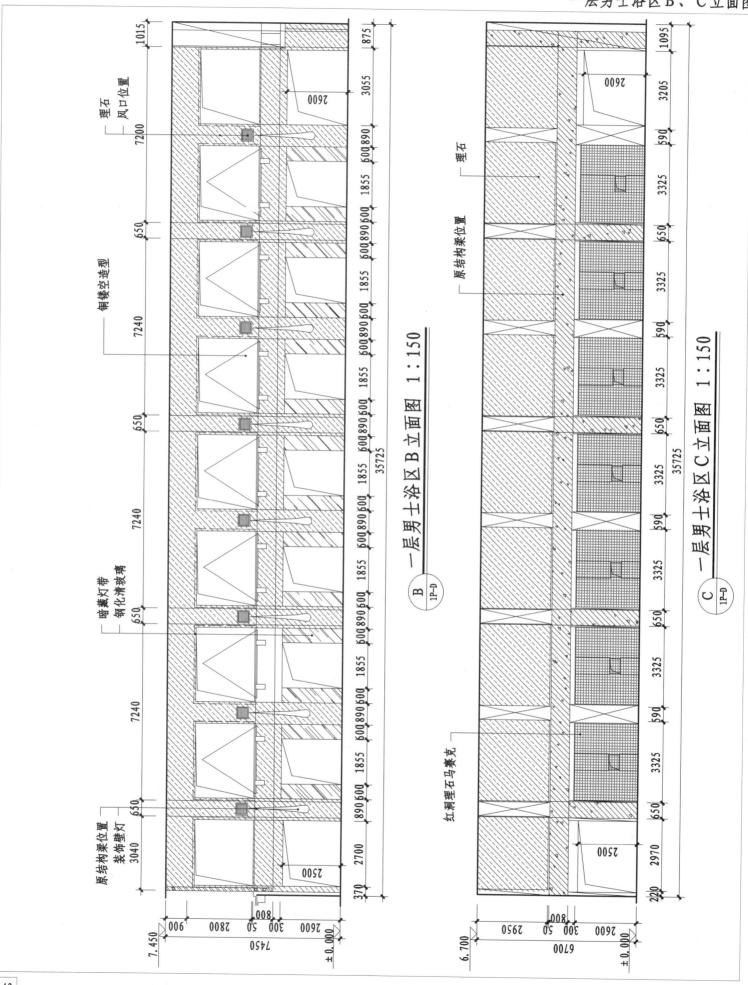

一层男士浴区 B 立面图 1:150

B
1P-D

一层男士浴区 C 立面图 1:150

C
1P-D

一层男士浴区D立面图

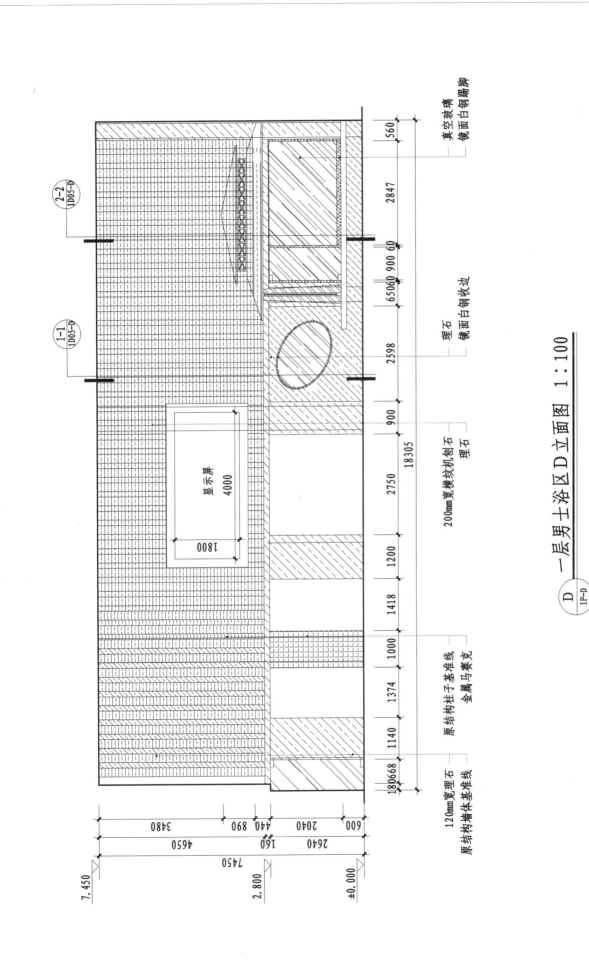

一层男士浴区D立面图 1:100

D
1P-D

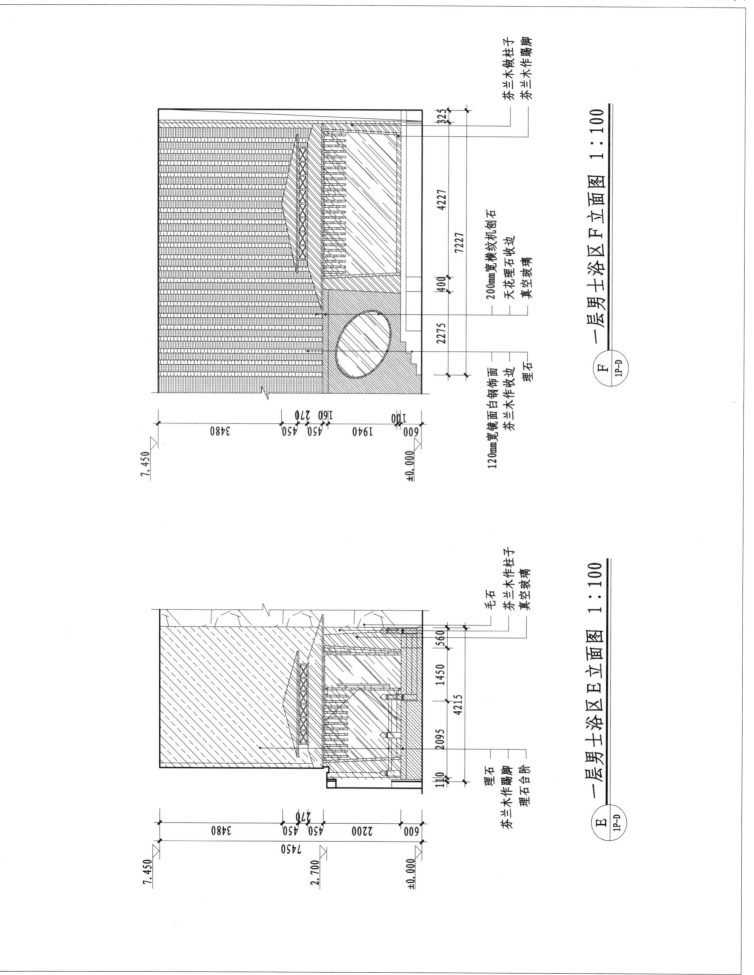

一层男士浴区 F 立面图 1 : 100

F
1P-D

芬兰木做柱子
芬兰木作踢脚
200mm宽横纹机刨石
天花理石收边
真空玻璃
120mm宽镜面白钢饰面
芬兰木作收边
理石

一层男士浴区 E 立面图 1 : 100

E
1P-D

毛石
芬兰木作柱子
真空玻璃
理石
芬兰木作踢脚
理石台阶

一层男士浴区G立面图

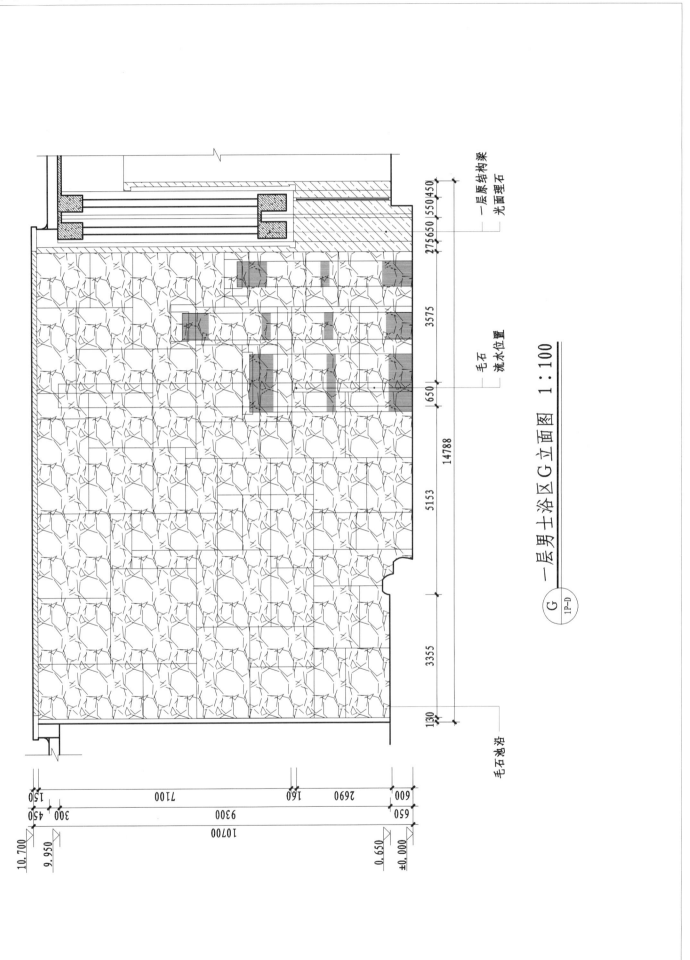

一层男士浴区G立面图 1:100

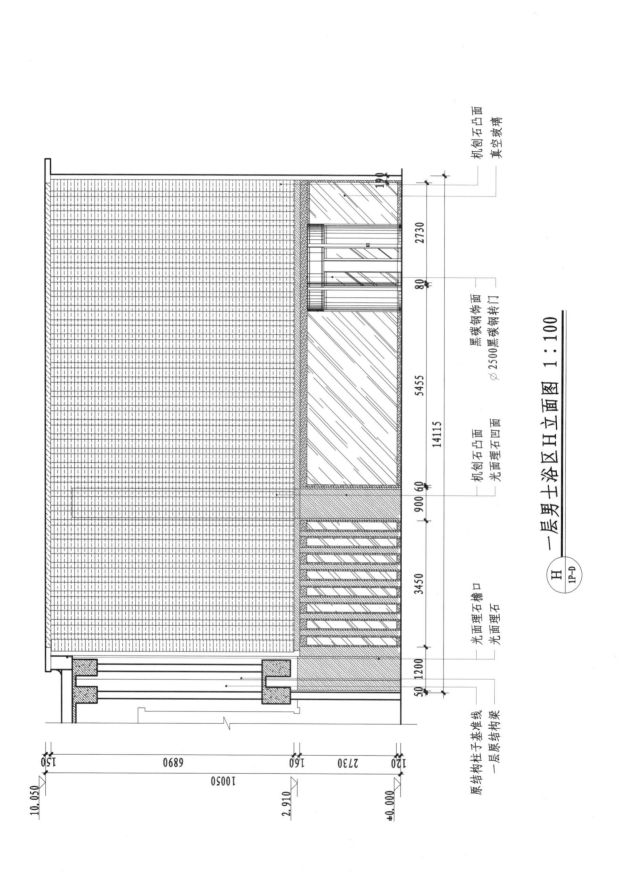

一层男士浴区H立面图 1：100

H
1P-D

机制石凸面
真空玻璃

黑碳钢饰面
∅2500黑碳钢转门

机制石凸面
光面理石凹面

光面理石檐口
光面理石

原结构柱子基准线
一层原结构梁

一层女士浴区平面布置图

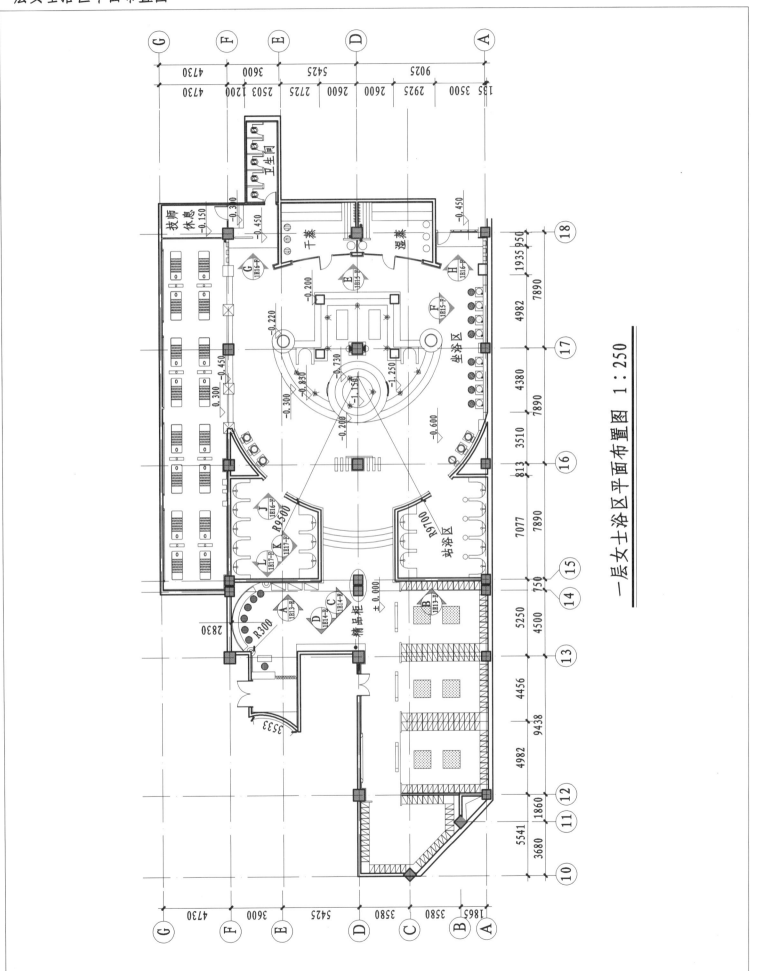

一层女士浴区平面布置图 1：250

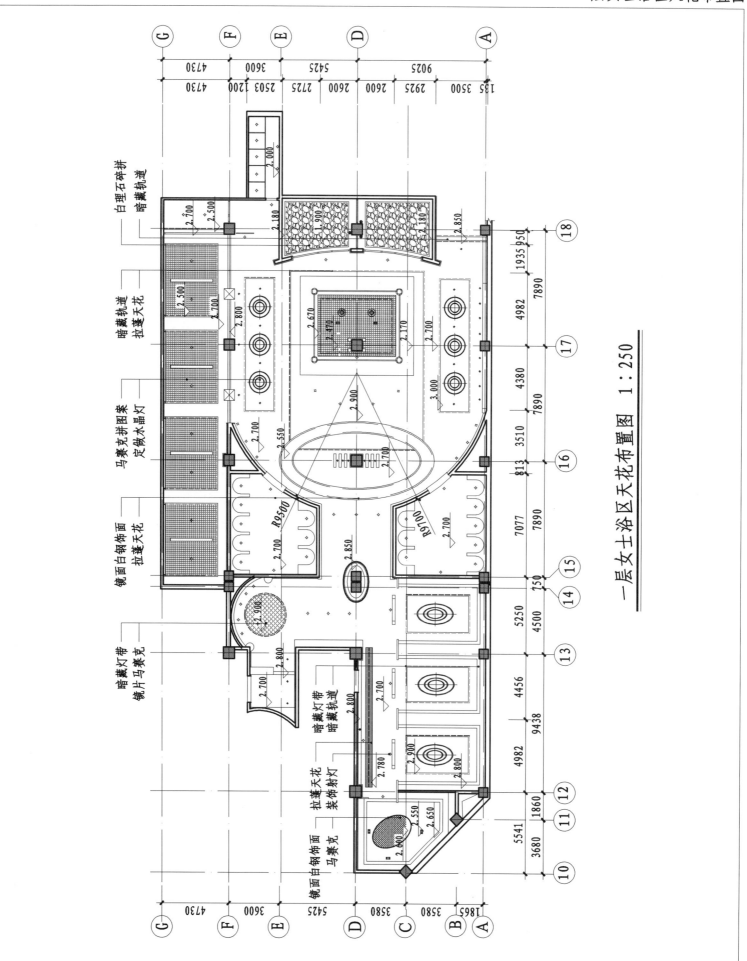

一层女士浴区天花布置图 1:250

白理石碎拼
暗藏轨道

暗藏轨道
拉蓬天花

马赛克拼图案
定做水晶灯

镜面白钢饰面
拉蓬天花

暗藏灯带
镜片马赛克

镜面白钢饰面
马赛克

拉蓬天花
装饰射灯

暗藏灯带
暗藏轨道

一层女士更衣区A、B立面图，精品柜剖面图

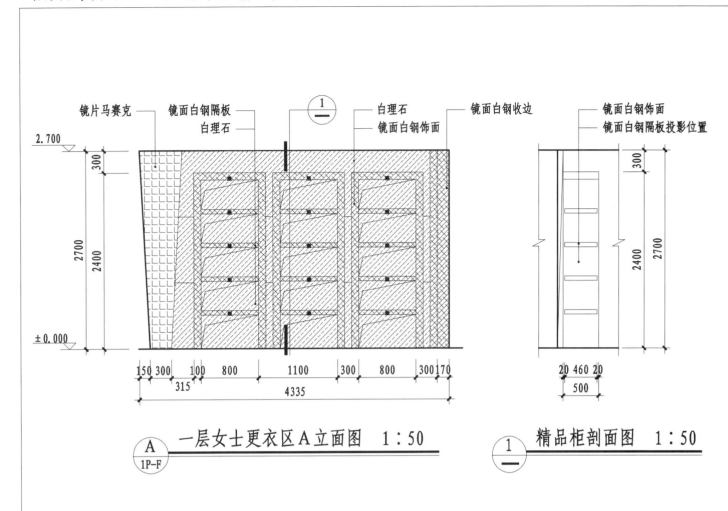

镜片马赛克　镜面白钢隔板　　　　①　　　白理石　　镜面白钢收边
　　　　　　　白理石　　　　　　　　　　镜面白钢饰面

镜面白钢饰面
镜面白钢隔板投影位置

2.700

2.700

300

2700
2400

± 0.000

300

2400
2700

150 300 100 800　1100　300 800 300 170
315　　　　　4335

20 460 20
500

A 一层女士更衣区A立面图　1∶50
1P-F

① 精品柜剖面图　1∶50

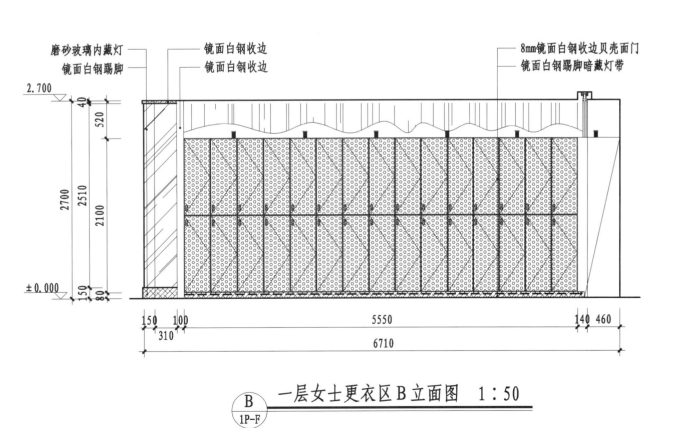

磨砂玻璃内藏灯　　　　　镜面白钢收边　　　　8mm镜面白钢收边贝壳面门
镜面白钢踢脚　　　　　　镜面白钢收边　　　　镜面白钢踢脚暗藏灯带

2.700

40
520

2700
2510
2100

± 0.000
150
80

150　100　　　　5550　　　　140 460
310　　　　　6710

B 一层女士更衣区B立面图　1∶50
1P-F

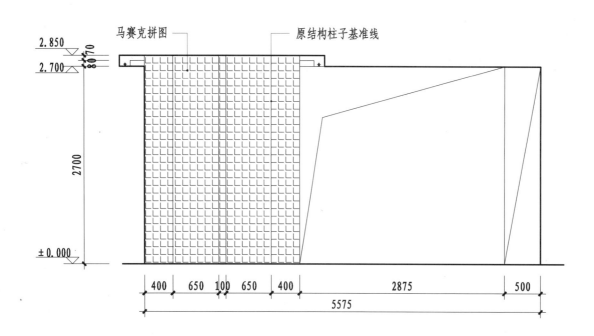

马赛克拼图　　原结构柱子基准线

2.850
2.700
2700
±0.000

400　650　100　650　400　　　2875　　　500
5575

C 一层女士更衣区C立面图　1:50
1P-F

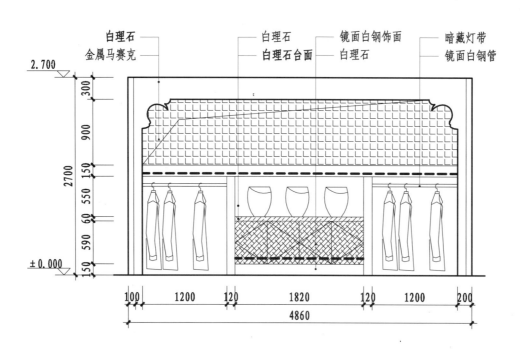

白理石　　　　白理石　　镜面白钢饰面　　暗藏灯带
金属马赛克　　白理石台面　白理石　　　　镜面白钢管

2.700
300
900
2700　150
550
60
590
±0.000　150

100　1200　120　1820　120　1200　200
4860

D 一层女士更衣区D立面图　1:50
1P-F

一层女士浴区 E、F 立面图

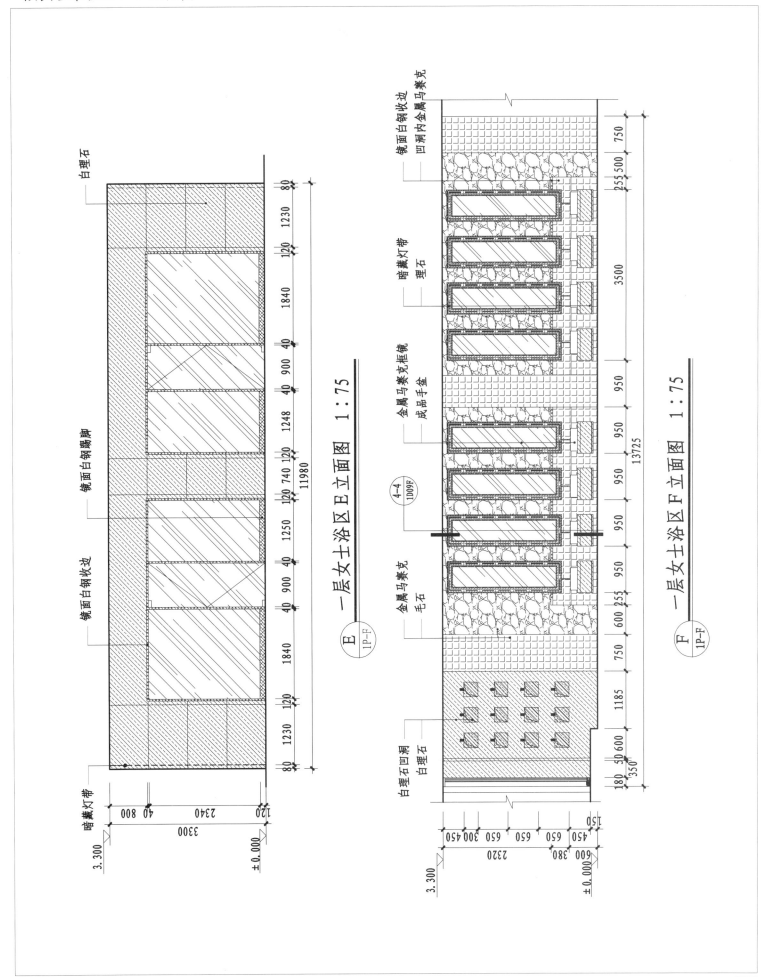

一层女士浴区 E 立面图 1:75

E
1P-F

一层女士浴区 F 立面图 1:75

F
1P-F

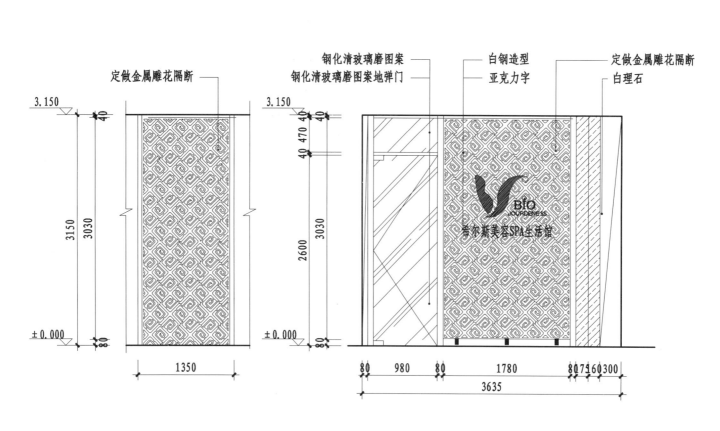

定做金属雕花隔断

钢化清玻璃磨图案
钢化清玻璃磨图案地弹门

白钢造型
亚克力字

定做金属雕花隔断
白理石

G 一层女士浴区G立面图　1:50

H 一层女士浴区H立面图　1:50

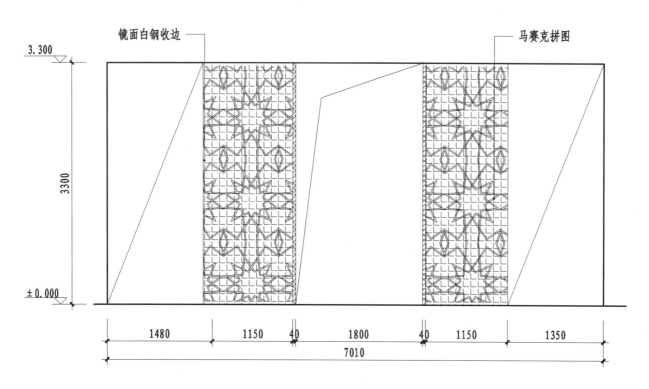

镜面白钢收边

马赛克拼图

J 一层女士浴区J立面图　1:50

一层女士浴区K、L立面图

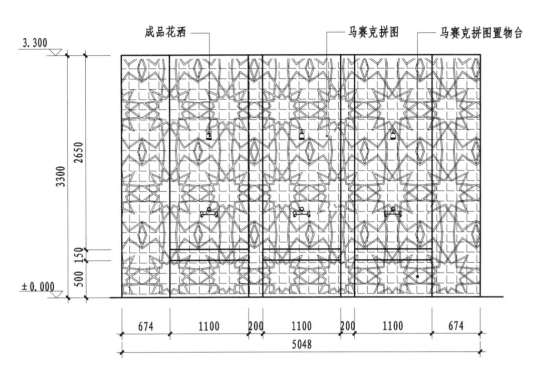

一层女士浴区K立面图　1：50

Ⓚ
1P-F

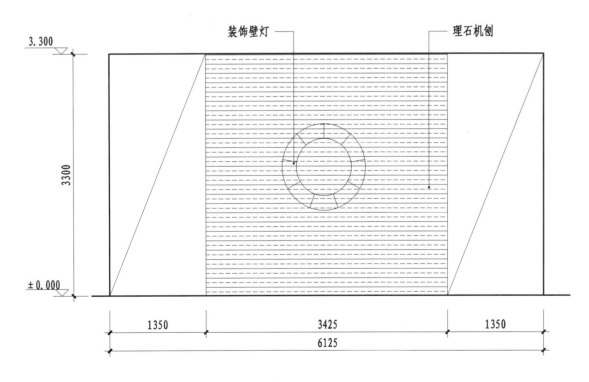

一层女士浴区L立面图　1：50

Ⓛ
1P-F

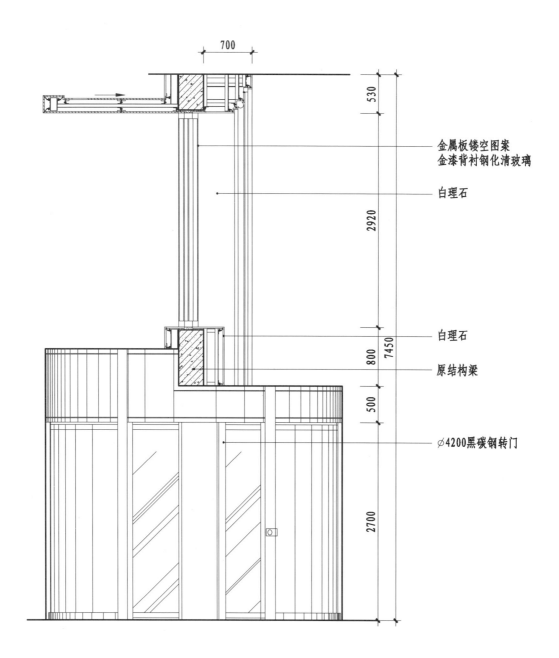

700

530

金属板镂空图案
金漆背衬钢化清玻璃

白理石

2920

白理石

7450

800

原结构梁

500

∅4200黑碳钢转门

2700

<u>1-1</u>　一层大堂A立面转门1-1剖面图　1：50
1E01-A

一层大堂 B 立面2-2、3-3剖面图、剖面详图

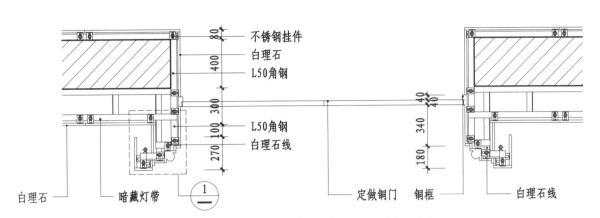

不锈钢挂件
白理石
L50角钢

L50角钢
白理石线

白理石　　暗藏灯带

定做铜门　铜框　　白理石线

2-2
1E02-A
　　一层大堂 B 立面2-2剖面图　1:30

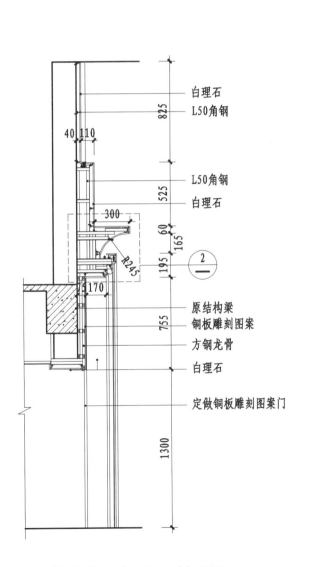

白理石
L50角钢

L50角钢
白理石

2

原结构梁
铜板雕刻图案
方钢龙骨
白理石

定做铜板雕刻图案门

3-3
1E02-A
　一层大堂 B 立面3-3剖面图　1:30

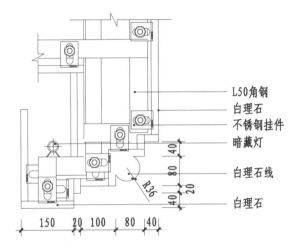

L50角钢
白理石
不锈钢挂件
暗藏灯
白理石线
R36
白理石

1
　一层大堂 B 立面2-2剖面详图　1:10

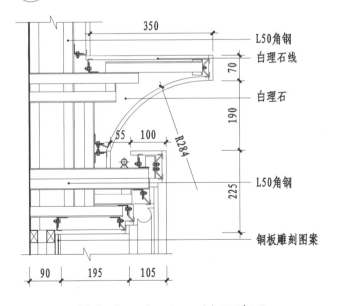

L50角钢
白理石线

白理石
R284

L50角钢

铜板雕刻图案

2
　一层大堂 B 立面3-3剖面详图　1:10

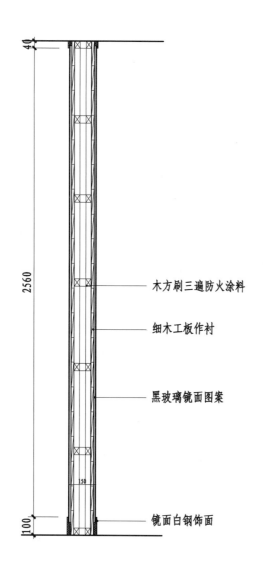

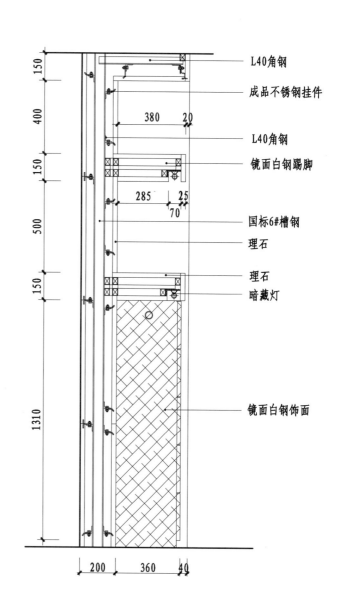

木方刷三遍防火涂料

细木工板作衬

黑玻璃镜面图案

镜面白钢饰面

L40角钢

成品不锈钢挂件

L40角钢

镜面白钢踢脚

国标6#槽钢

理石

理石

暗藏灯

镜面白钢饰面

1-1 一层男士二次更衣区1-1剖面图　1:20
1E06-C

2-2 一层男士二次更衣区2-2剖面图　1:20
1E06-C

一层男士浴区A立面木屋详图一

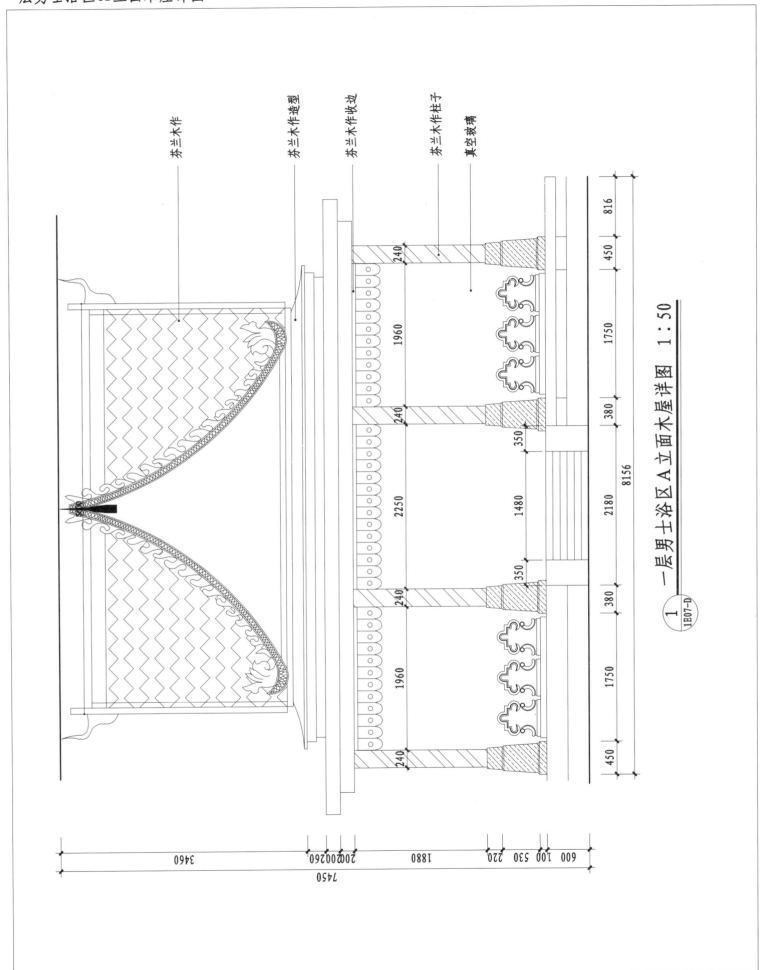

芬兰木作

芬兰木作造型

芬兰木作收边

芬兰木作柱子

真空玻璃

① 一层男士浴区A立面木屋详图 1：50
1B07-D

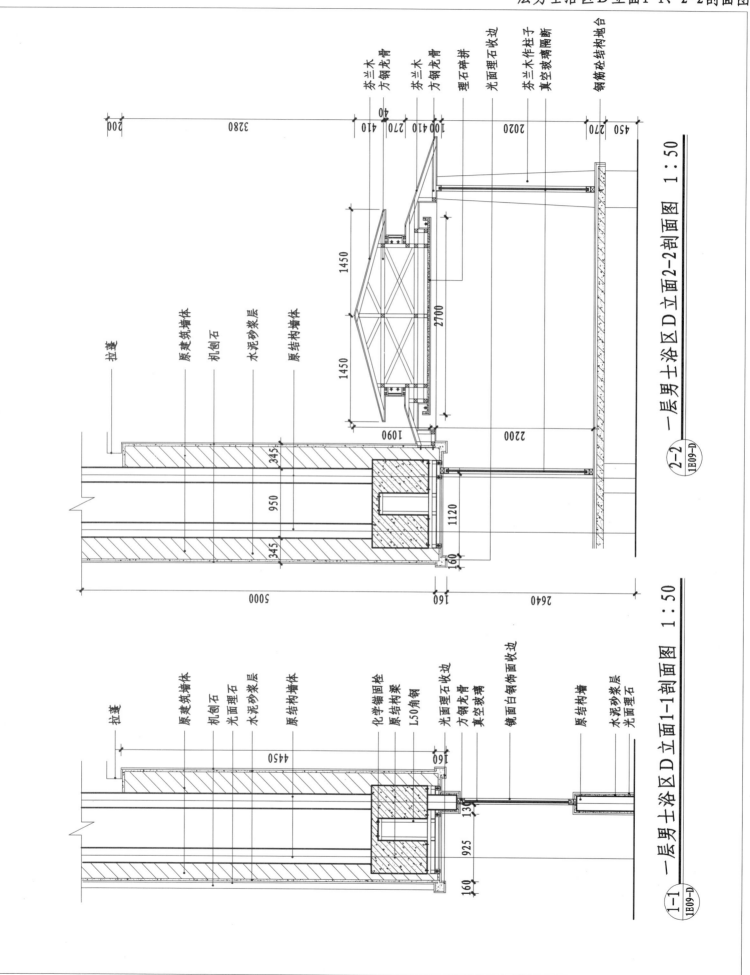

一层男士浴区D立面2-2剖面图 1：50

2-2 1B09-D

一层男士浴区D立面1-1剖面图 1：50

1-1 1B09-D

一层女士浴区水池平面详图

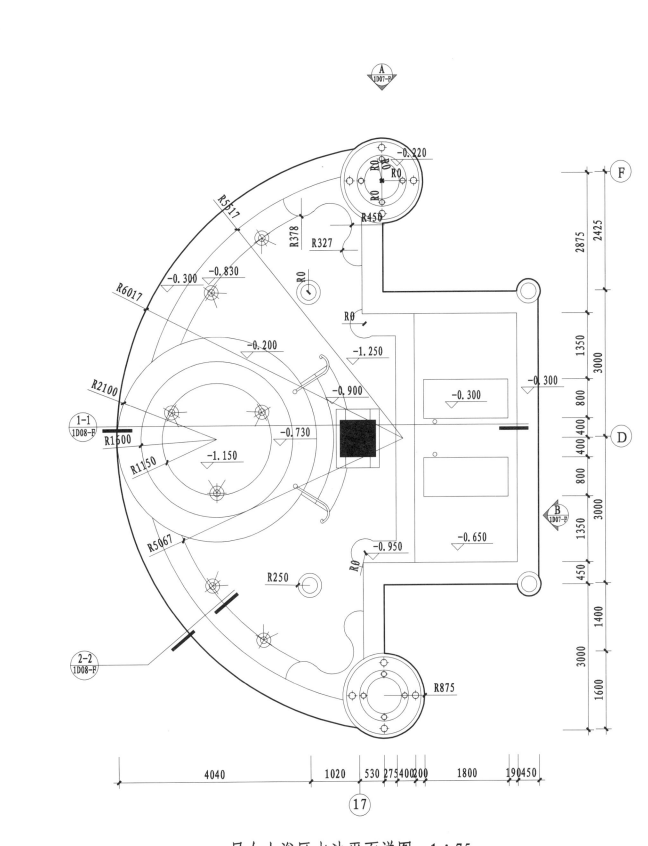

一层女士浴区水池平面详图　1：75

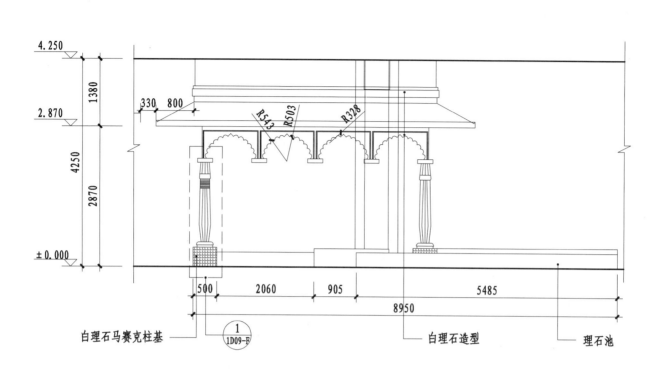

4.250

1380

2.870

4250

2870

330   800

R543 R503   R328

± 0.000

500   2060   905   5485

8950

白理石马赛克柱基   1 1D09-F   白理石造型   理石池

Ⓐ 一层女士浴区水池A立面详图 1 : 75
1D06-F

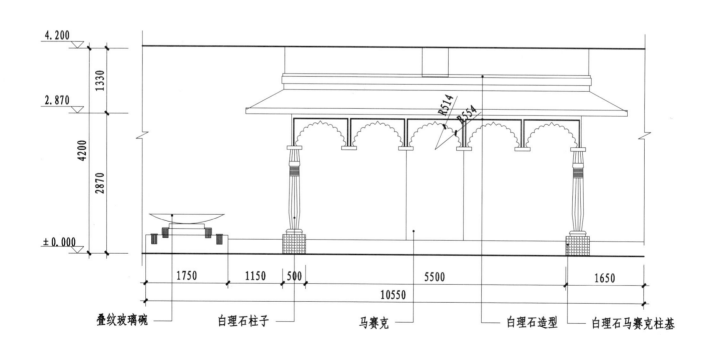

4.200

1330

2.870

4200

2870

R514
R554

± 0.000

1750   1150   500   5500   1650

10550

叠纹玻璃碗   白理石柱子   马赛克   白理石造型   白理石马赛克柱基

Ⓑ 一层女士浴区水池B立面详图 1 : 75
1D06-F

一层女士浴区水池1-1、2-2剖面图

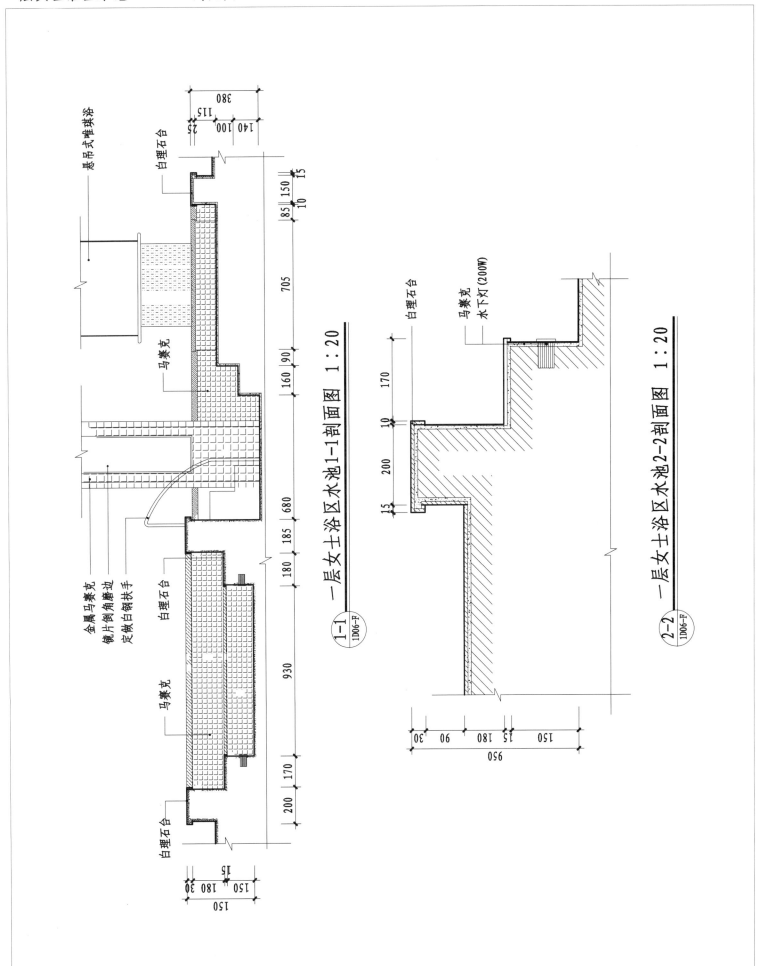

悬吊式唯琪浴

白理石合

马赛克

金属马赛克
镜片倒角磨边
定做白钢扶手

白理石合

马赛克

白理石合

一层女士浴区水池1-1剖面图 1 : 20

1-1
1D06-F

白理石合

马赛克
水下灯 (200W)

一层女士浴区水池2-2剖面图 1 : 20

2-2
1D06-F

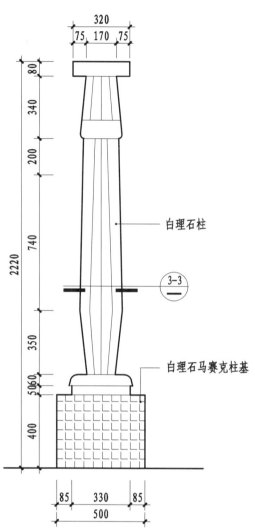

白理石柱

3-3

白理石马赛克柱基

① 一层女士浴区水池理石柱立面详图　1:20
1D07-F

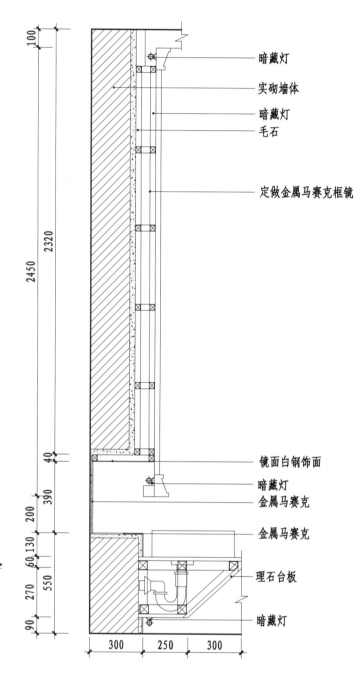

暗藏灯
实砌墙体
暗藏灯
毛石

定做金属马赛克框镜

镜面白钢饰面
暗藏灯
金属马赛克
金属马赛克
理石台板
暗藏灯

4-4 一层女士浴区F立面4-4剖面图　1:20
1D06-F

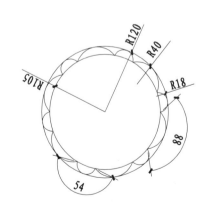

③ 一层女士浴区水池理石柱3-3剖面图　1:20
3-3

二层自助餐厅平面布置图

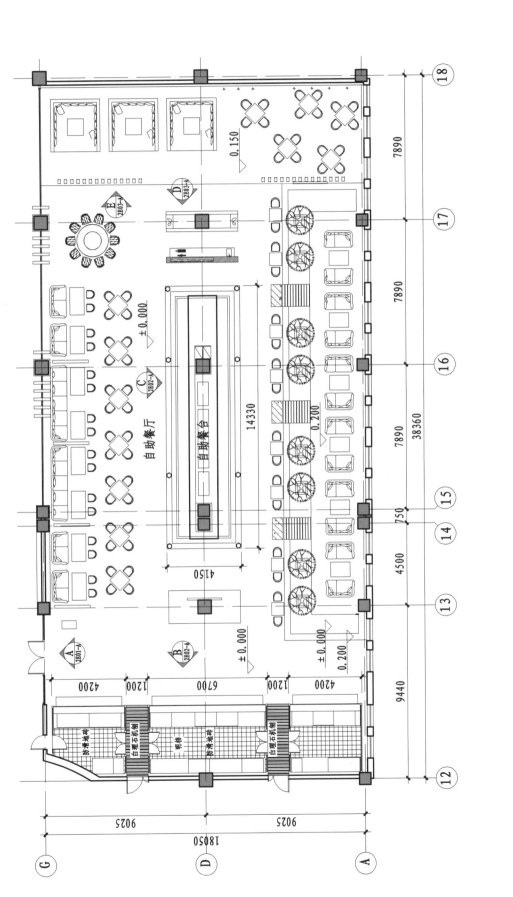

二层自助餐厅平面布置图 1：200

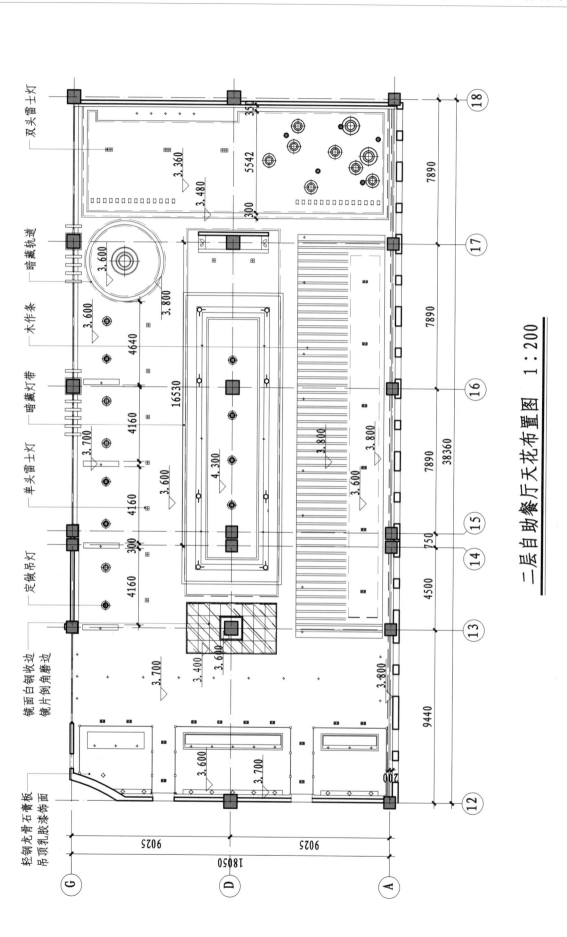

二层自助餐厅天花布置图　1∶200

二层自助餐厅A立面图

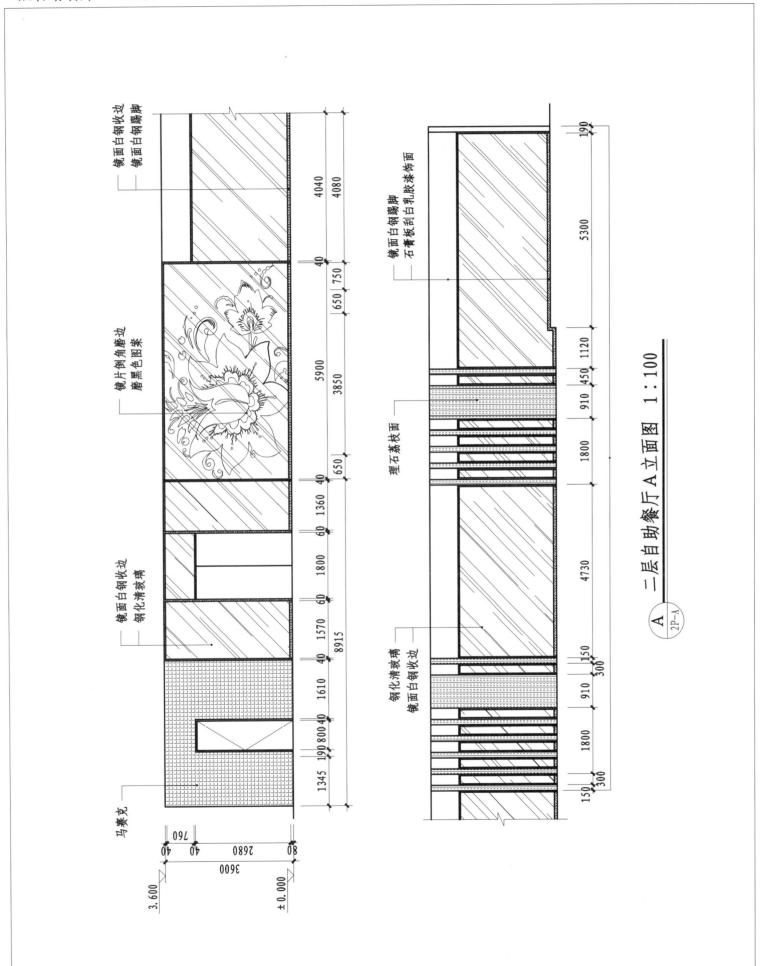

镜面白钢收边
镜面白钢踢脚

镜面白钢踢脚
石膏板刮白乳胶漆饰面

镜片倒角磨边
磨黑色图案

理石荔枝面

镜面白钢收边
钢化清玻璃

钢化清玻璃
镜面白钢收边

马赛克

4040
4080
40
750
650
5900
3850
650
40
1360
60
1800
60
1570
40
8915
1610
40 800 190
1345

190
5300
1120
450
910
1800
4730
150 300
150
910
1800
300
150

3.600
±0.000

760
40 40
2680
80
3600

二层自助餐厅A立面图 1:100

A
2P-A

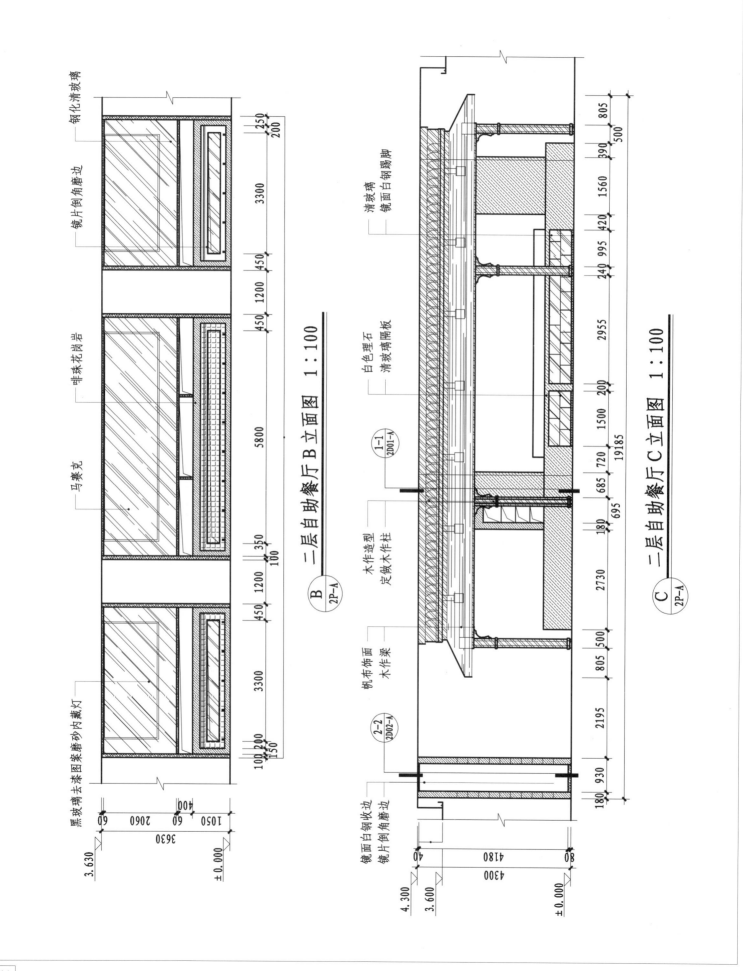

二层自助餐厅 B 立面图 1:100

B
2P-A

二层自助餐厅 C 立面图 1:100

C
2P-A

二层自助餐厅D、E立面图

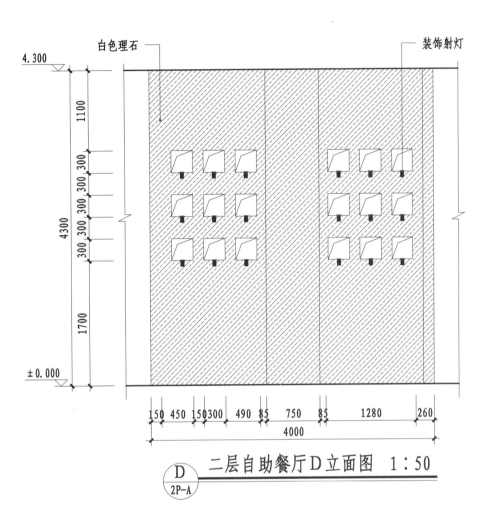

白色理石 装饰射灯

4.300

1100

300 300 300

4300 300 300 300

300 300 300

1700

± 0.000

150 450 150 300 490 85 750 85 1280 260
4000

Ⓓ 二层自助餐厅D立面图 1:50
2P-A

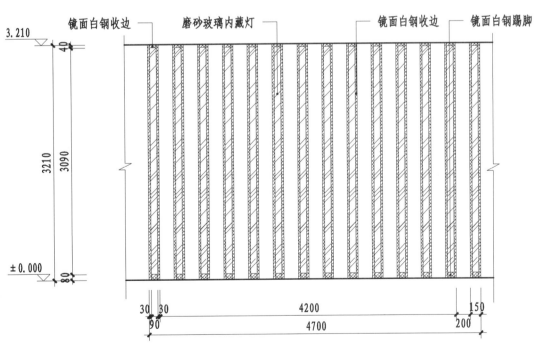

镜面白钢收边 磨砂玻璃内藏灯 镜面白钢收边 镜面白钢踢脚

3.210

40

3210 3090

± 0.000

80

30 30 4200 150
90 4700 200

Ⓔ 二层自助餐厅E立面图 1:50
2P-A

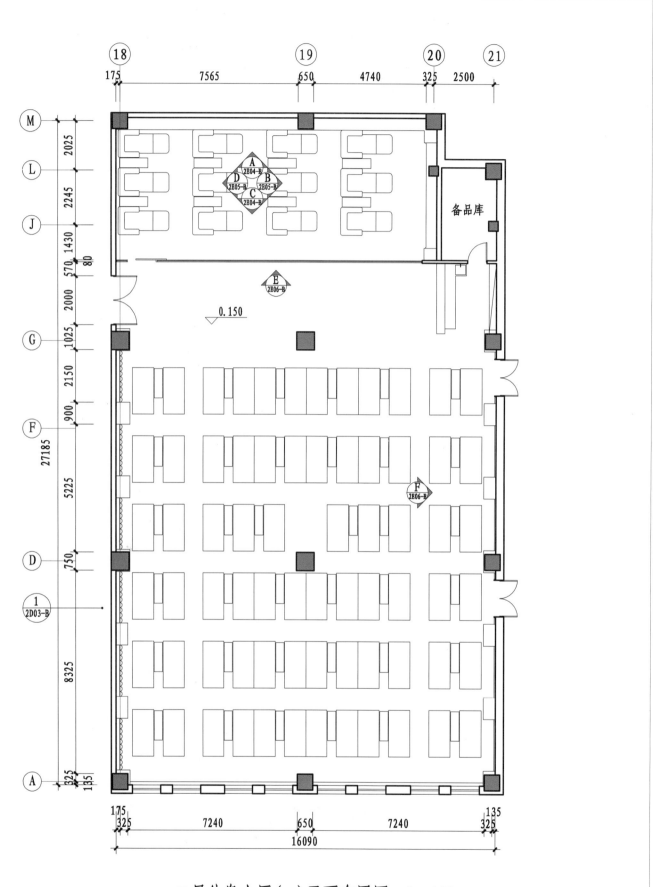

二层休息大厅（一）平面布置图　1:150

二层休息大厅（一）天花布置图

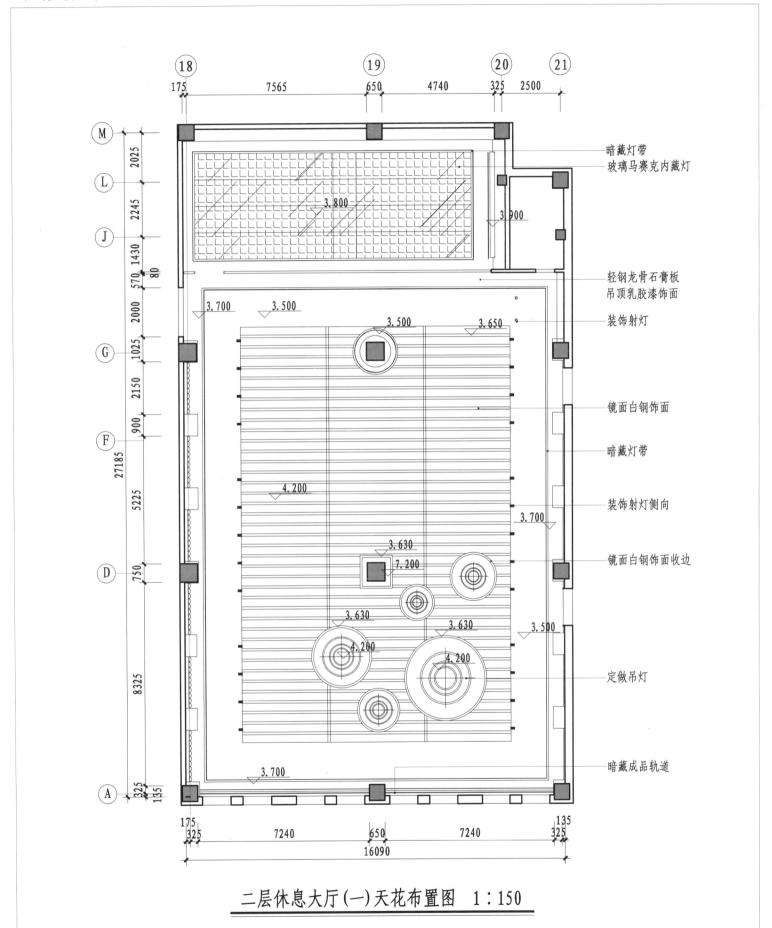

暗藏灯带
玻璃马赛克内藏灯

轻钢龙骨石膏板
吊顶乳胶漆饰面

装饰射灯

镜面白钢饰面

暗藏灯带

装饰射灯侧向

镜面白钢饰面收边

定做吊灯

暗藏成品轨道

二层休息大厅(一)天花布置图　1:150

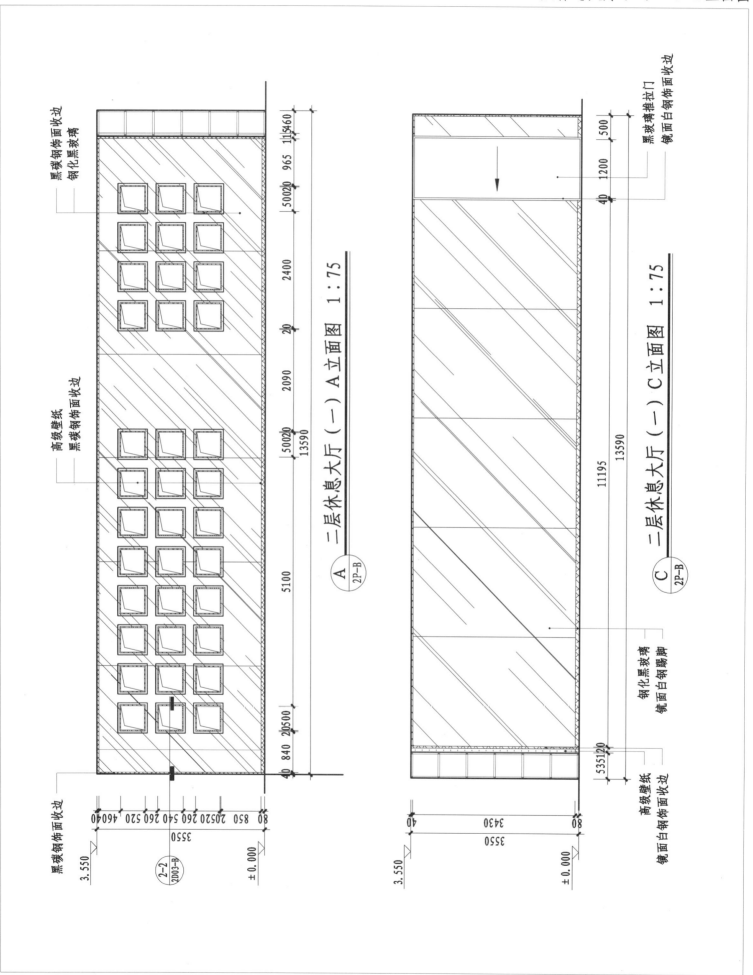

二层休息大厅（一）A立面图 1：75

二层休息大厅（一）C立面图 1：75

二层休息大厅（一）B、D立面图

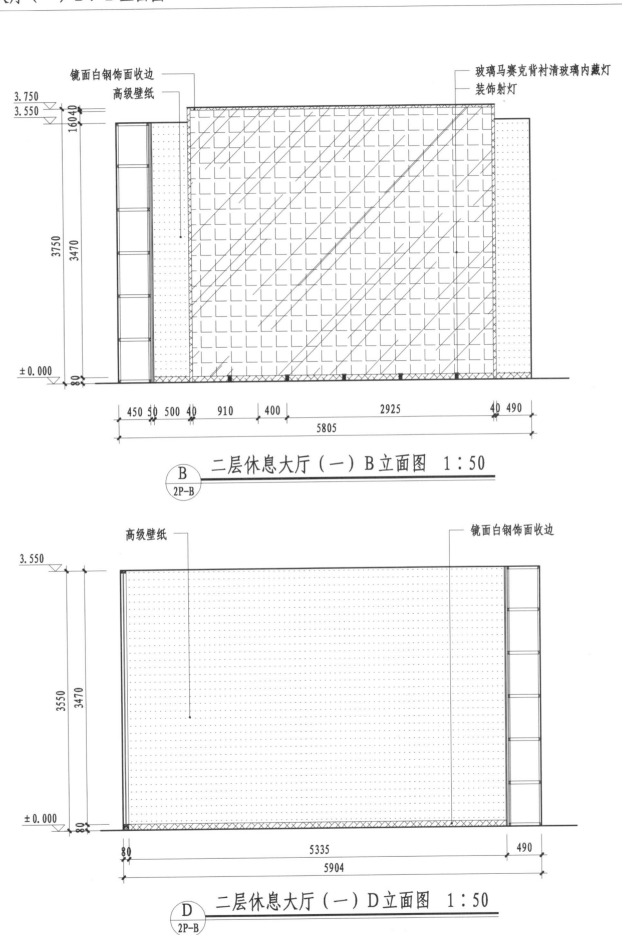

镜面白钢饰面收边
高级壁纸
玻璃马赛克背衬清玻璃内藏灯
装饰射灯

3.750
3.550
1604 0
3750
3470
± 0.000
80

450 50 500 40 910 400 2925 40 490
5805

Ⓑ 二层休息大厅（一）B立面图 1:50
2P-B

高级壁纸
镜面白钢饰面收边

3.550
3550
3470
± 0.000
80

80 5335 490
5904

Ⓓ 二层休息大厅（一）D立面图 1:50
2P-B

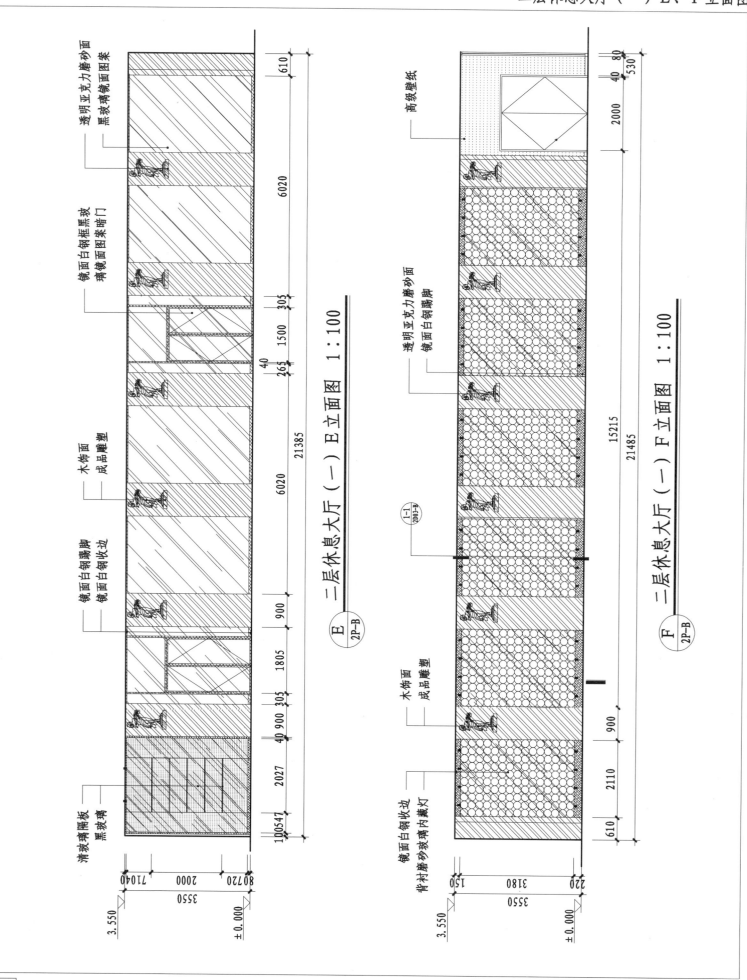

二层休息大厅（一）E立面图　1：100

二层休息大厅（一）F立面图　1：100

二层休闲区平面布置图

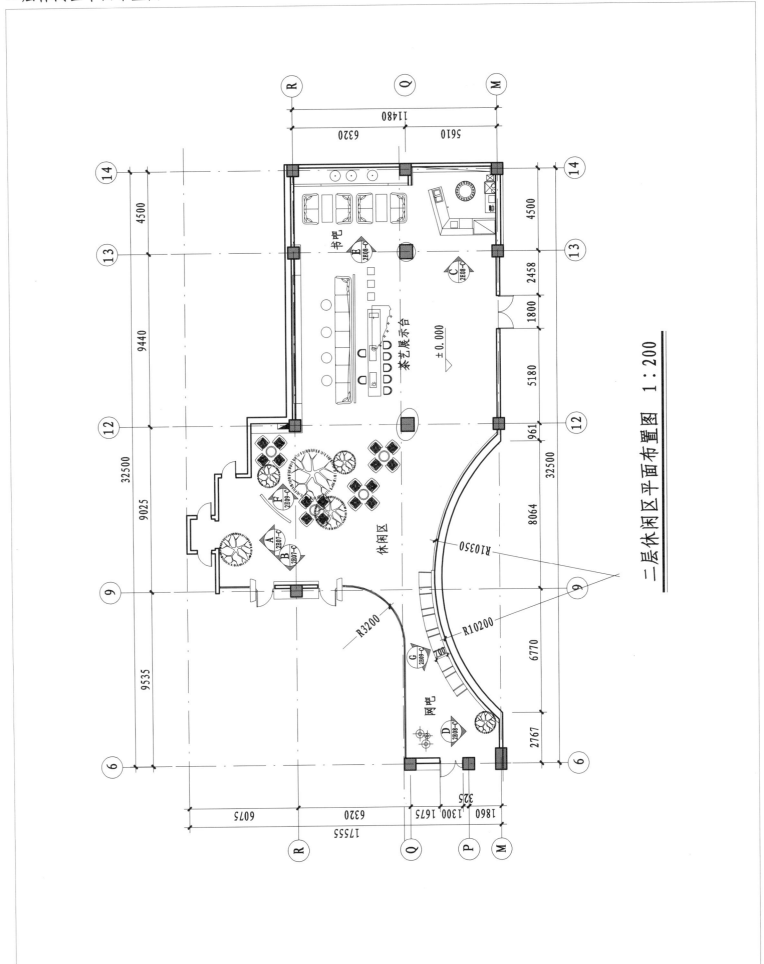

二层休闲区平面布置图 1：200

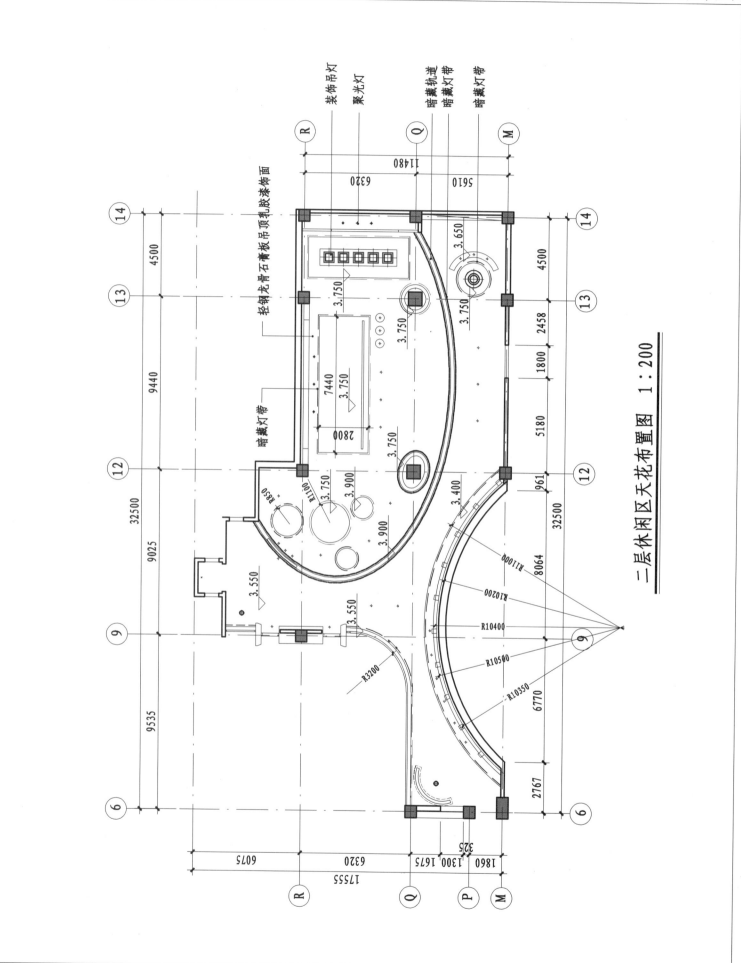

二层休闲区天花布置图 1：200

二层休闲区 A、B 立面图

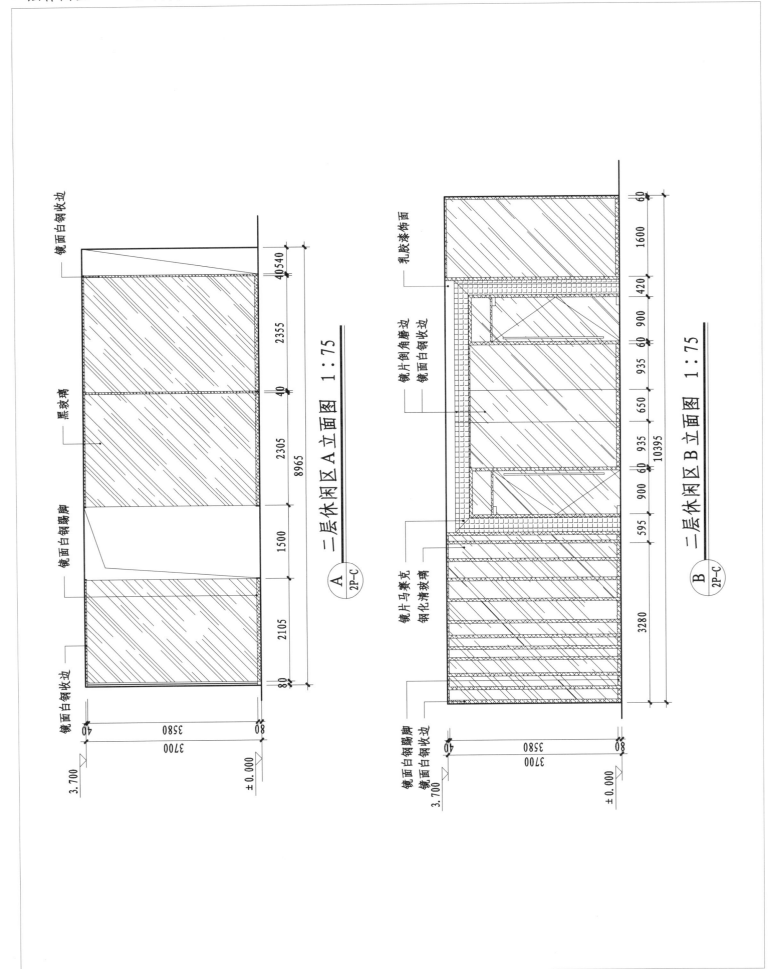

二层休闲区 A 立面图 1:75

镜面白钢收边
黑玻璃
镜面白钢踢脚
镜面白钢收边

A
2P-C

二层休闲区 B 立面图 1:75

乳胶漆饰面
镜片倒角磨边
镜面白钢收边
镜片马赛克
钢化清玻璃
镜面白钢踢脚
镜面白钢收边

B
2P-C

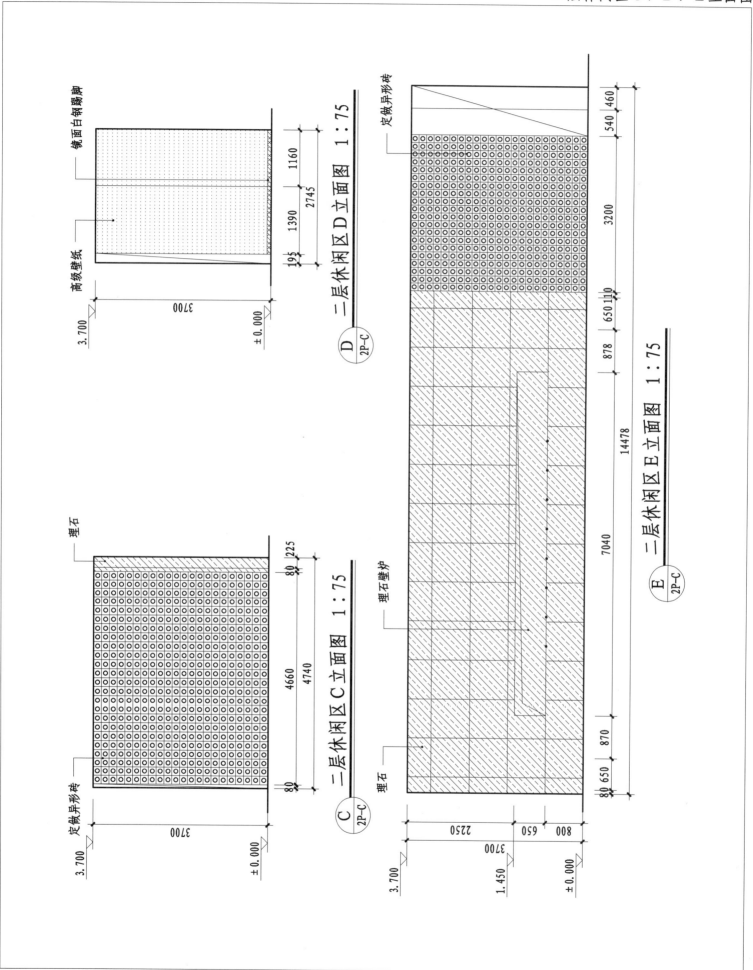

二层休闲区D立面图 1:75

D / 2P-C

二层休闲区C立面图 1:75

C / 2P-C

二层休闲区E立面图 1:75

E / 2P-C

二层休闲区 F、G 立面图

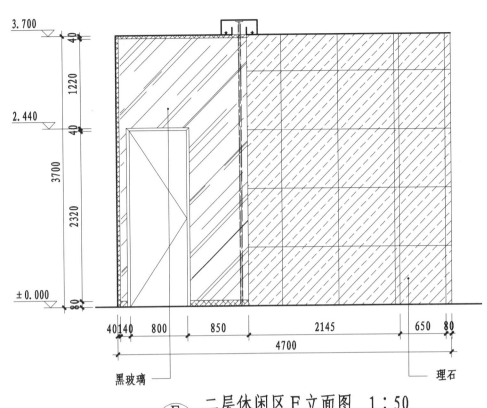

3.700

1220

2.440

40

3700

2320

±0.000

80

40 140   800   850   2145   650 80

4700

黑玻璃

理石

F
2P-C

二层休闲区 F 立面图   1：50

3.700

850

2.850

3700

2850

4600

3709

3294

1100

±0.000

240 220   1570   3280   820   650 80

6860

毛石

装饰品   理石

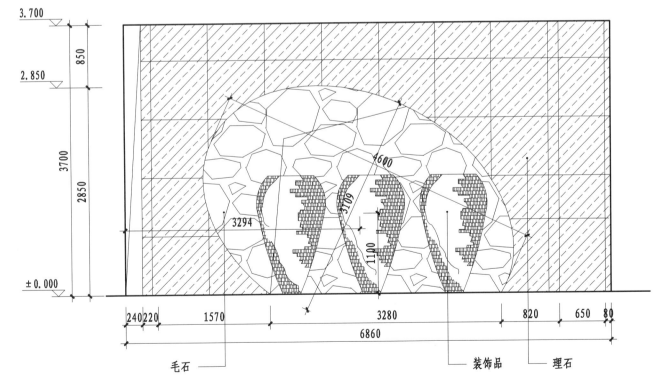

G
2P-C

二层休闲区 G 立面图   1：50

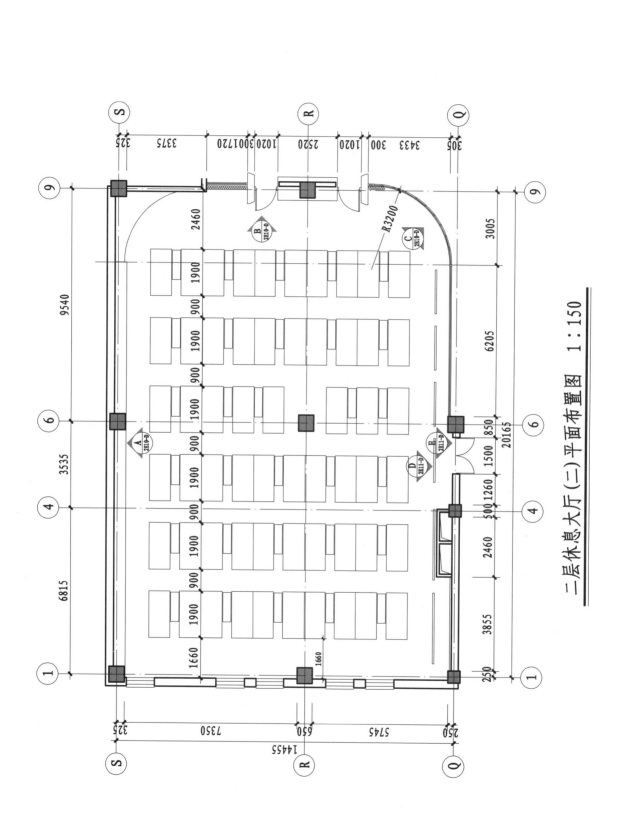

二层休息大厅（二）平面布置图　1：150

二层休息大厅（二）天花布置图

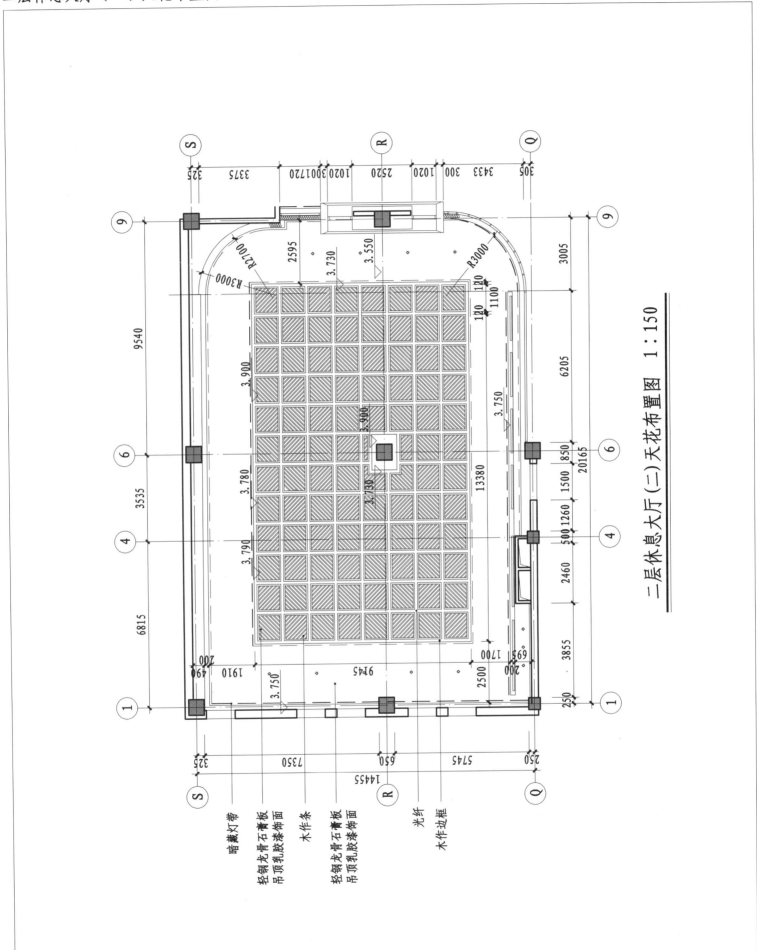

二层休息大厅（二）天花布置图 1:150

暗藏灯带
轻钢龙骨石膏板吊顶乳胶漆饰面
木作条
轻钢龙骨石膏板吊顶乳胶漆饰面
光纤
木作边框

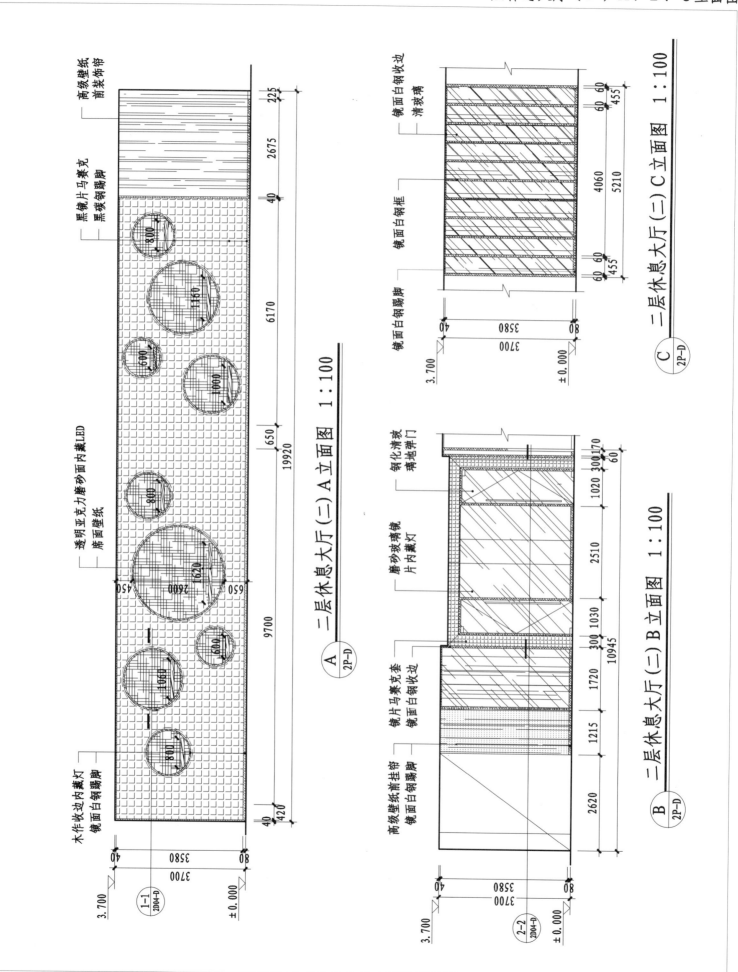

二层休息大厅（二）A立面图 1：100

二层休息大厅（二）C立面图 1：100

二层休息大厅（二）B立面图 1：100

二层休息大厅（二）D、E立面图

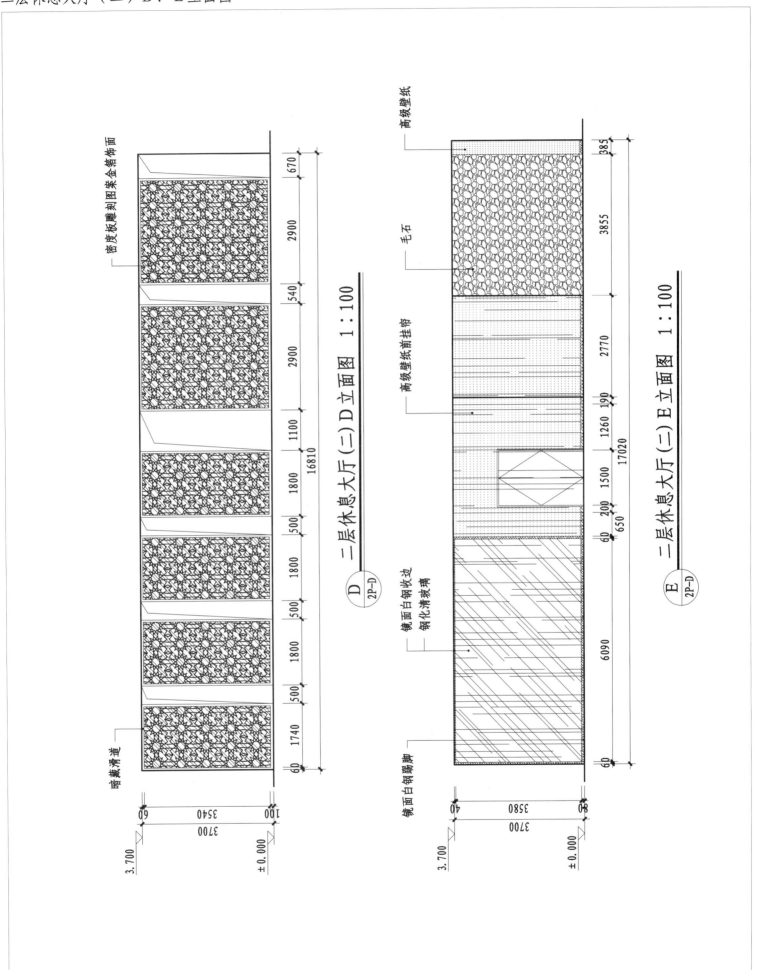

二层休息大厅（二）D立面图 1：100

二层休息大厅（二）E立面图 1：100

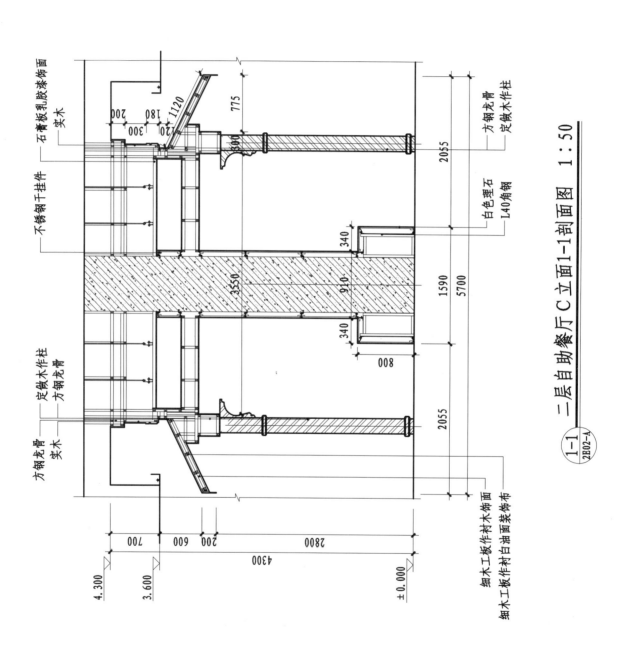

二层自助餐厅C立面1-1剖面图 1：50

1-1
2B02-A

石膏板乳胶漆饰面
实木

不锈钢干挂件

定做木作柱
方钢龙骨
实木
方钢龙骨

方钢龙骨
定做木作柱

白色理石
L40角钢

细木工板作衬木饰面
细木工板作衬白油面装饰布

二层自助餐厅C立面2-2剖面图

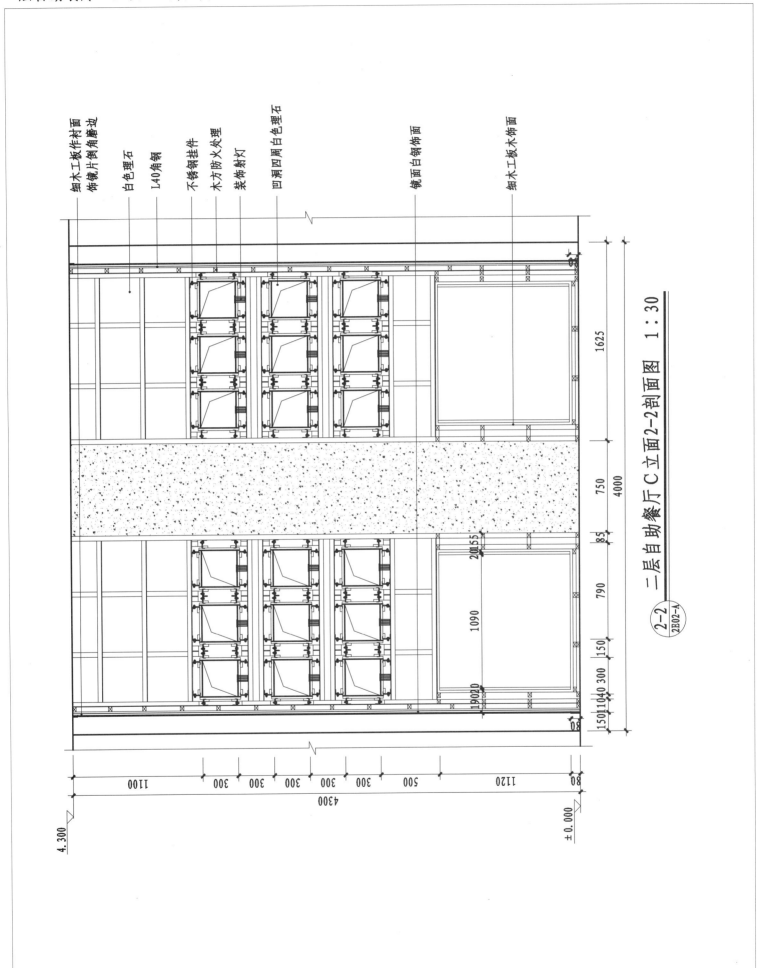

二层自助餐厅C立面2-2剖面图 1:30

2-2
2B02-A

标注文字（从左至右）：
细木工板作衬面
饰镜片闭角磨边
白色理石
L40角钢
不锈钢挂件
木方防火处理
装饰射灯
凹洞四周白色理石
镜面白钢饰面
细木工板木饰面

尺寸标注：
1625 750 4000 85 20155 790 1090 150 19020 10300 150110

4.300

1100 300 300 300 300 300 300 500 1120 80
4300

±0.000

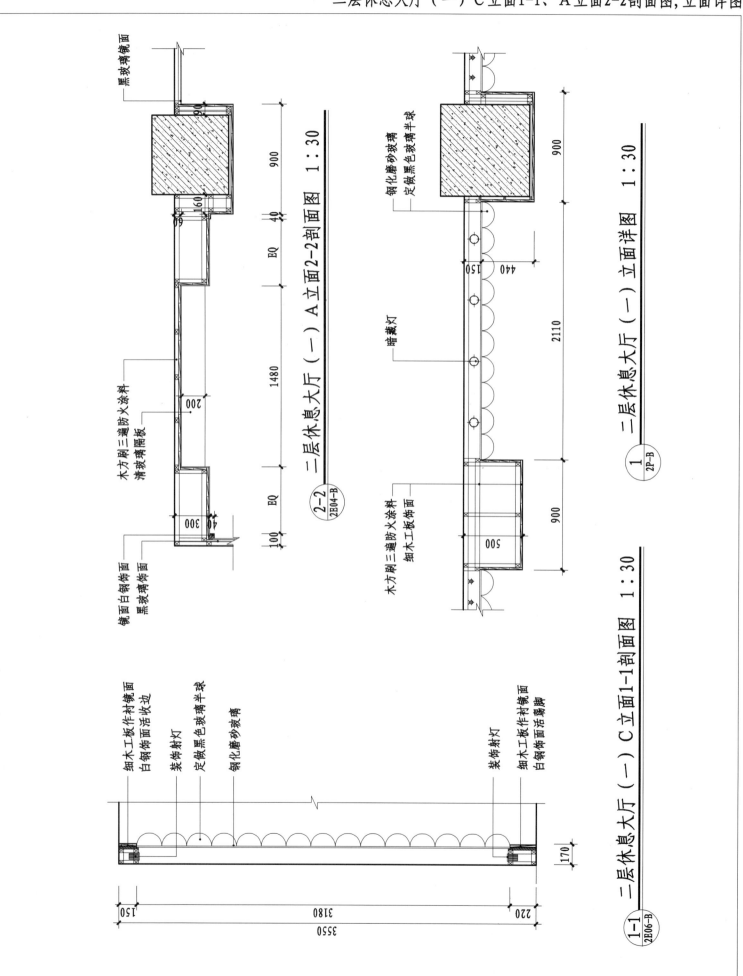

黑玻璃镜面

木方刷三遍防火涂料
清玻璃隔板

镜面白钢饰面
黑玻璃饰面

二层休息大厅（一）A立面2-2剖面图 1：30

2-2
2B04-B

钢化磨砂玻璃
定做黑色玻璃半球

暗藏灯

木方刷三遍防火涂料
细木工板饰面

二层休息大厅（一）立面详图 1：30

1
2P-B

细木工板作衬镜面
白钢饰面活收边
装饰射灯
定做黑色玻璃半球
钢化磨砂玻璃

装饰射灯
细木工板作衬镜面
白钢饰面活踢脚

二层休息大厅（一）C立面1-1剖面图 1：30

1-1
2E06-B

二层休息大厅（二）A立面1-1、B立面2-2剖面图

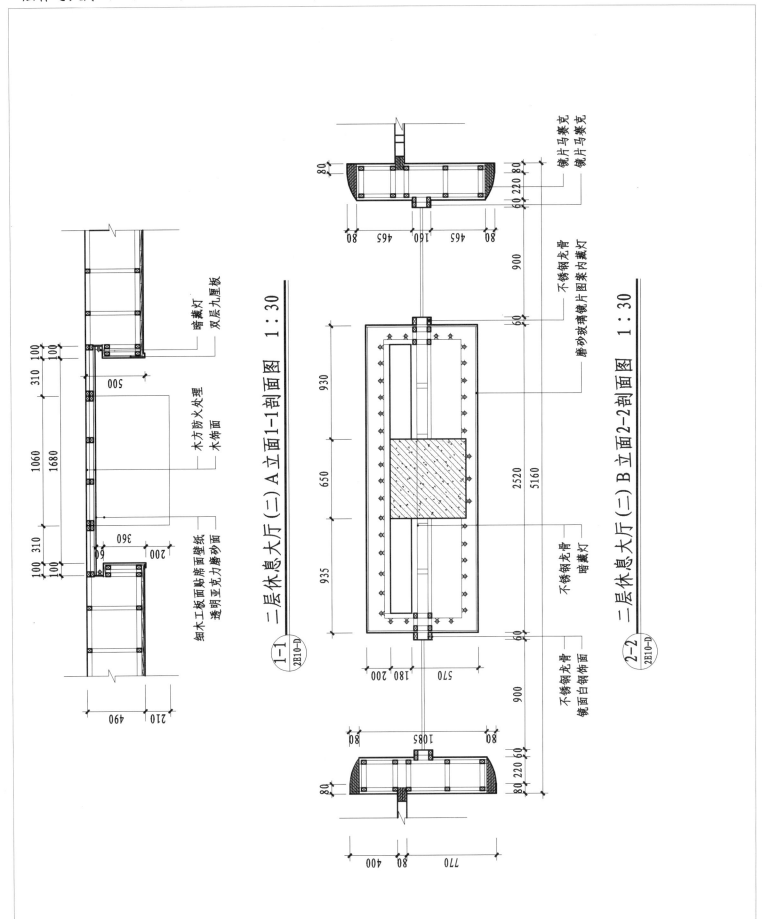

二层休息大厅（二）A 立面1-1剖面图　1：30

1-1
2E10-D

暗藏灯
双层九厘板

木方防火处理
木饰面

细木工板面贴席面壁纸
透明亚克力磨砂面

镜片马赛克
镜片马赛克

不锈钢龙骨
磨砂玻璃镜片图案内藏灯

暗藏灯
不锈钢龙骨

不锈钢龙骨
镜面白钢饰面

二层休息大厅（二）B 立面2-2剖面图　1：30

2-2
2E10-D

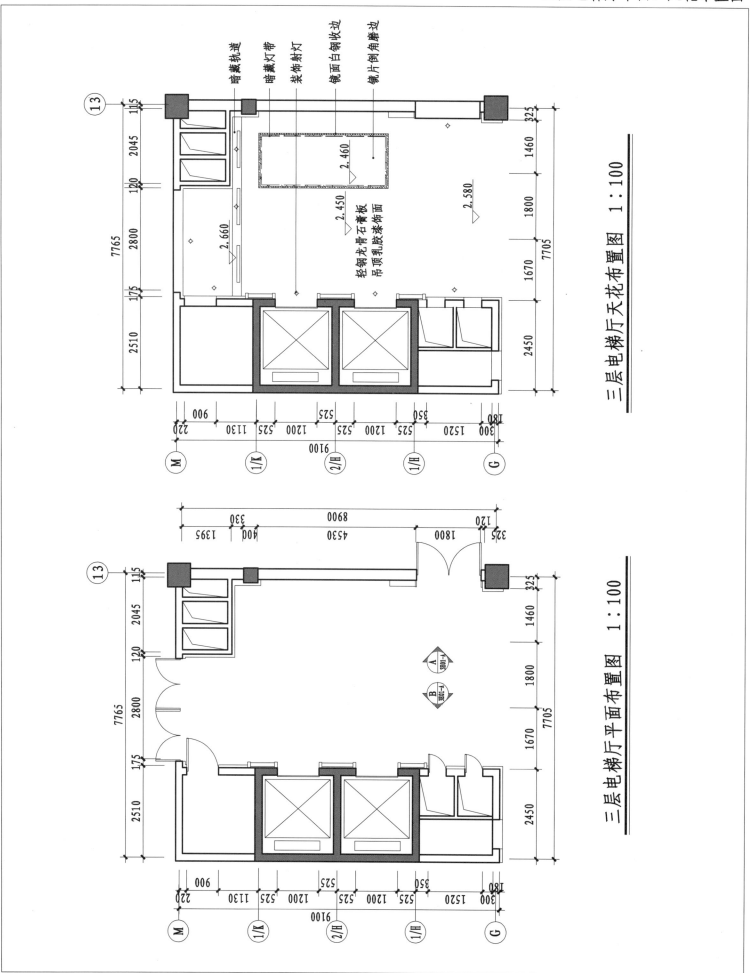

暗藏轨道
暗藏灯带
装饰射灯
镜面白钢收边
镜片倒角磨边

轻钢龙骨石膏板
吊顶乳胶漆饰面

三层电梯厅天花布置图 1：100

三层电梯厅平面布置图 1：100

三层电梯厅A、B立面图

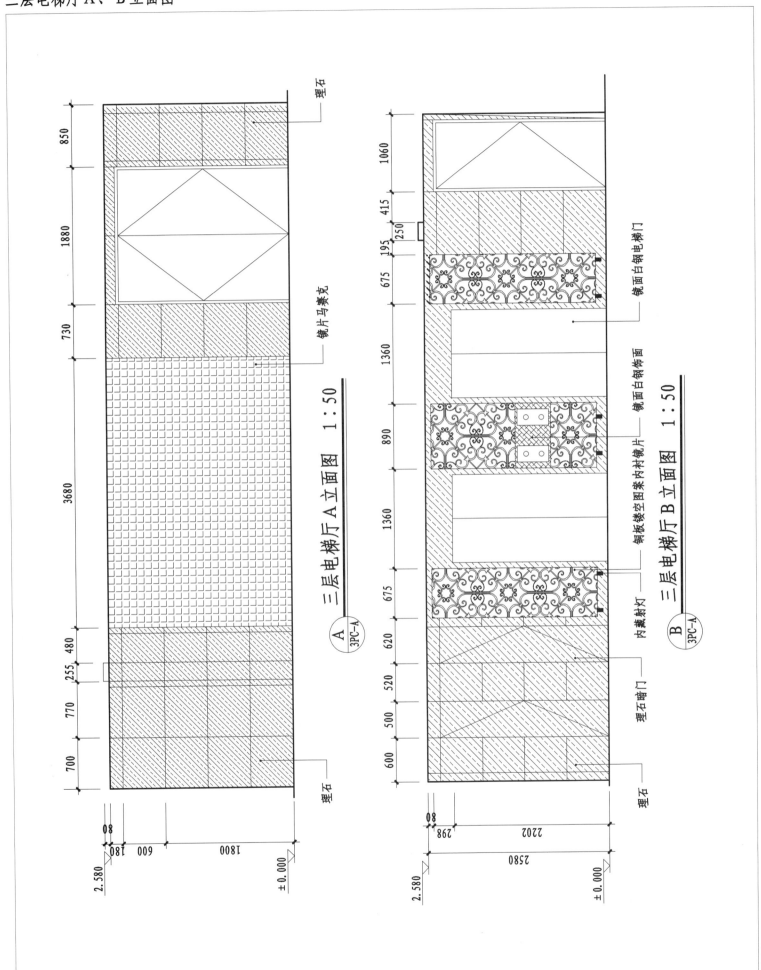

理石

镜片马赛克

三层电梯厅A立面图 1:50

Ⓐ
3PC-A

镜面白钢电梯门

镜面白钢饰面

铜板镂空图案内衬镜片

内藏射灯

理石暗门

理石

三层电梯厅B立面图 1:50

Ⓑ
3PC-A

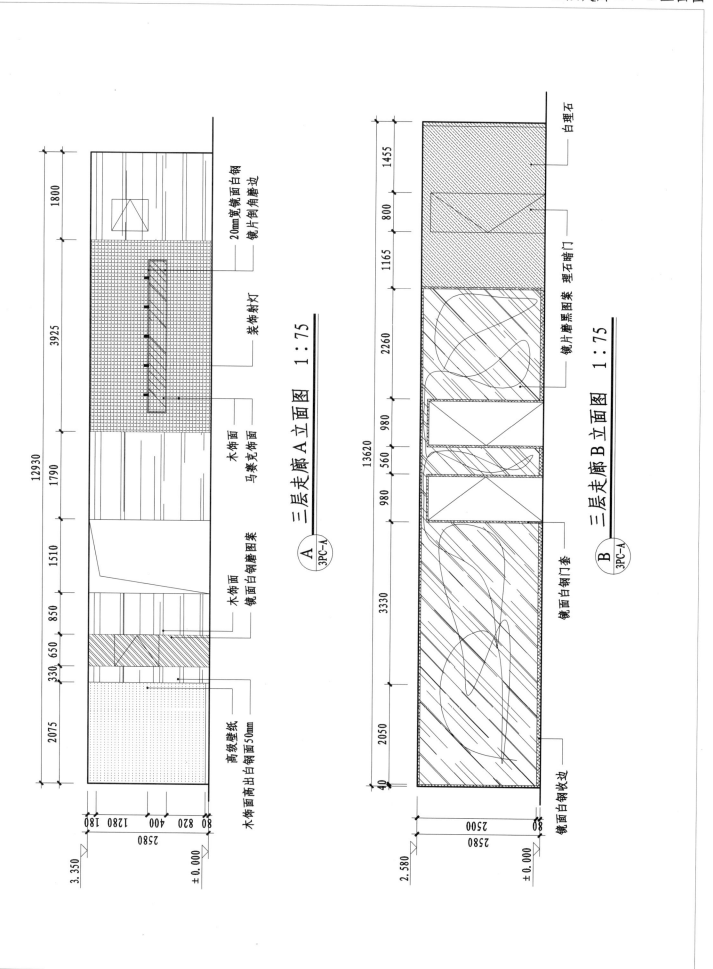

三层走廊A立面图 1:75

A
3PC-A

三层走廊B立面图 1:75

B
3PC-A

20mm宽镜面白钢
镜片倒角磨边

装饰射灯

木饰面
马赛克饰面

木饰面
镜面白钢磨图案

高级壁纸
木饰面高出白钢边50mm

白理石

镜片磨黑图案 理石暗门

镜面白钢门套

镜面白钢收边

三层泰式按摩包房平面、天花布置图

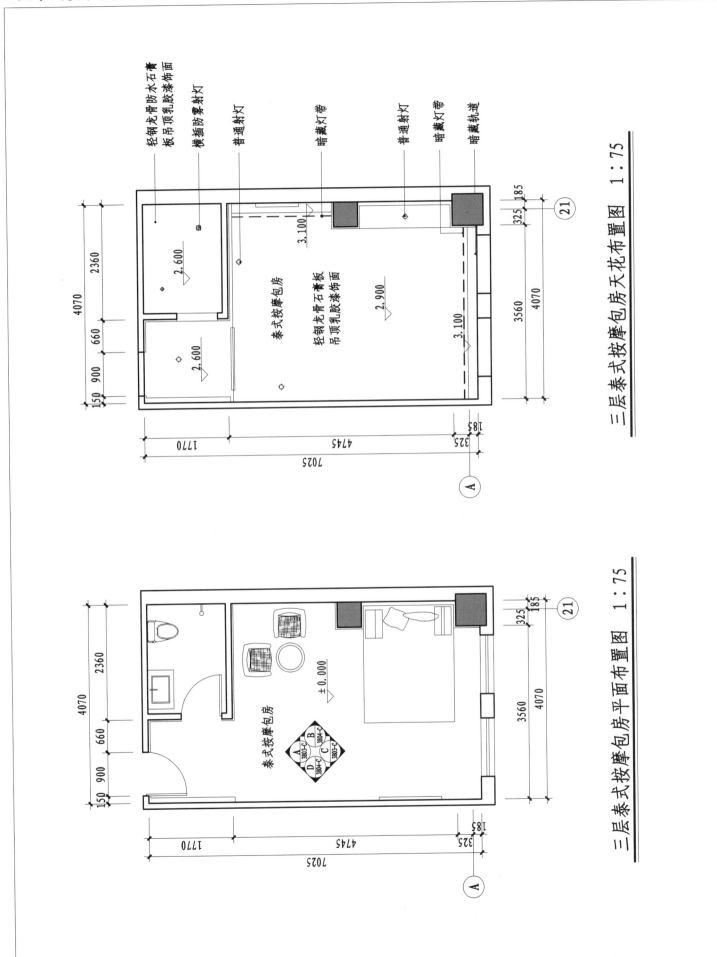

轻钢龙骨防水石膏板吊顶乳胶漆饰面
横插防雾射灯
普通射灯
暗藏灯带
普通射灯
暗藏灯带
暗藏扒道

2.600
2.360
4070
660
900
150

泰式按摩包房
轻钢龙骨石膏板吊顶乳胶漆饰面
2.900
3.100
3.100

325 185
4070
3560
21

325 185
4745
1770
7025

A

三层泰式按摩包房天花布置图　1：75

2.600
2.360
4070
660
900
150

泰式按摩包房
±0.000

3803-C 3804-C
3804-C 3803-C
A B
D C

325 185
4070
3560
21

325 185
4745
1770
7025

A

三层泰式按摩包房平面布置图　1：75

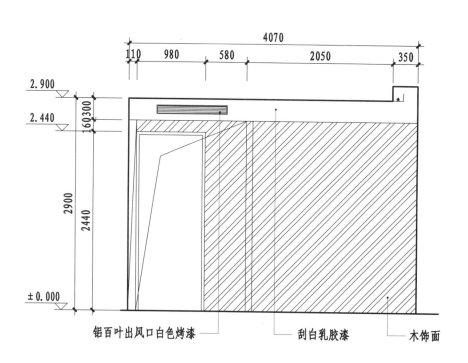

铝百叶出风口白色烤漆　　　　刮白乳胶漆　　　木饰面

Ⓐ 三层泰式按摩包房A立面图　1：50
3PC-C

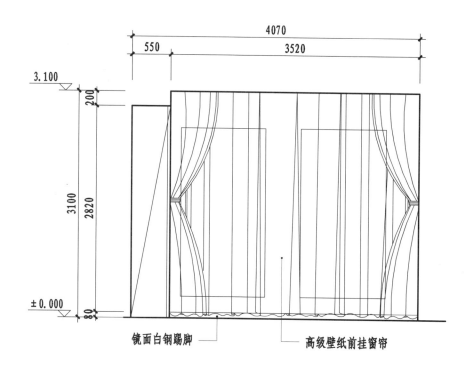

镜面白钢踢脚　　　　高级壁纸前挂窗帘

Ⓒ 三层泰式按摩包房C立面图　1：50
3PC-C

三层泰式按摩包房B、D立面图

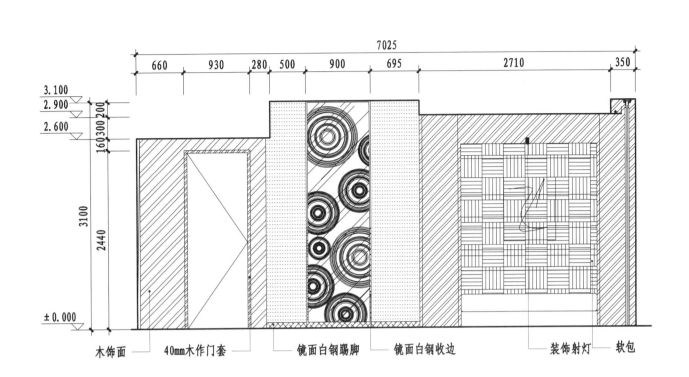

木饰面 —— 40mm木作门套 —— 镜面白钢踢脚 —— 镜面白钢收边 —— 装饰射灯 —— 软包

Ⓑ 三层泰式按摩包房B立面图 1:50
3PC-C

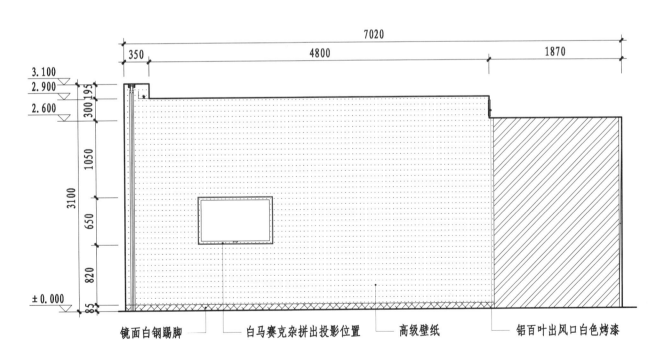

镜面白钢踢脚 —— 白马赛克杂拼出投影位置 —— 高级壁纸 —— 铝百叶出风口白色烤漆

Ⓓ 三层泰式按摩包房D立面图 1:50
3PC-C

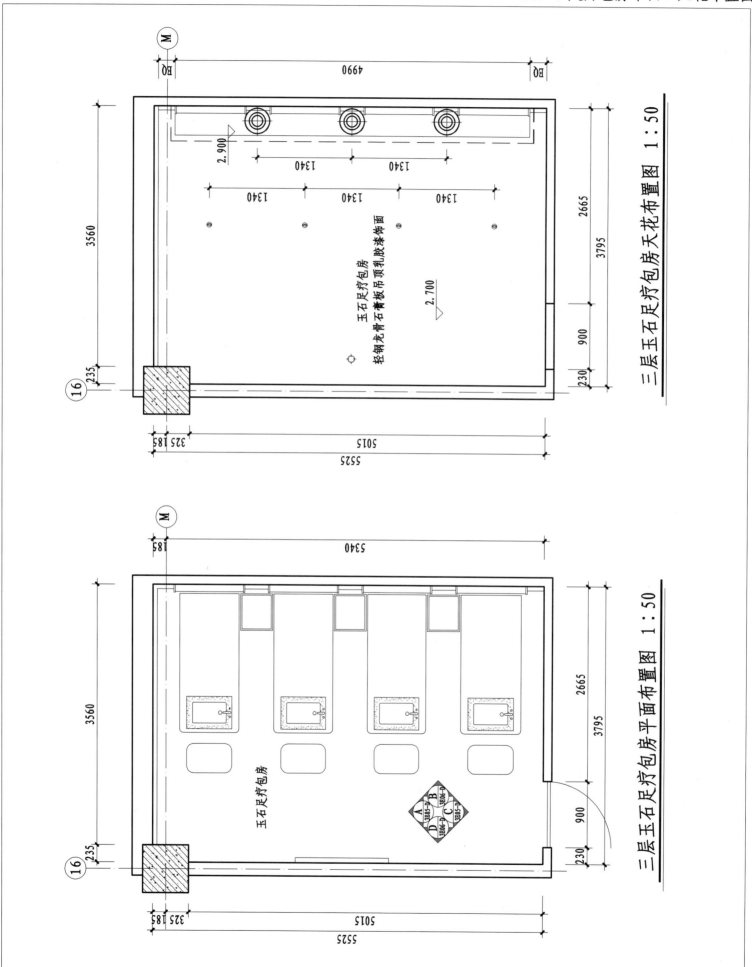

三层玉石足疗包房天花布置图 1:50

三层玉石足疗包房平面布置图 1:50

三层玉石足疗包房A、C立面图

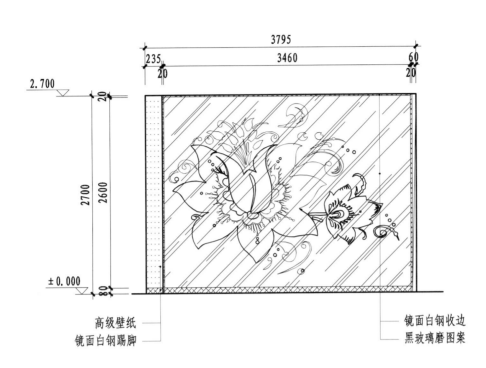

高级壁纸
镜面白钢踢脚

镜面白钢收边
黑玻璃磨图案

Ⓐ＝＝ 三层玉石足疗包房A立面图 1：50
3PC-D

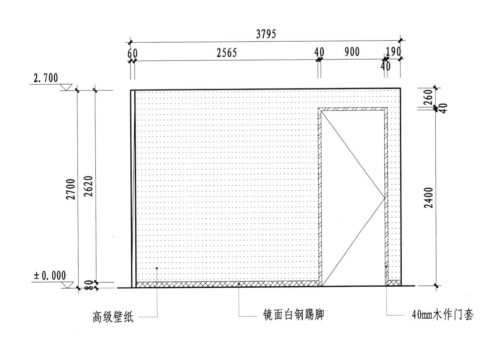

高级壁纸

镜面白钢踢脚

40mm木作门套

Ｃ＝＝ 三层玉石足疗包房C立面图 1：50
3PC-D

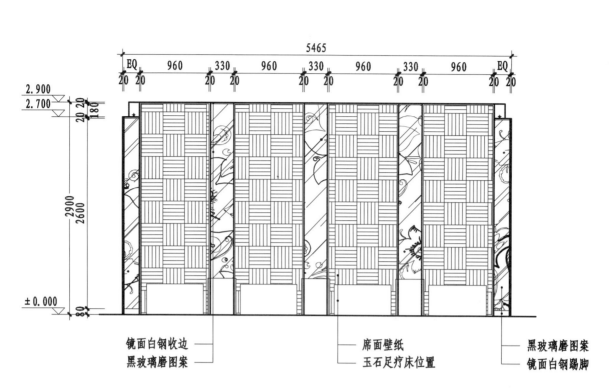

镜面白钢收边
黑玻璃磨图案
席面壁纸
玉石足疗床位置
黑玻璃磨图案
镜面白钢踢脚

B
3PC-D
三层玉石足疗包房B立面图 1:50

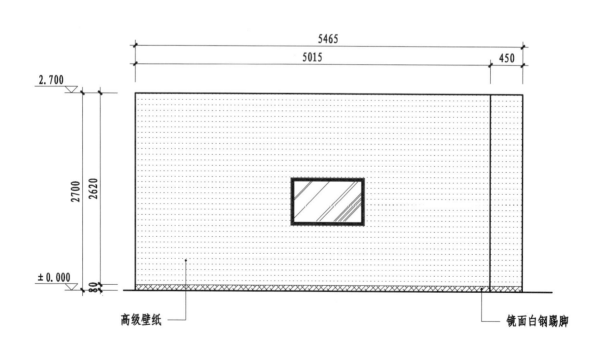

高级壁纸
镜面白钢踢脚

D
3PC-D
三层玉石足疗包房D立面图 1:50

四层SPA房平面、天花布置图

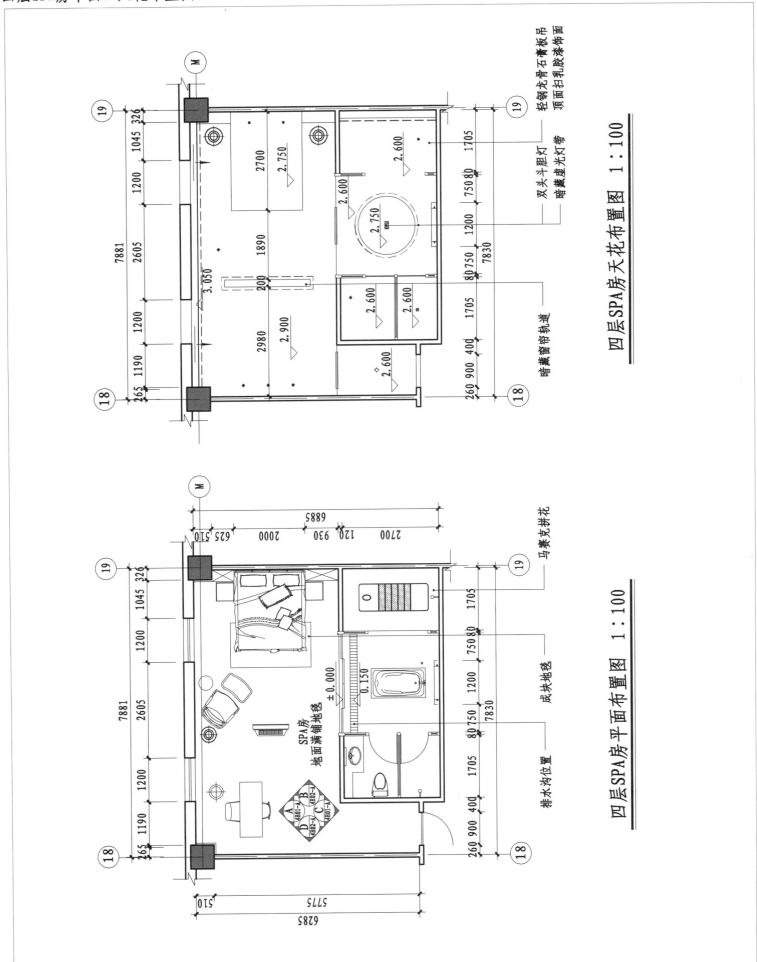

轻钢龙骨石膏板吊
顶面扫乳胶漆饰面

双头斗胆灯
暗藏虚光灯带

四层SPA房天花布置图 1:100

暗藏窗帘轨道

马赛克拼花

四层SPA房平面布置图 1:100

排水沟位置

成块地毯

SPA房
地面满铺地毯

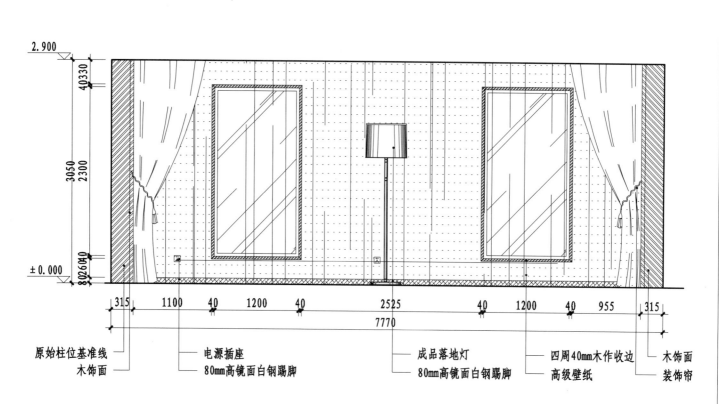

2.900

2.900

原始柱位基准线　　电源插座　　　　　　成品落地灯　　　　四周40mm木作收边　木饰面
木饰面　　　　　　80mm高镜面白钢踢脚　　80mm高镜面白钢踢脚　高级壁纸　　　　　装饰帘

A 四层SPA房A立面图 1:50
4PC-A

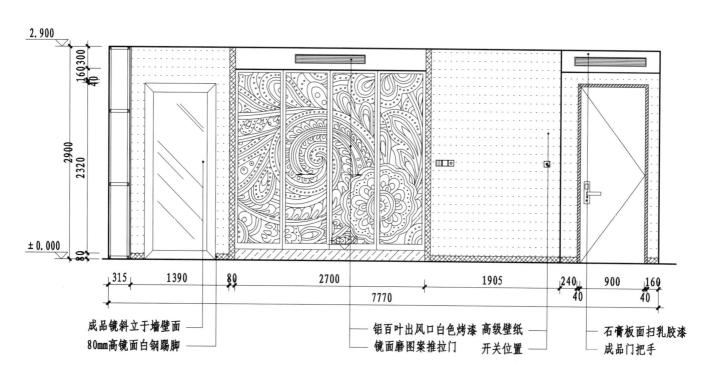

成品镜斜立于墙壁面　　　　　　　铝百叶出风口白色烤漆 高级壁纸　　　　石膏板面扫乳胶漆
80mm高镜面白钢踢脚　　　　　　　镜面磨图案推拉门　　　开关位置　　　　成品门把手

C 四层SPA房C立面图 1:50
4PC-A

四层SPA房 B、D立面图

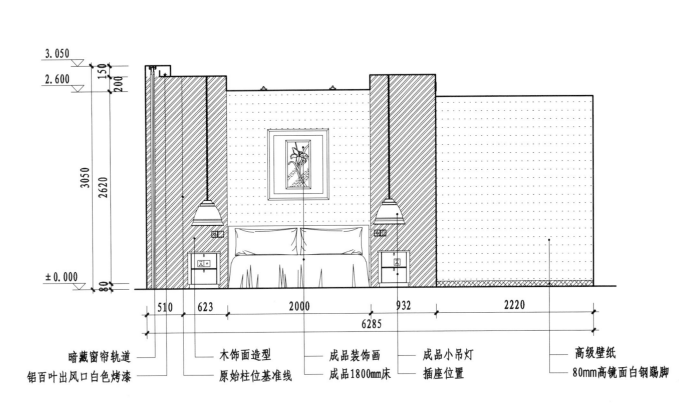

3.050
2.600
150
200
3050
2620
± 0.000
80

510 623   2000   932   2220
6285

暗藏窗帘轨道   木饰面造型   成品装饰画   成品小吊灯   高级壁纸
铝百叶出风口白色烤漆   原始柱位基准线   成品1800mm床   插座位置   80mm高镜面白钢踢脚

(B) 四层SPA房 B 立面图 1:50
4PC-A

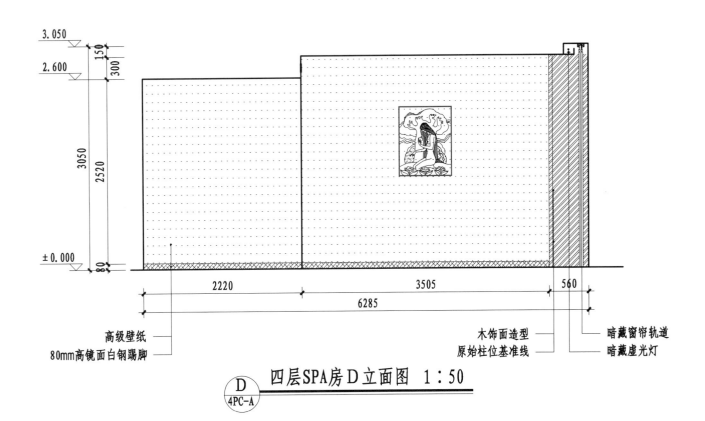

3.050
2.600
150
300
3050
2520
± 0.000
80

2220   3505   560
6285

高级壁纸   木饰面造型   暗藏窗帘轨道
80mm高镜面白钢踢脚   原始柱位基准线   暗藏虚光灯

(D) 四层SPA房 D 立面图 1:50
4PC-A

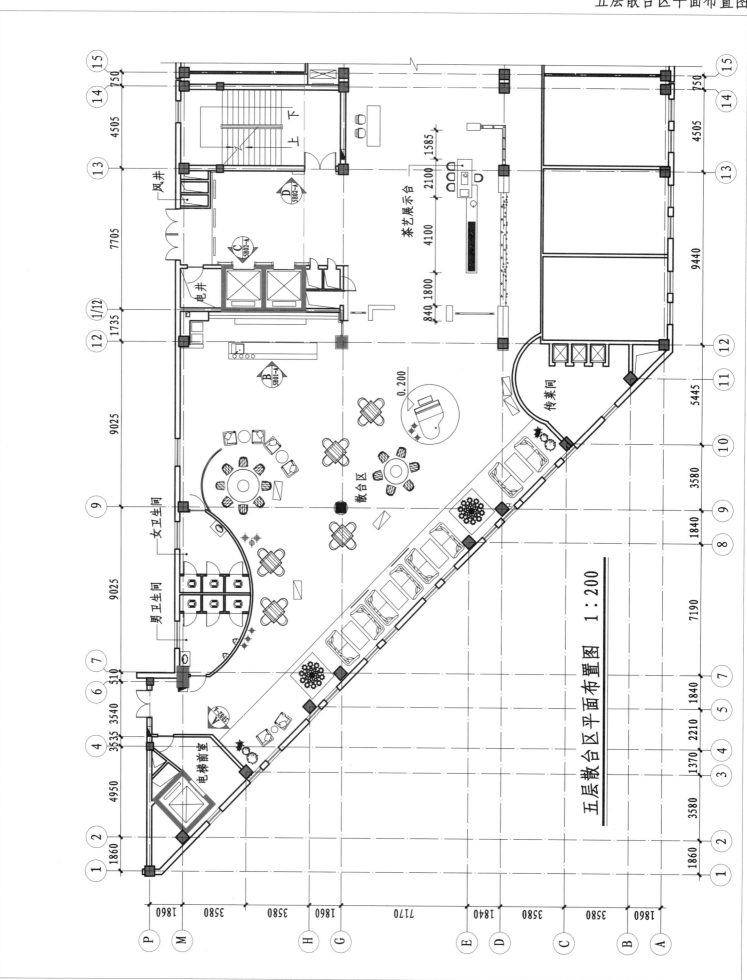

五层散台区平面布置图 1：200

五层散台区天花布置图

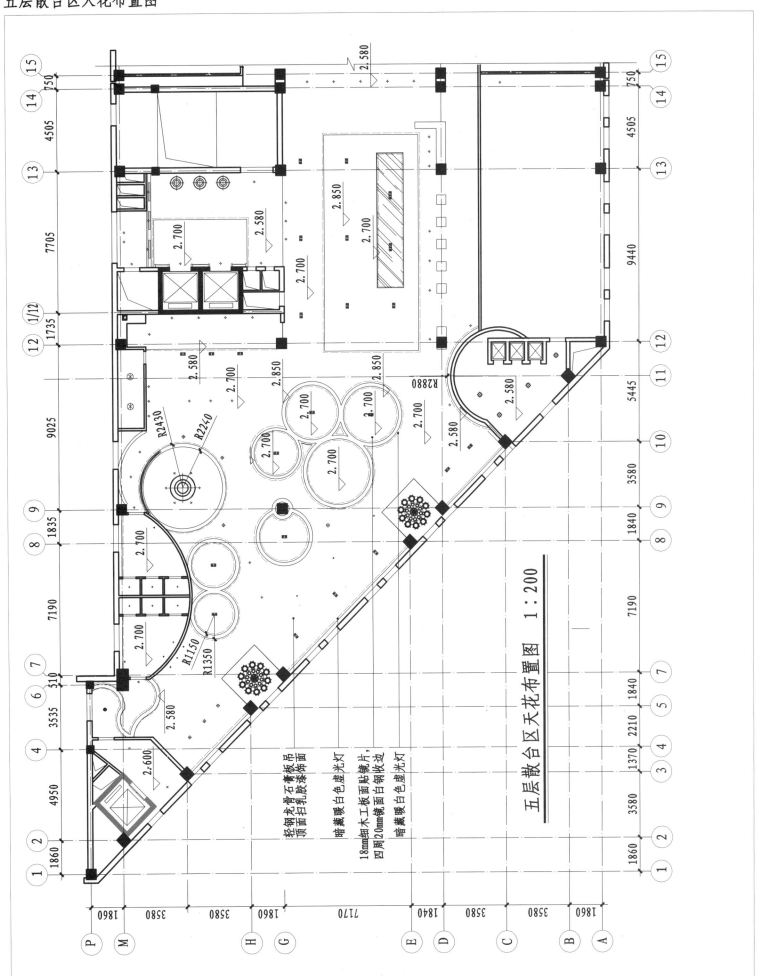

五层散台区天花布置图 1:200

轻钢龙骨石膏板吊
顶面扫乳胶漆饰面

暗藏暖白色虚光灯

18mm细木工板面贴镜片,
四周20mm镜面白钢收边

暗藏暖白色虚光灯

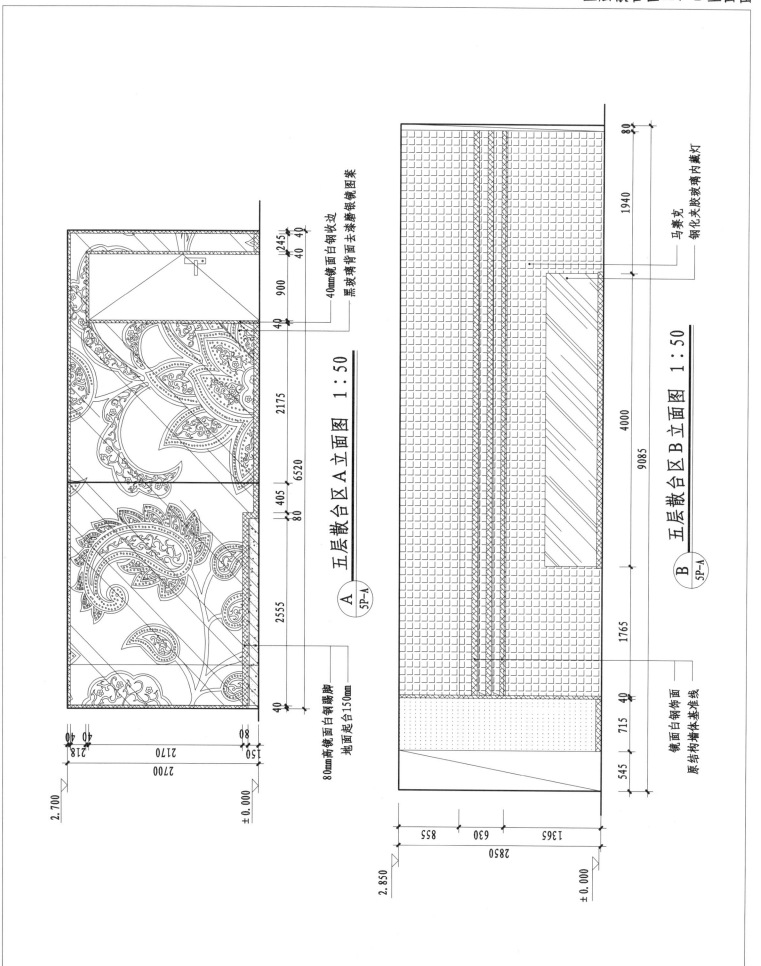

五层散台区A立面图 1:50

40mm镜面白钢收边

40mm镜面白钢背面主漆磨银镜图案

黑玻璃背面主漆磨银镜图案

80mm高镜面白钢踢脚

地面起台150mm

A
5P-A

五层散台区B立面图 1:50

马赛克

钢化夹胶玻璃背内藏灯

镜面白钢饰面

原结构墙体基准线

B
5P-A

五层散台区C、D立面图

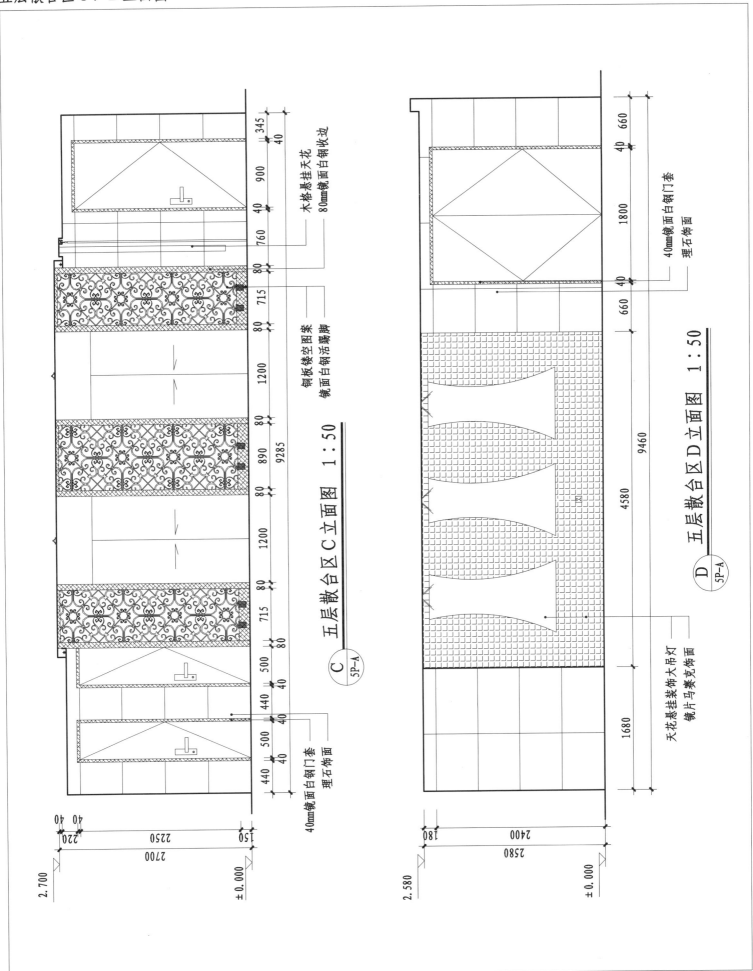

木格悬挂天花
80mm镜面白钢收边

铜板镂空图案
镜面白钢活动脚

五层散台区C立面图 1:50

40mm镜面白钢门套
理石饰面

C
5P-A

40mm镜面白钢门套
理石饰面

40mm镜面白钢门套
理石饰面

五层散台区D立面图 1:50

天花悬挂装饰大吊灯
镜片马赛克饰面

D
5P-A

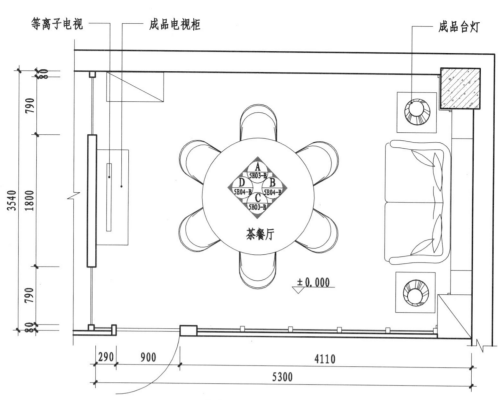

五层茶餐房平面布置图 1:50

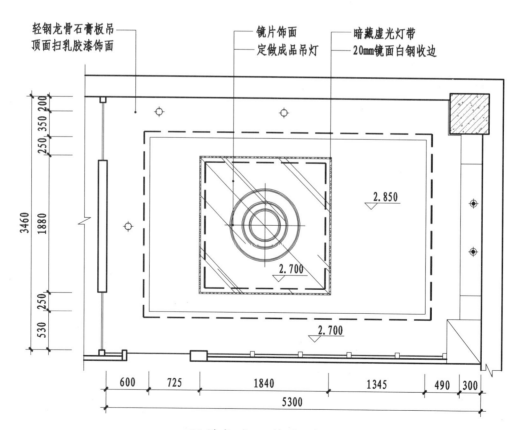

五层茶餐房天花布置图 1:50

五层茶餐房A、C立面图

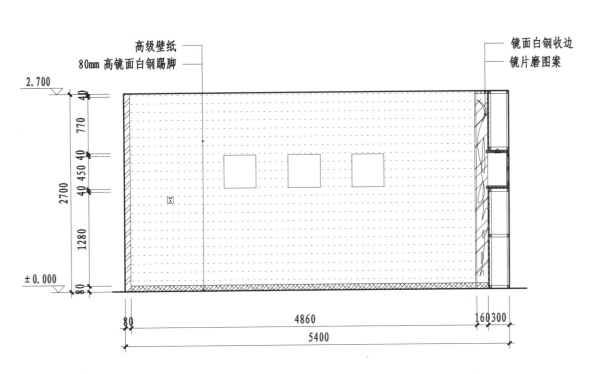

高级壁纸
80mm 高镜面白钢踢脚

镜面白钢收边
镜片磨图案

2.700

2700

± 0.000

40
770
40 450 40
1280
80

80　　　　4860　　　　160 300
5400

Ⓐ 五层茶餐房A立面图 1：50
5PC-B

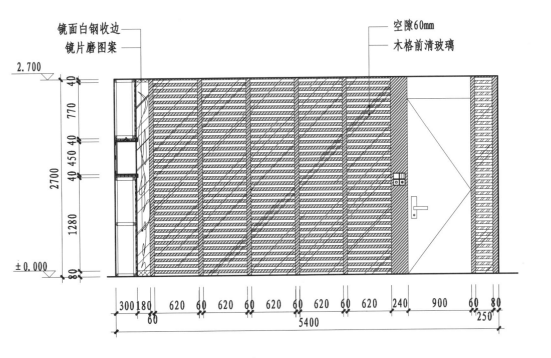

镜面白钢收边
镜片磨图案

空隙60mm
木格前清玻璃

2.700

2700

± 0.000

40
770
40 450 40
1280
80

300 180 620 60 620 60 620 60 620 60 620 240 900 60 80
60 5400 250

Ⓒ 五层茶餐房C立面图 1：50
5PC-B

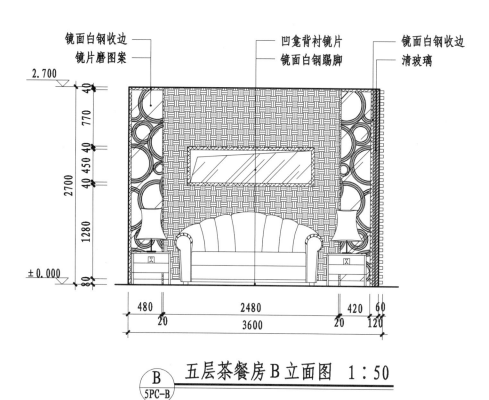

镜面白钢收边
镜片磨图案
凹龛背衬镜片
镜面白钢踢脚
镜面白钢收边
清玻璃

2.700

40
770
40 450 40
2700
1280
±0.000
80

480   2480   420   60
20   3600   20   120

B
5PC-B
五层茶餐房B立面图 1:50

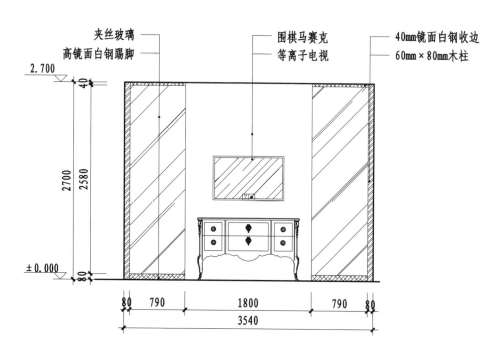

夹丝玻璃
高镜面白钢踢脚
围棋马赛克
等离子电视
40mm镜面白钢收边
60mm×80mm木柱

2.700

40
2700   2580
±0.000
80

80   790   1800   790   80
3540

D
5PC-B
五层茶餐房D立面图 1:50

五层麻将房平面、天花布置图

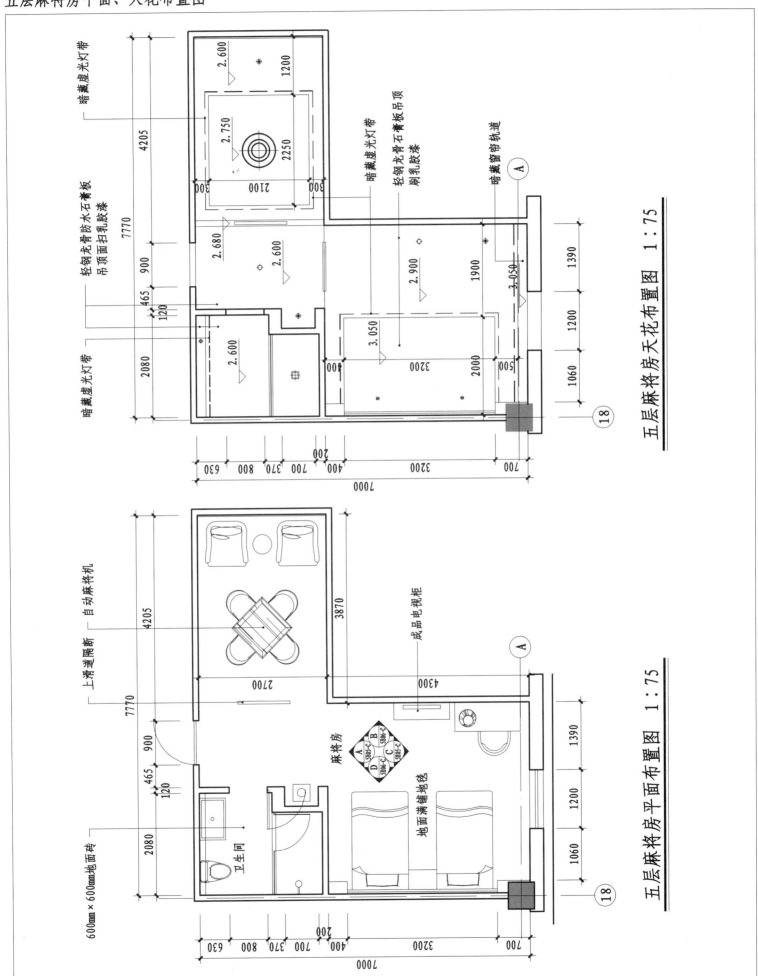

暗藏虚光灯带

暗藏虚光灯带

轻钢龙骨防水石膏板
吊顶面扫面扫乳胶漆

暗藏虚光灯带

暗藏虚光灯带

轻钢龙骨石膏板吊顶
刷乳胶漆

暗藏窗帘轨道

五层麻将房天花布置图 1：75

2.600
2.750
2.680
2.600
2.900
3.050
2.600

自动麻将机

上滑道遮断

成品电视柜

麻将房

卫生间

地面满铺地毯

600mm×600mm地面砖

五层麻将房平面布置图 1：75

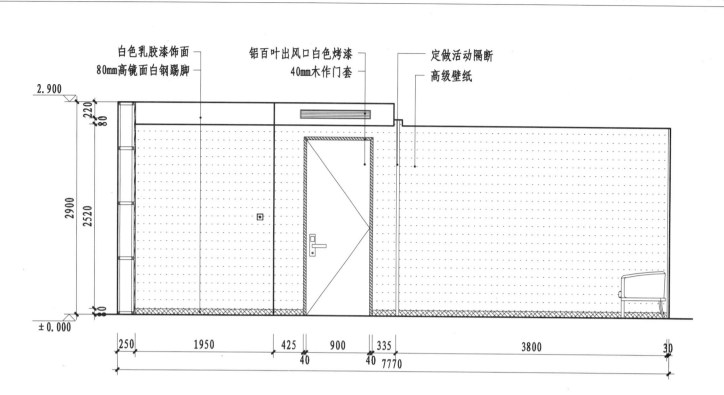

白色乳胶漆饰面　　铝百叶出风口白色烤漆　　定做活动隔断
80mm高镜面白钢踢脚　　40mm木作门套　　高级壁纸

2.900

220
80

2900
2520

±0.000

250　　1950　　425　　900　　335　　　3800　　30
40　　40　7770

Ⓐ 五层麻将房A立面图　1：50
5PC-C

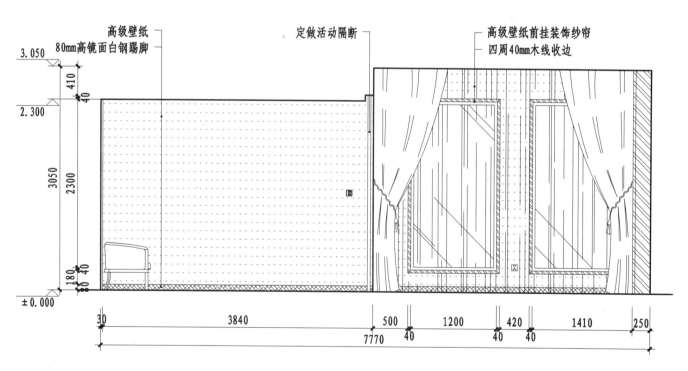

高级壁纸　　定做活动隔断　　高级壁纸前挂装饰纱帘
80mm高镜面白钢踢脚　　　　四周40mm木线收边

3.050

410
40

2.300

3050
2300

180　40

±0.000

30　　　3840　　500　　1200　　420　　1410　　250
7770　40　　　40　　40

Ⓒ 五层麻将房C立面图　1：50
5PC-C

五层麻将房B、D立面图

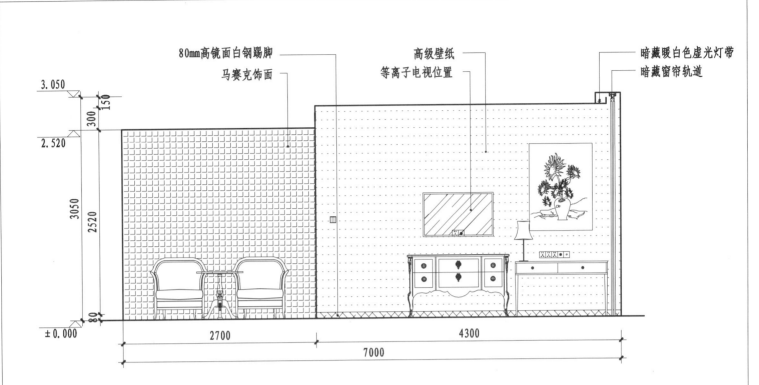

80mm高镜面白钢踢脚
马赛克饰面
高级壁纸
等离子电视位置
暗藏暖白色虚光灯带
暗藏窗帘轨道

3.050

150
300

2.520

3050
2520

80

±0.000

2700 4300

7000

Ⓑ 五层麻将房B立面图 1：50
5PC-C

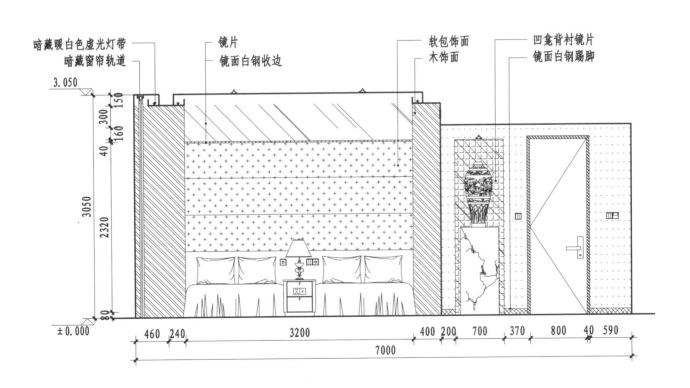

暗藏暖白色虚光灯带
暗藏窗帘轨道
镜片
镜面白钢收边
软包饰面
木饰面
凹龛背衬镜片
镜面白钢踢脚

3.050

150
300
40
160
40

3050
2320

80

±0.000

460 240 3200 400 200 700 370 800 40 590

7000

Ⓓ 五层麻将房D立面图 1：50
5PC-C

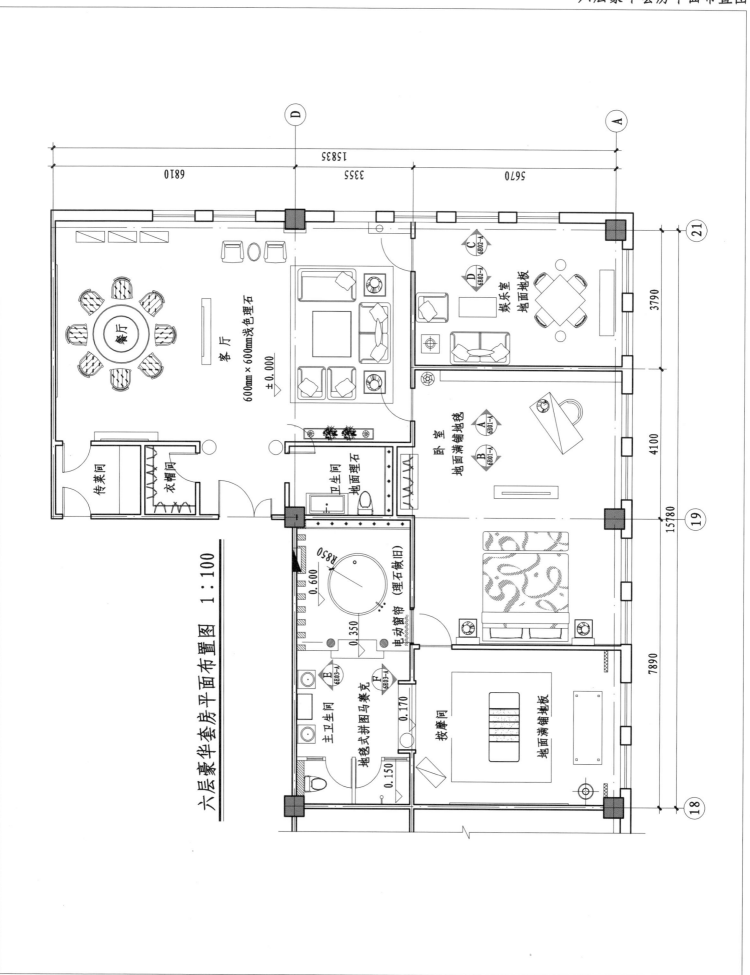

六层豪华套房平面布置图 1:100

六层豪华套房天花布置图

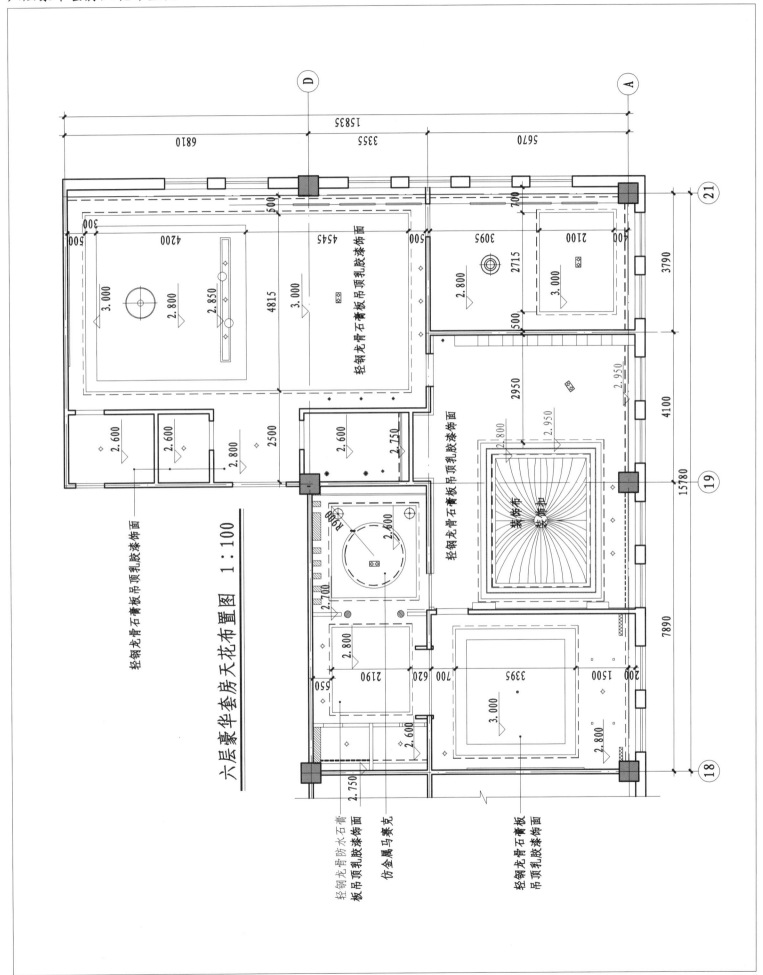

六层豪华套房天花布置图 1:100

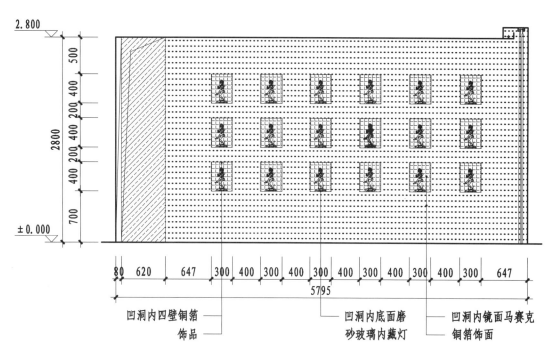

凹洞内四壁铜箔 饰品   凹洞内底面磨 砂玻璃内藏灯   凹洞内镜面马赛克 铜箔饰面

Ⓐ 六层豪华套房卧室A立面图　1：50
6P-A

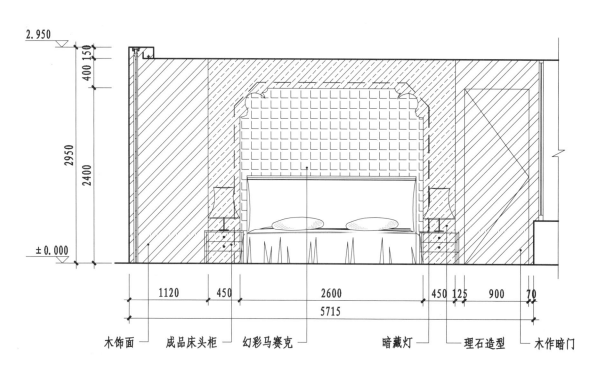

木饰面   成品床头柜   幻彩马赛克   暗藏灯   理石造型   木作暗门

Ⓑ 六层豪华套房卧室B立面图　1：50
6P-A

六层豪华套房娱乐室C、D立面图

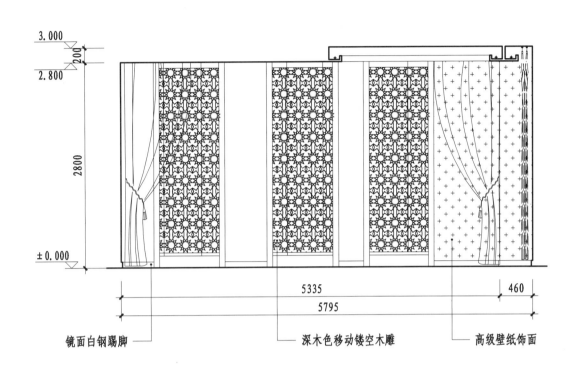

3.000
200
2.800

2800

± 0.000

5335
460
5795

镜面白钢踢脚　　　　深木色移动镂空木雕　　　　高级壁纸饰面

$\bigcirc{C}\atop{6P-A}$ 六层豪华套房娱乐室C立面图　1：50

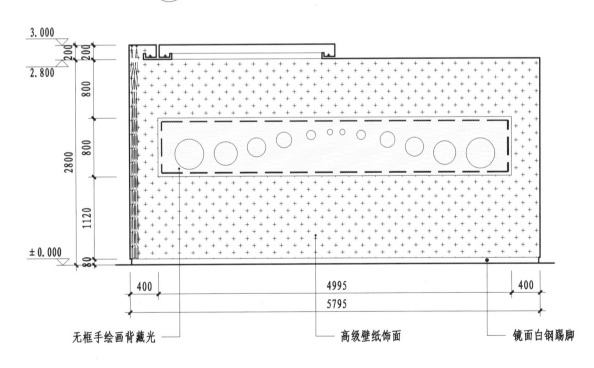

3.000
200
200
2.800

800

800

2800

800

1120

± 0.000
80

400
4995
5795
400

无框手绘画背藏光　　　　高级壁纸饰面　　　　镜面白钢踢脚

$\bigcirc{D}\atop{6P-A}$ 六层豪华套房娱乐室D立面图　1：50

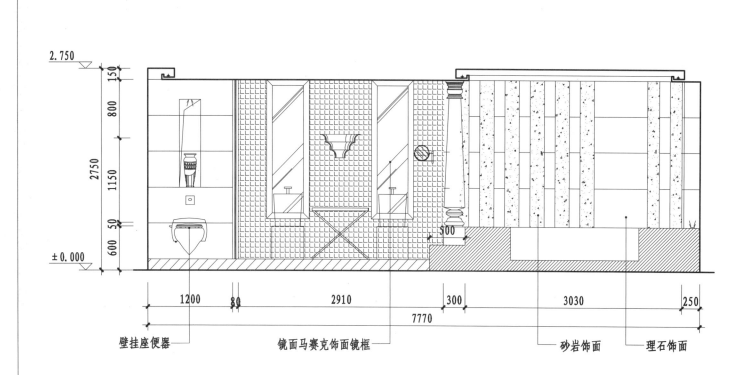

六层豪华套房主卫生间E立面图 1:50

E / 6P-A

壁挂座便器　镜面马赛克饰面镜框　砂岩饰面　理石饰面

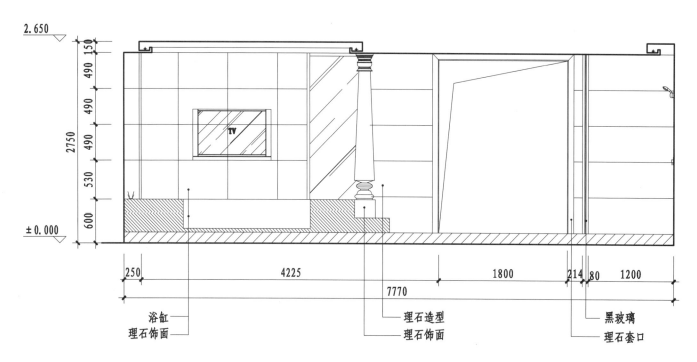

六层豪华套房主卫生间F立面图 1:50

F / 6P-A

浴缸　理石造型　黑玻璃
理石饰面　理石饰面　理石套口

名都嘉年华

项目介绍 PROJECT INTRODUCTION

名都嘉年华位于辽宁省沈阳市铁西区兴工街，建筑面积20 000平方米。主要装饰材料是理石、马赛克、金属帘。整体建筑外观风格以现代、简约、大气为主，建筑周围被较大面积绿化所围绕。

建筑外观

设计理念
DESIGN IDEA

意念 CONCEPTION

　　日新月异的社会和快节奏的都市生活制造了太多的喧哗，知道的越来越多，理解的越来越少。人们也越来越需求心灵的宁静。名都嘉年华就是本着这一理念经营的休闲水疗会馆。

风格 STYLE

　　设计师以浅色为空间的主基调，旨为注重宁静、典雅。而幔帘、吊灯，流线的造型，柔和的灯光，令空间的层次更加分明，色彩丰富。功能齐全的设施加上人性化的设计，使人们真正感受到温馨和舒适，在宁静中放松了疲惫的心灵。

←大堂

↓男士浴区

大堂

大堂空间开阔，中庭是个挑空空间，高耸的柱子不但应用在本次室外建筑，同样也在室内有体现。柱头上利用半圆形金属吊顶，使其看起来不再突兀，又具备了十足的现代感。大型的水晶吊灯从棚顶垂落下来，通透、美观，在丰富空间上起到了非常重要的作用。整个大堂在设计上层次分明、氛围典雅、舒适、温馨，同时，曲线天花造型的运用使大堂看起来更有动感。

男士浴区

在男士浴区设计了两部从一层至二层的造型旋转楼梯，很好地解决了疏解人流问题，同时为想直接进入就餐区的人们带来更多的方便。浴区由三个圆形浴池组合而成，空间开阔、现代。在两个圆形浴池交汇处设有喷泉，水从池中流下来，不但不会产生喷溅，同时给人们带来无比清爽的感觉。硕大的圆形金属吊顶加以筒灯的配合，充分显示设计的现代感。同时吊顶与地面上的喷水池相互呼应，整体协调统一。四周的墙面处理采用通透的圆形镜子和一些烤漆玻璃配以时尚的花纹，不乏女性元素。浴区环境优美、色彩丰富，在此会让你充分地感觉到放松、宁静。

男士浴区

男士更衣区由强烈的黑、白、红三个色彩构成，白色的水晶吊灯、红色的座椅、黑色的柜体及隔断墙把整个空间塑造出强烈的立体感。男士浴区水池的设计形式是以方形为主要形式，整个男士浴区也是以垂直线条为主，给人以硬朗的感受。男士浴区用米黄石材铺设，温馨米黄灯带，与蓝色的水面对比，构造出极其清爽及愉悦的洗浴空间。

←男士浴区

↓男士浴区

↓ 女士浴区

女士浴区

女士浴区空间开阔、明亮，天花用鲜艳的红色加以时尚的红色水晶吊灯，充分显示现代感。天花与地面的水池相互呼应，水池的设计形式是中心为圆形，将其分成两个部分，一部分供休息，一部分供洗浴。周围的数个浴池围合中心浴池以发散形式组合。可以看出设计者在设计上充分地做到了谨慎、别具匠心，休息区的躺椅会让女性感觉到室外海滩的异样感觉。往里面走是休息区，首先就会让人感觉设计得非常的优雅、唯美。以柱子为中心，沙发座椅围合其摆放，很自然地塑造出环形空间，半透明的纱幔从天花里自然垂落下来，凸显女性柔美的气质。地毯的运用使地面更加丰富，也使空间更加的温馨、舒适。

↑ 女士浴区

←女士更衣区

女士更衣区

　　相对于男士更衣区，在女士更衣区设计师利用的色彩及光线更加柔和，同时凸显现代、简约的设计方法及理念。整个区域以米白色为基调，利用辅助天花及地脚的人工光源营造温馨、舒适的更衣环境。设计师也同样注意细节的描述，仿皮质的更衣柜门和金属包边强调材料的质感及材料完美结合。同时，材料本身的运用更加增强此区域家具的耐磨、耐用性。

↑自助餐厅

↑自助餐厅

自助餐厅

多人区空间设计上运用干练的直线和曲线，空间看起来现代、时尚。地毯上的直线元素不但起到装饰空间的作用，同时具备一定的导视作用。陈列家具运用金属与玻璃材质相结合，另外石材、马赛克也在空间中得到了应用，色彩统一而不杂乱。二人自助餐区，设计上用红色的沙发点缀空间。沙发围合空间摆放，同样运用条纹的地毯引导人们准确地来到就餐位置。玻璃桌面配以清透的水晶吊灯，让人们置身优雅、时尚的就餐氛围之中。水晶吊灯不但起到照明作用，同时装饰性极强，对于装饰、点缀就餐空间起到了很大作用。

→自助餐厅

↓休闲前厅

休闲前厅

休闲前厅利用柱子与天花造型共同塑造一个圆形的空间感觉。将室外建筑本身的柱子引入到室内，彰显着大气、豪华。四组沙发围合中心的水池摆放，整体统一、色调和谐。大而精致的水晶吊灯为整个前厅空间增添了优雅、浪漫的感觉。在这种舒适、开阔、优雅的休息环境中，人们很容易就将疲惫的身心放松下来。

休息大厅

休息大厅区域天花与地面相互对应，同时配合着大型的环形水晶吊灯，丰富天花。大厅内舒适的床、座椅都是最先进的设备，彰显休息大厅的大气、稳重。金属、镜子的运用，使空间又不失前卫、时尚的感觉。灯光洒落在休息区，看上去更加舒适、温馨。

↑休息大厅

图 纸 目 录

施工图索引说明:

在本书施工图中,以字母及数字组合形成施工图图号。图纸以每层为单位进行划分,图号中的第一个字母代表该空间所处的层数,第二个字母代表图的类别,其中P代表平面、C代表天花、PC代表平面和天花、E代表立面、D代表节点。第三个数字代表图纸在该类别图中的序列号,最后一个字母代表空间类型。

如: 1 E 05 — A

空间所处的层数 ——| |—— 空间类型
图的类别 ——| |—— 图的序列号

名都嘉年华各层空间类型分列如下:

外立面: W——外立面

一 层: A——大堂   B——男士浴区
          C——女士浴区

二 层: A——男士浴区   B——自助餐厅
          C——SPA房   D——男公共卫生间
          E——女公共卫生间

三 层: A——休闲前厅   B——休息大厅
          C——VIP休息大厅   D——健身区
          E——火龙浴

四 层: A——前厅   B——二人房

图 纸 目 录

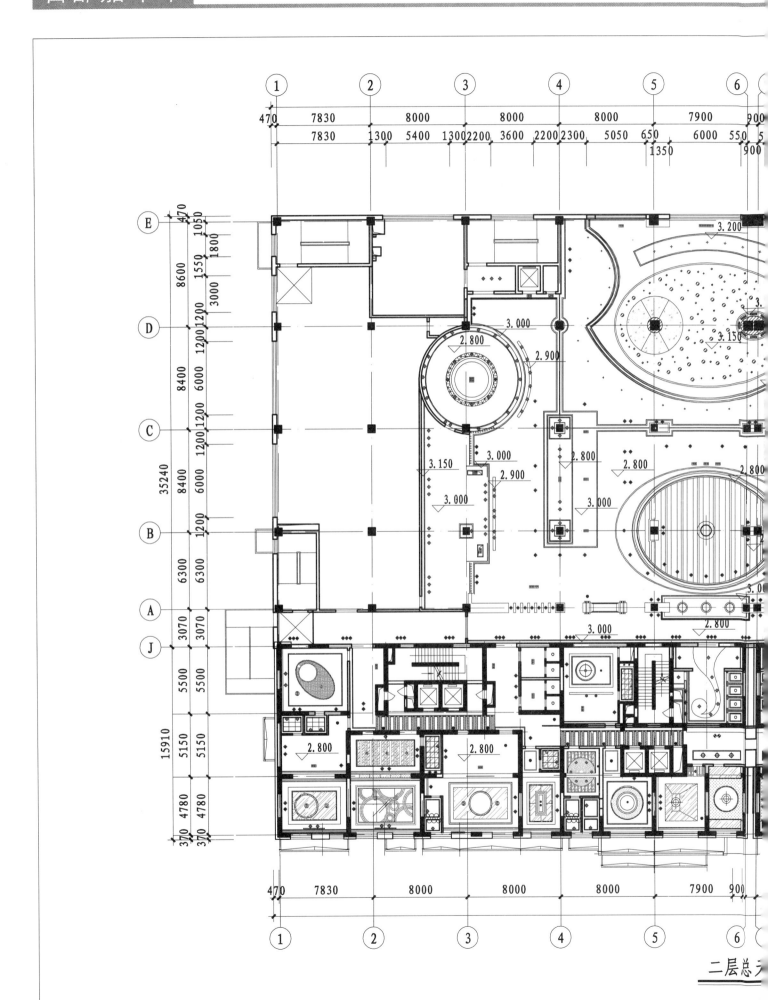

二层总

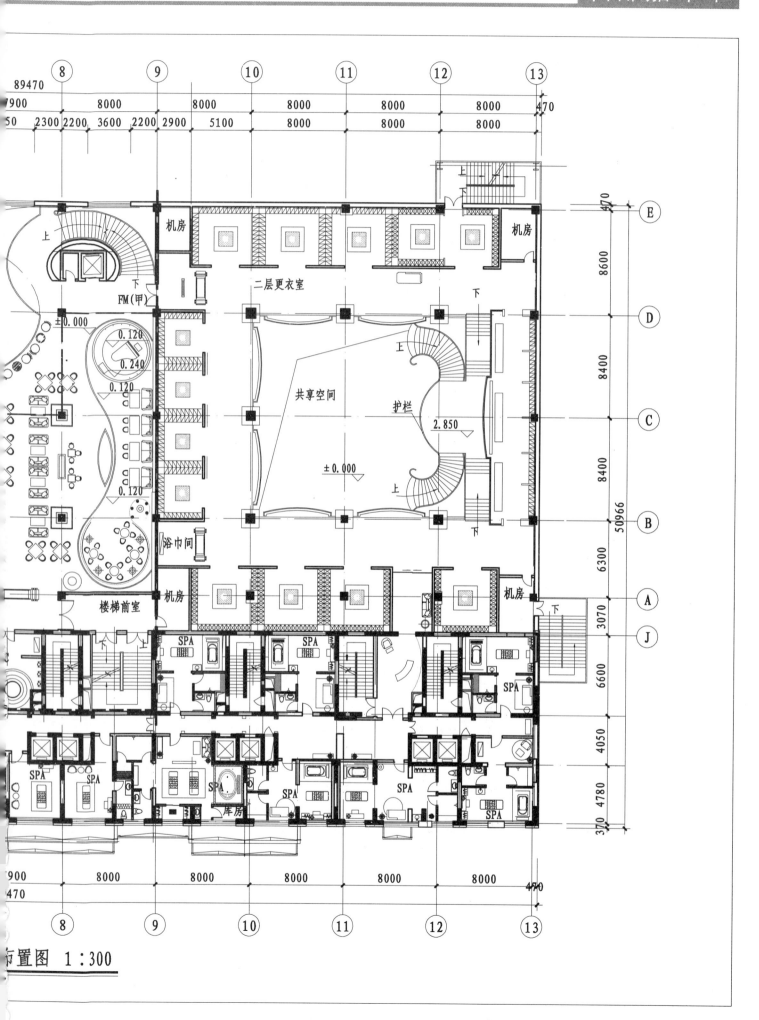

布置图 1:300

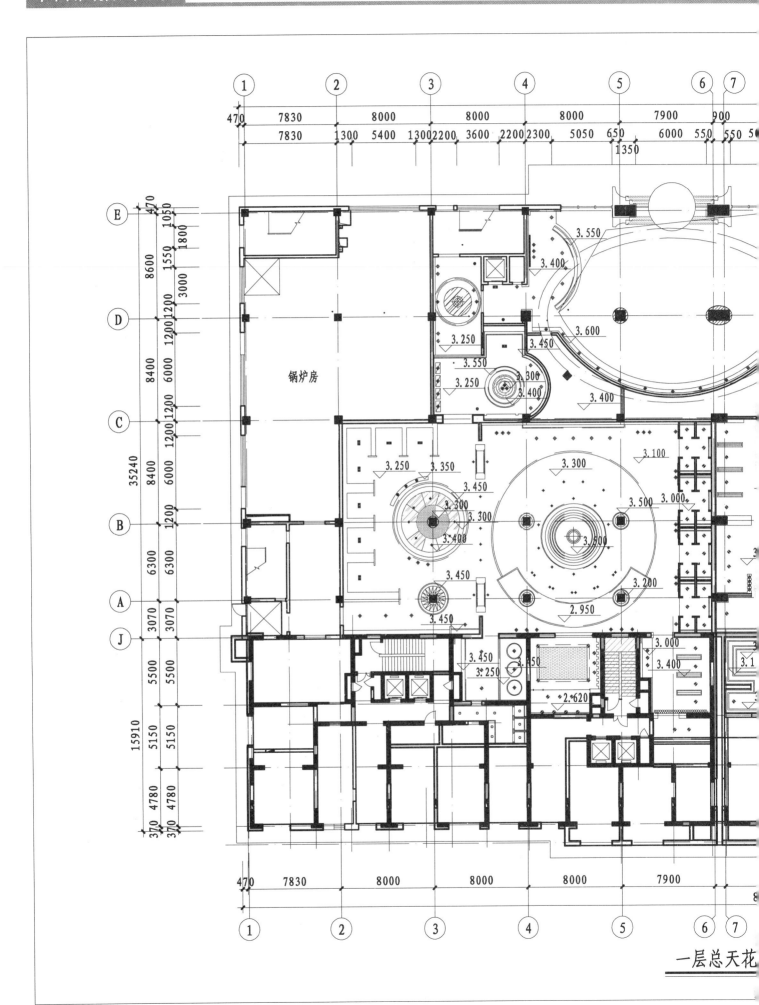

锅炉房

一层总天花

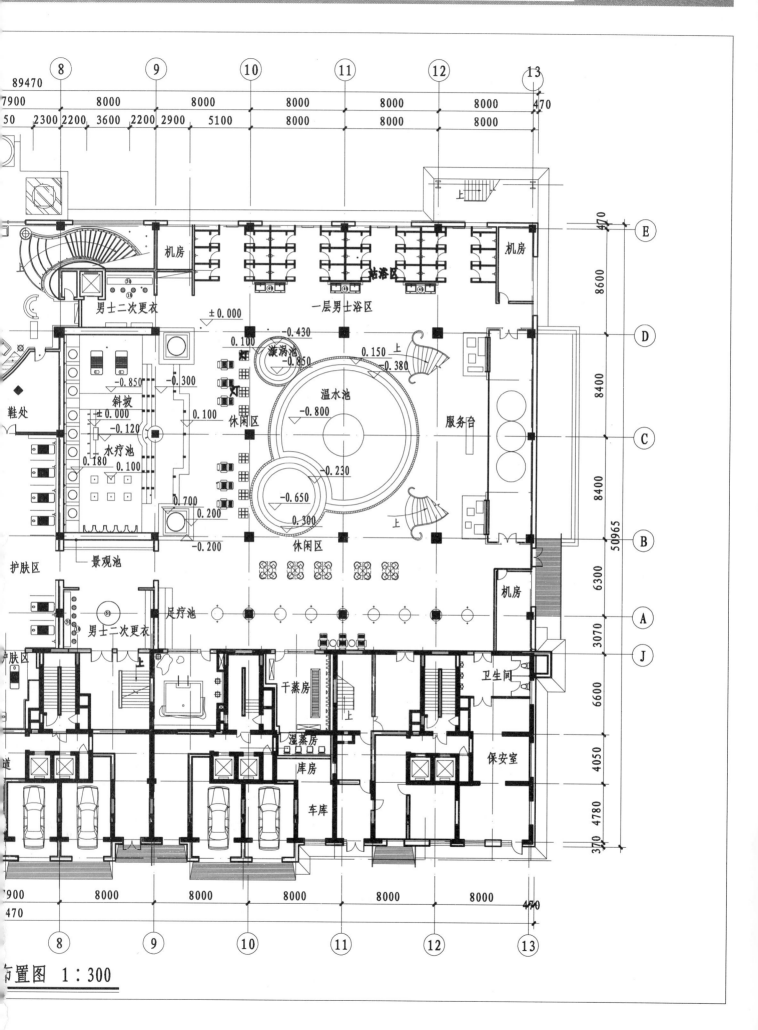

布置图 1:300

一层总平面布置图

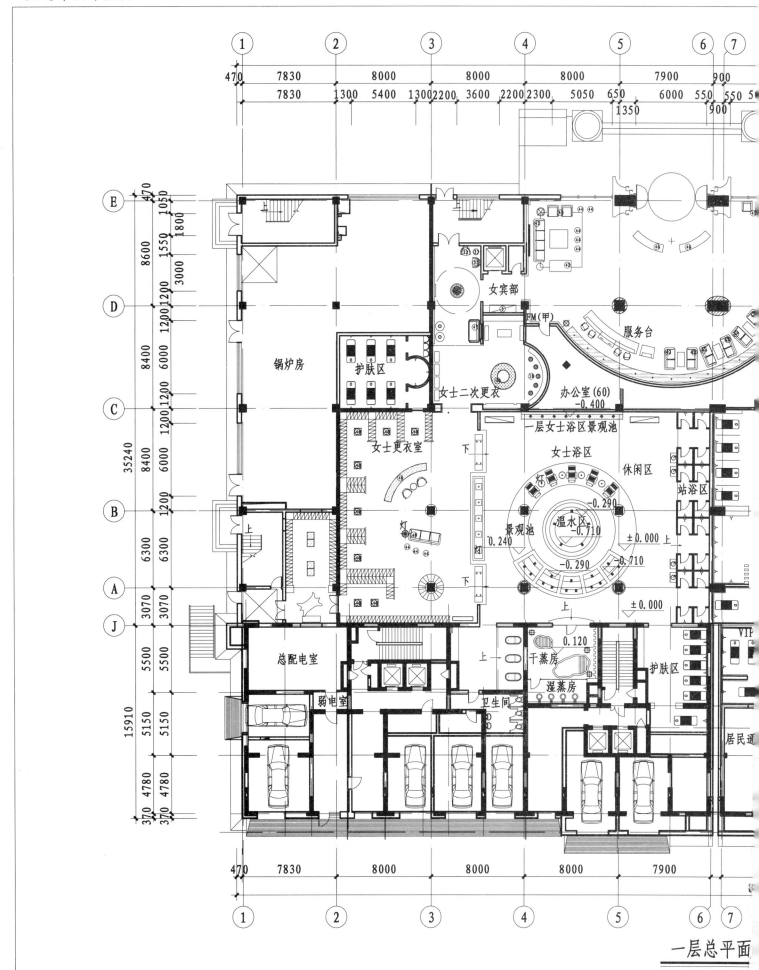

一层总平面

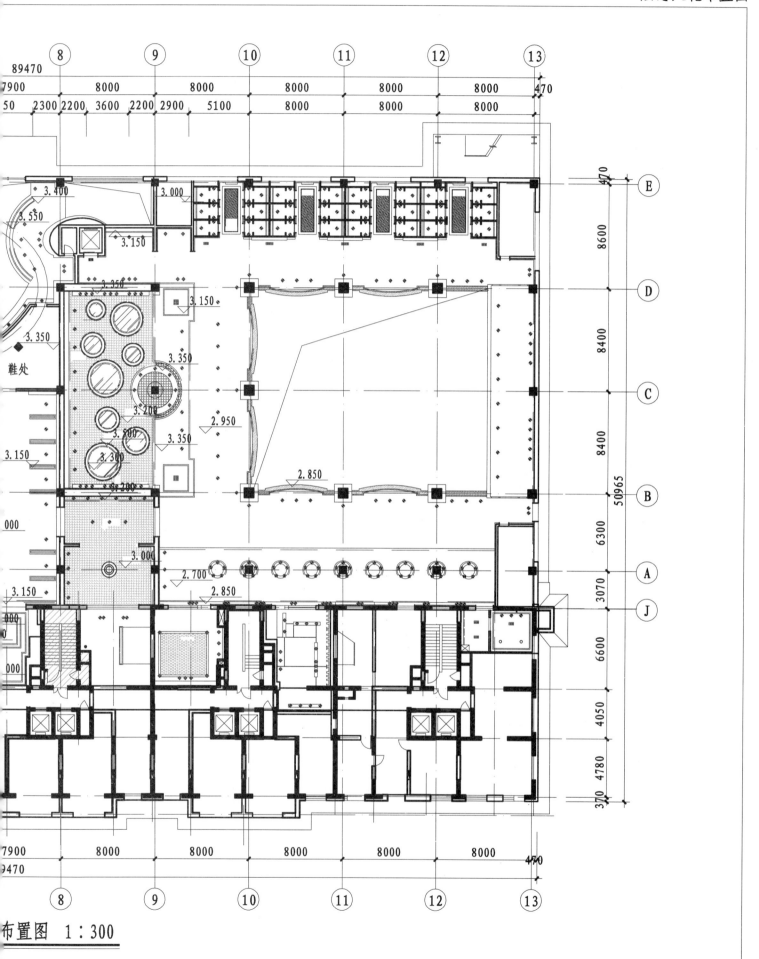

布置图 1：300

二层总平面布置图

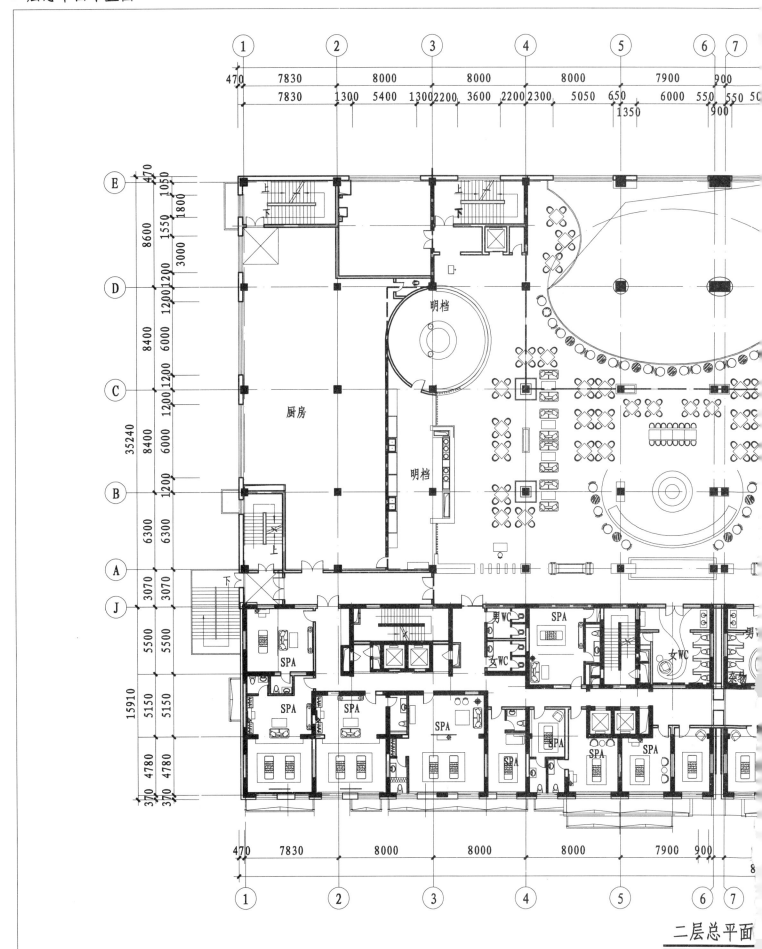

厨房

明档

明档

SPA

SPA   SPA   SPA

SPA

男WC   SPA

女WC

男

女WC

杂物

SPA   SPA   SPA

二层总平面

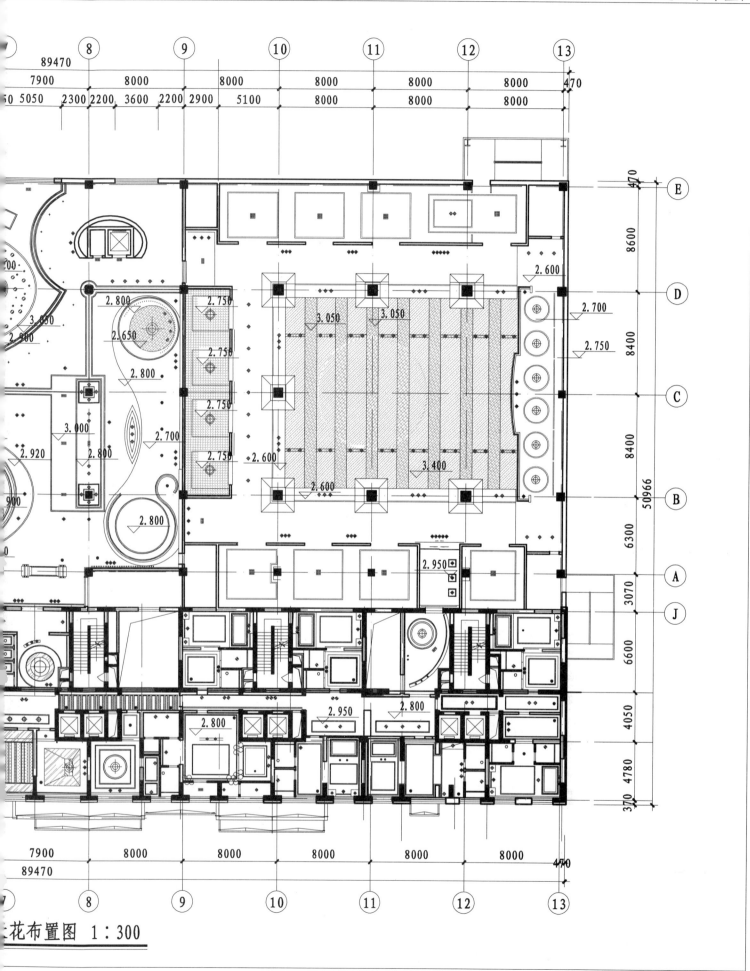

二层总天花布置图 1：300

四层总天

布置图 1：300

三层总平

足疗包房
机房
男宾
休息大厅
无烟休息厅
吧台
机房
楼梯前室
中医按摩
机房
机房
备品
足疗包房
按摩室
更衣室
按摩
按摩
按摩
按摩
按摩
按摩
按摩
按摩
按摩
按摩
仓库
仓库
仓库
仓库
仓库
仓库
仓库

置图 1:300

三层总平面布置图

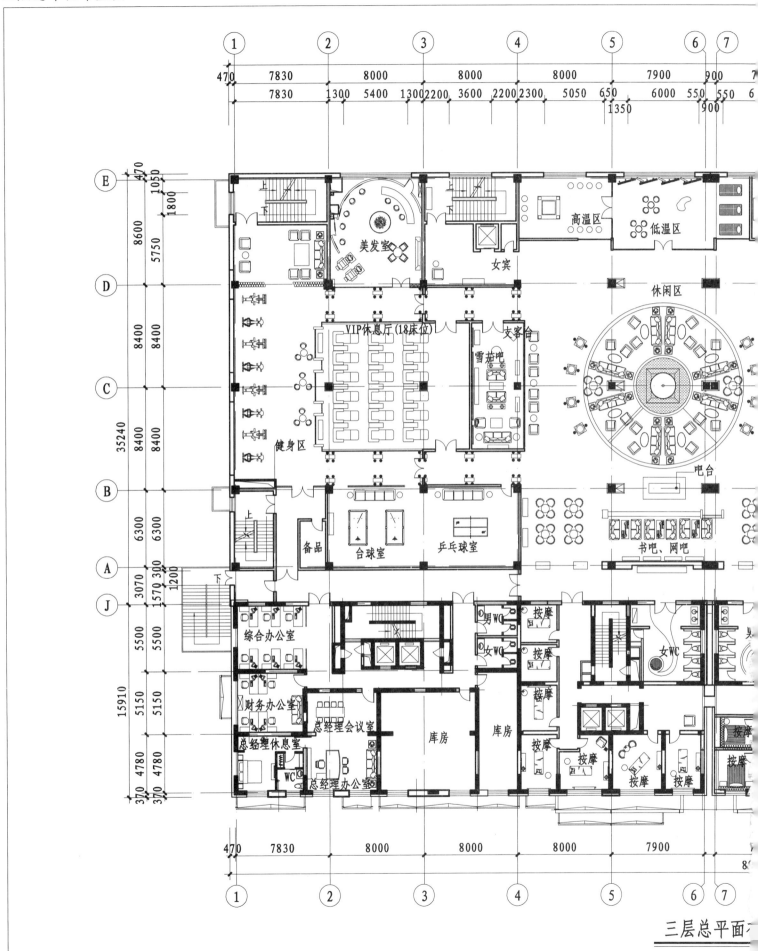

三层总平面

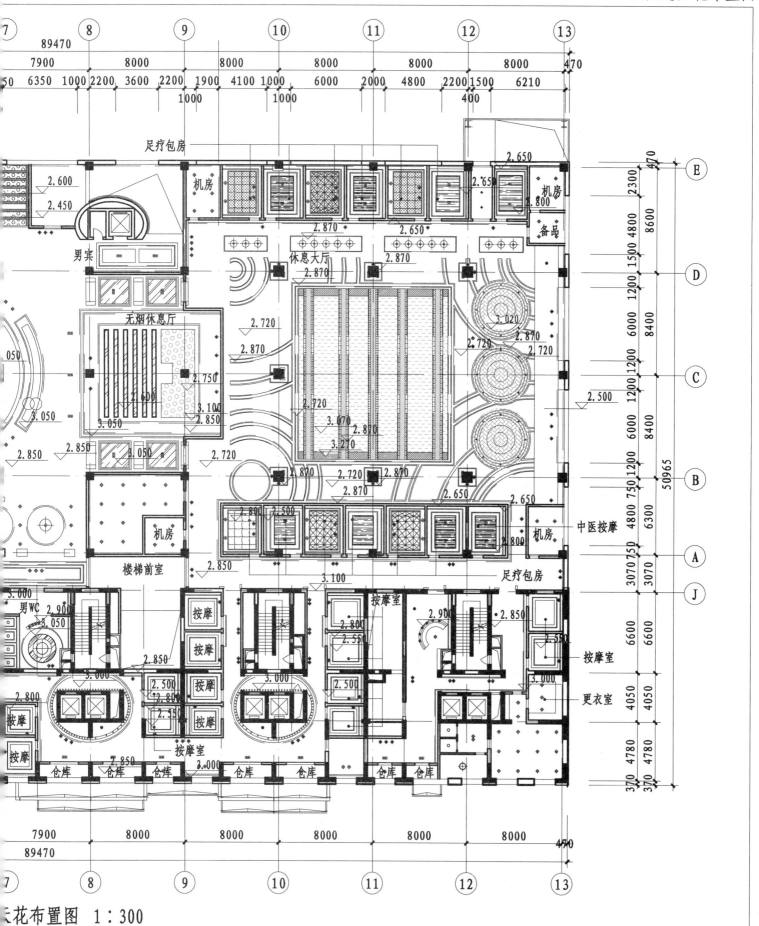

天花布置图 1:300

四层总平面布置图

四层总平面

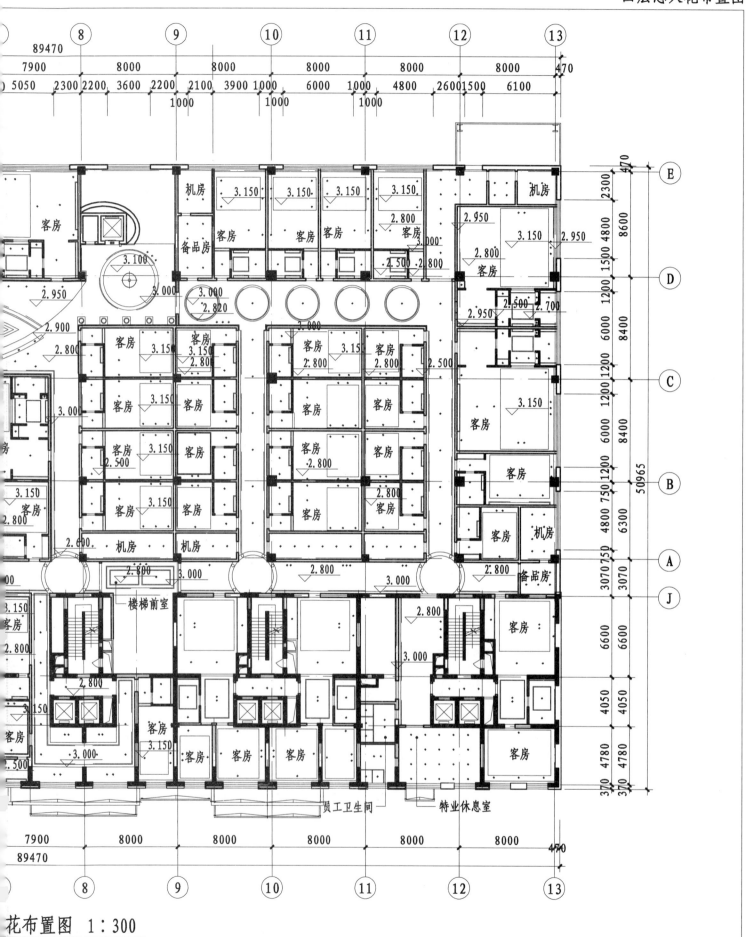

花布置图 1:300

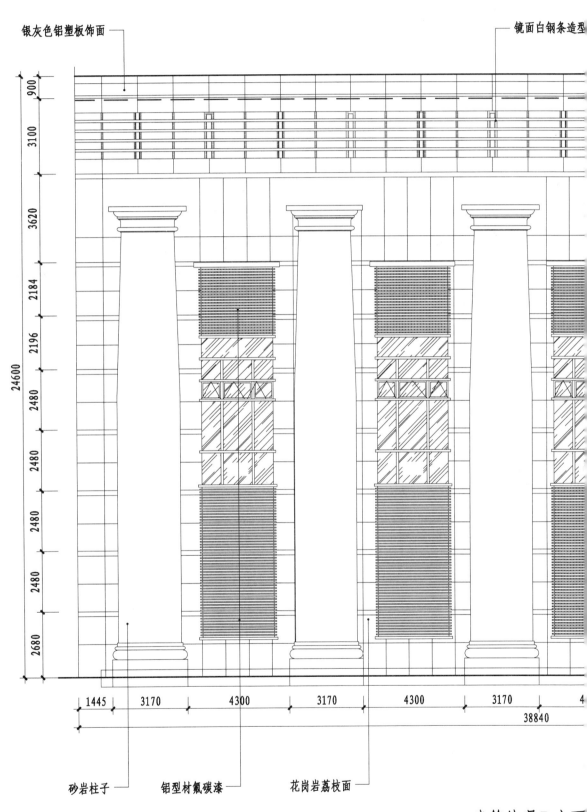

银灰色铝塑板饰面

镜面白钢条造型

900
3100
3620
2184
2196
2480
2480
2480
2680
24600

1445 3170 4300 3170 4300 3170

38840

砂岩柱子　　铝型材氟碳漆　　花岗岩荔枝面

建筑外观 B 立面

B
1P—01

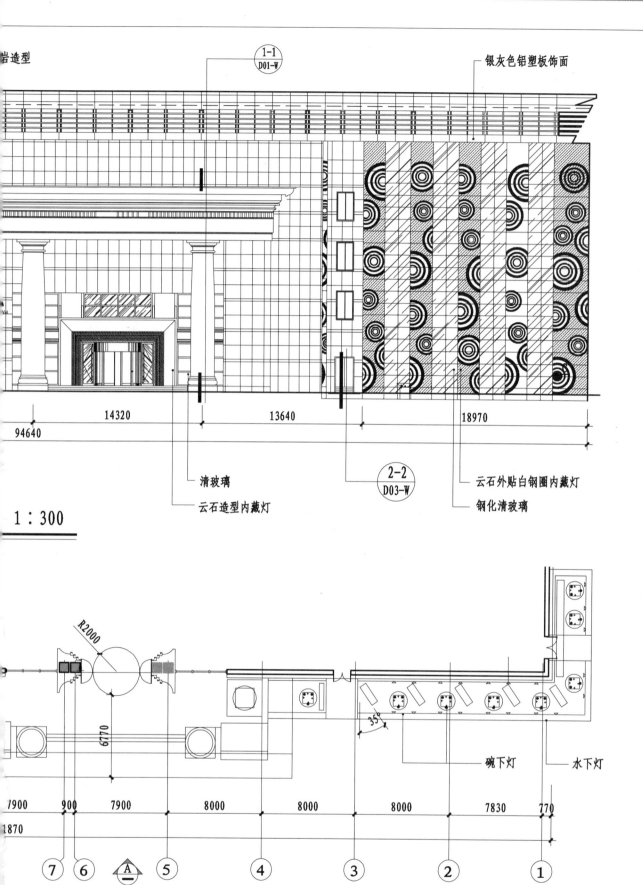

岩造型

银灰色铝塑板饰面

1-1
D01-W

14320　13640　18970

94640

清玻璃

云石造型内藏灯

2-2
D03-W

云石外贴白钢圈内藏灯

钢化清玻璃

1：300

R2000

6770

35°

碗下灯　水下灯

7900　900　7900　8000　8000　8000　7830　770

1870

⑦ ⑥ Ⓐ ⑤ ④ ③ ② ①

面图 1：300

建筑外观A立面、造型平面图

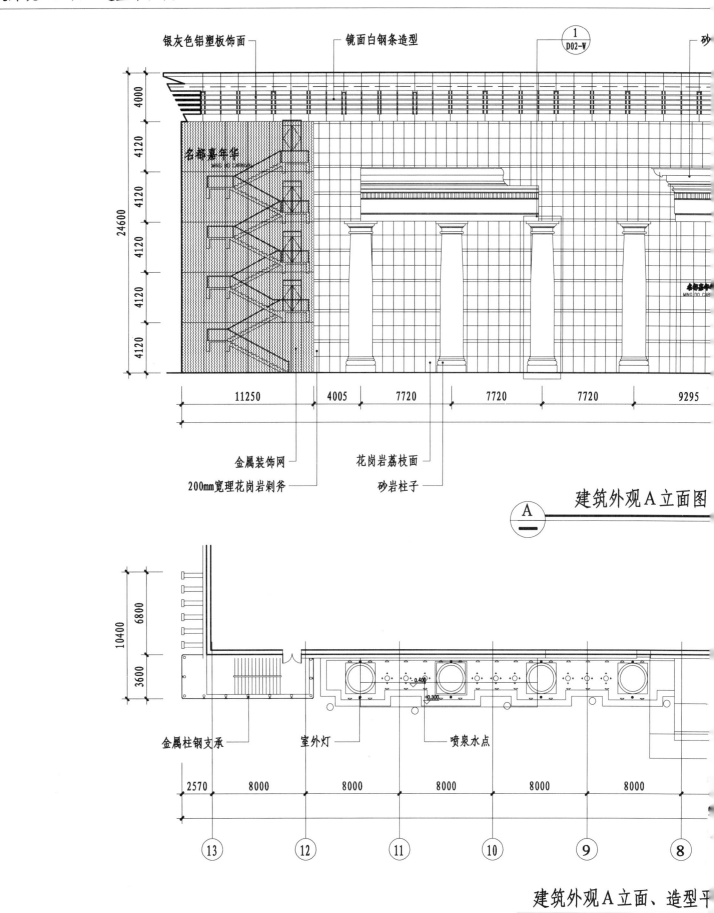

银灰色铝塑板饰面　　　镜面白钢条造型　　　①
　　　　　　　　　　　　　　　　　　　　　　D02-W　　　砂

名都嘉年华
MING DO CARNIVAL

4000
4120
4120
24600　4120
4120
4120
4120

11250　4005　7720　7720　7720　9295

金属装饰网　　　花岗岩荔枝面

200mm宽理花岗岩剁斧　　　砂岩柱子

Ⓐ 建筑外观A立面图

6800
10400
3600

金属柱钢支承　　　室外灯　　　喷泉水点

+0.400
+0.300

2570　8000　8000　8000　8000　8000

⑬　　⑫　　⑪　　⑩　　⑨　　⑧

建筑外观A立面、造型平

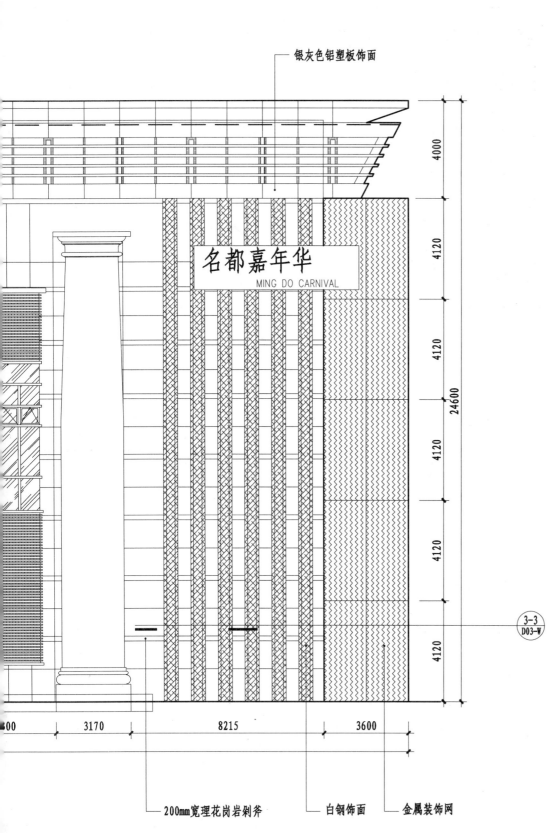

银灰色铝塑板饰面

4000

4120

4120

24600

4120

4120

4120

4120

名都嘉年华

MING DO CARNIVAL

3-3
D03-W

3170   8215   3600

200mm宽理花岗岩剁斧   白钢饰面   金属装饰网

图 1:150

建筑外观C立面图

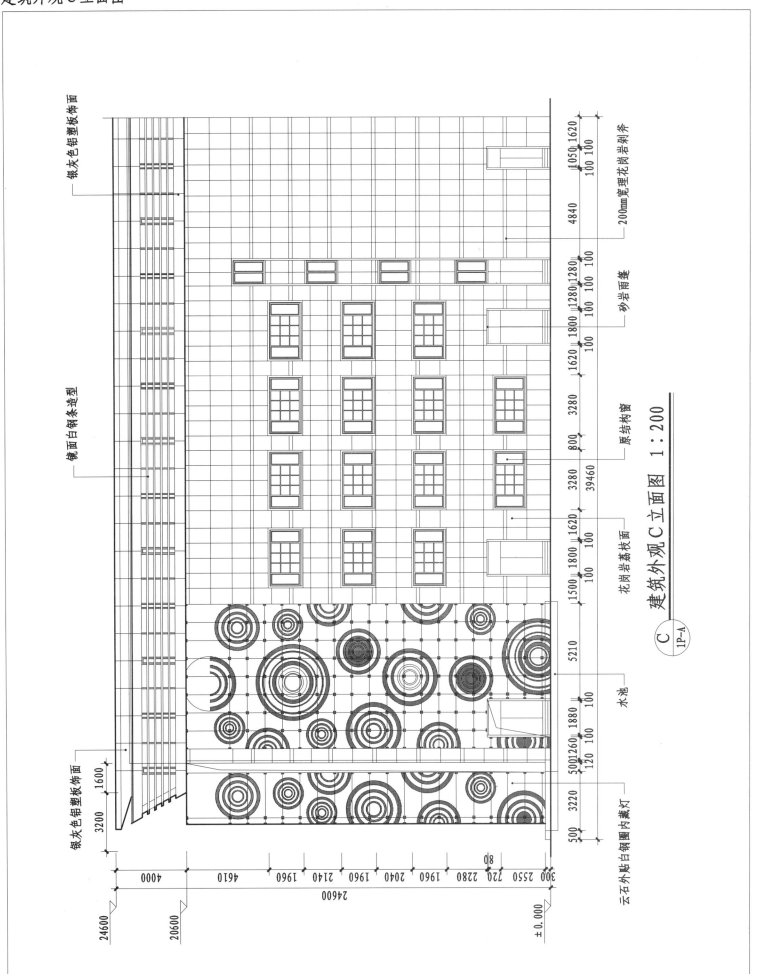

建筑外观C立面图 1:200

银灰色铝塑板饰面

200mm宽理花岗岩剁斧

砂岩雨篷

原结构窗

花岗岩荔枝面

水池

云石外贴白钢圈内藏灯

镜面白钢条造型

银灰色铝塑板饰面

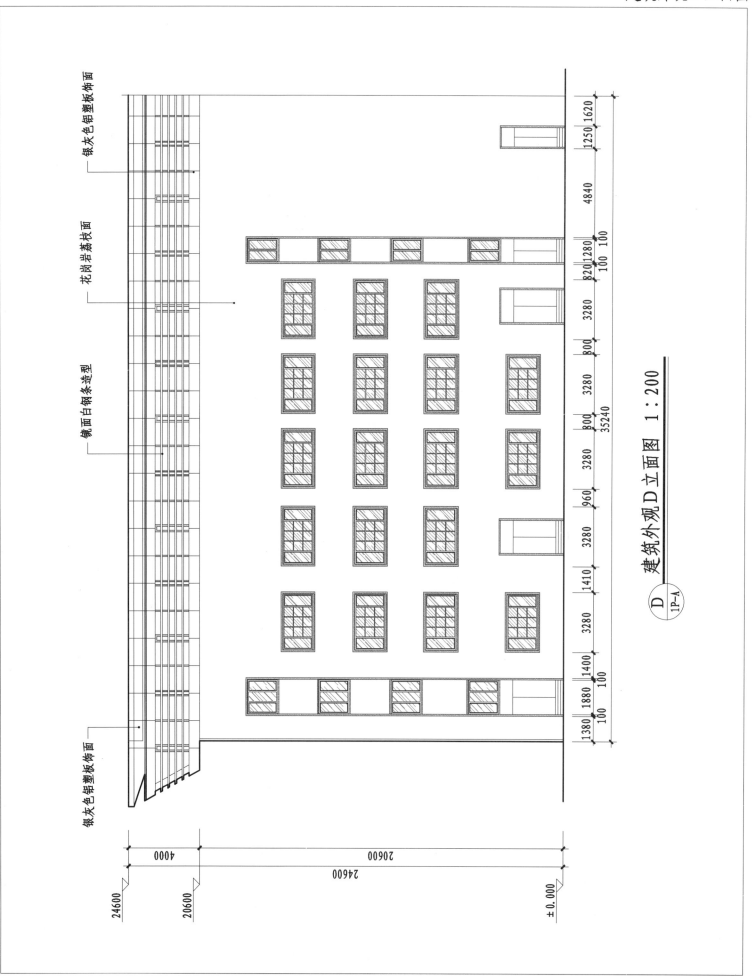

建筑外观D立面图 1：200

建筑外观A立面图1-1剖面图

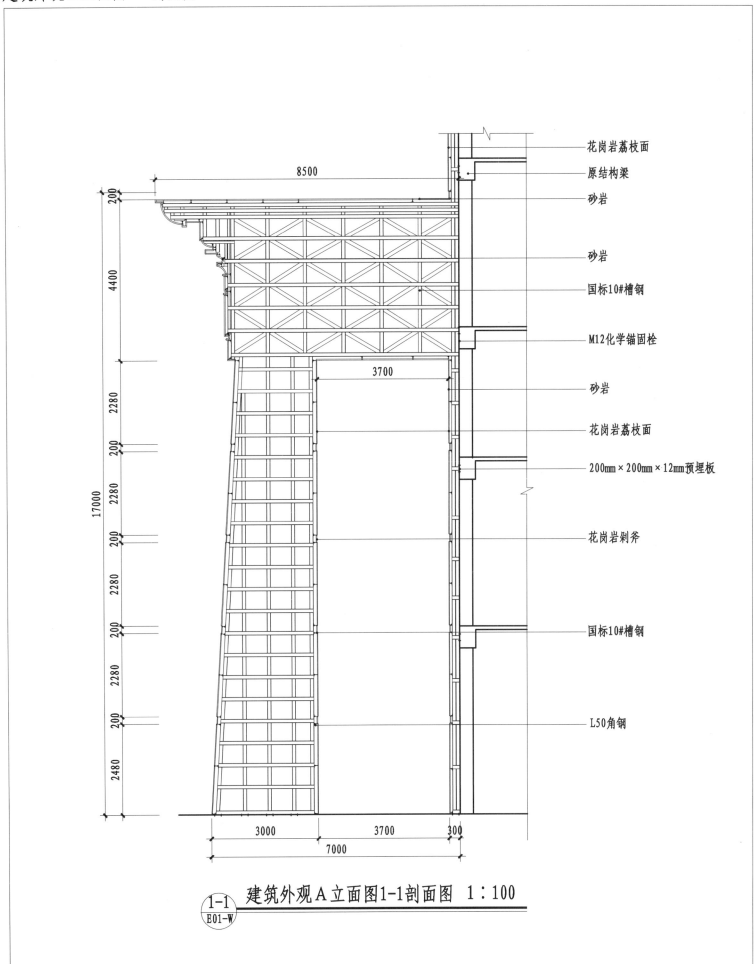

花岗岩荔枝面

原结构梁

砂岩

砂岩

国标10#槽钢

M12化学锚固栓

砂岩

花岗岩荔枝面

200mm×200mm×12mm预埋板

花岗岩剁斧

国标10#槽钢

L50角钢

1-1
E01-W
建筑外观A立面图1-1剖面图 1：100

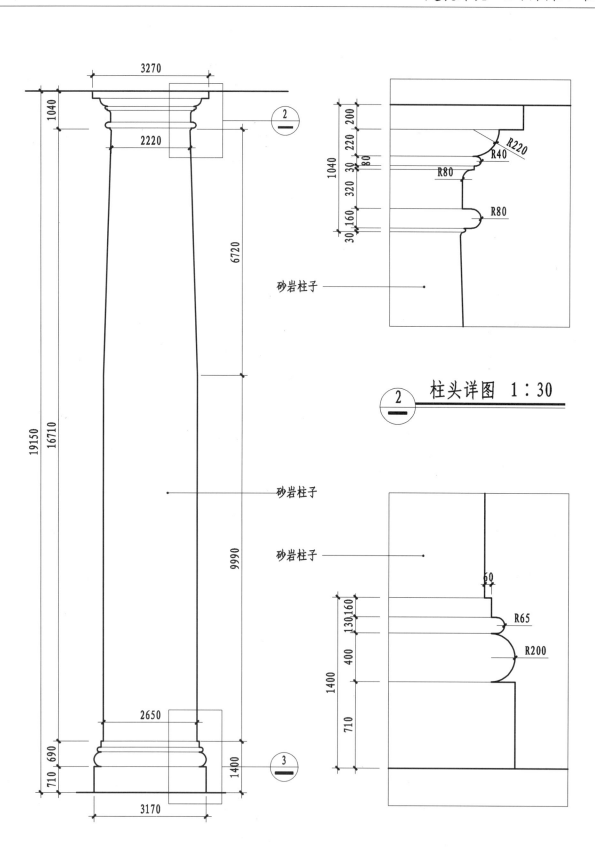

砂岩柱子

砂岩柱子

砂岩柱子

2 柱头详图 1:30

3 柱础详图 1:30

1 建筑外观A立面图柱详图 1:100
E01-W

建筑外观A立面2-2剖面图、B立面3-3剖面图

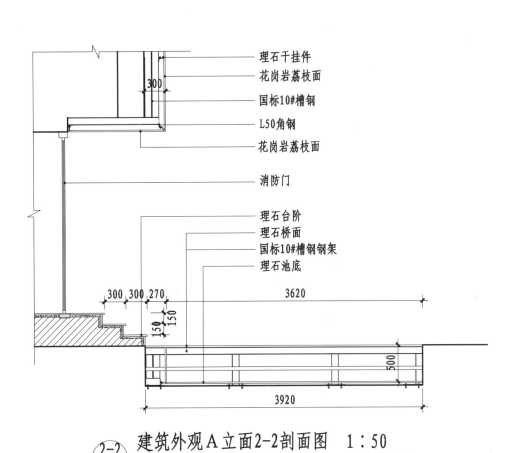

理石干挂件
花岗岩荔枝面
国标10#槽钢
L50角钢
花岗岩荔枝面
消防门
理石台阶
理石桥面
国标10#槽钢钢架
理石池底

300
300 300 270
150 150
3620
500
3920

2-2 建筑外观A立面2-2剖面图 1：50
E01-W

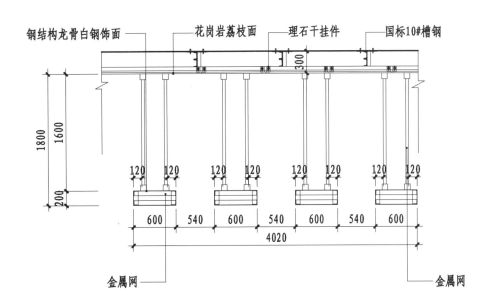

钢结构龙骨白钢饰面   花岗岩荔枝面   理石干挂件   国标10#槽钢

300
1800 1600 200
120 120 120 120 120 120 120 120
600 540 600 540 600 540 600
4020

金属网   金属网

3-3 建筑外观B立面3-3剖面图 1：50
E02-W

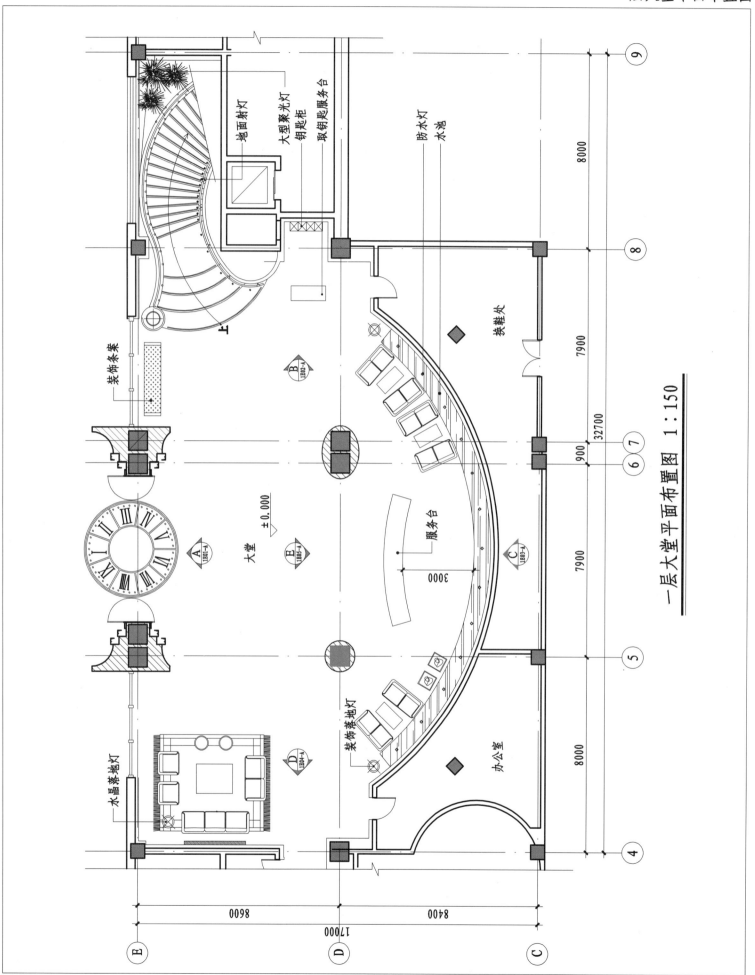

一层大堂平面布置图 1:150

一层大堂地面拼花布置图

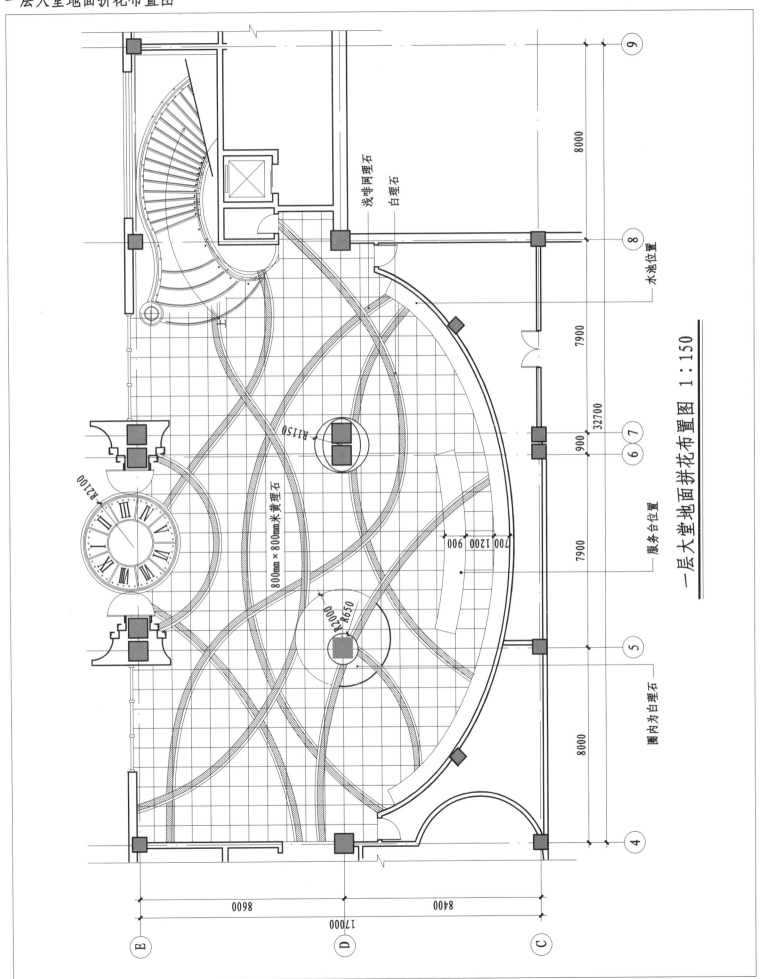

一层大堂地面拼花布置图 1:150

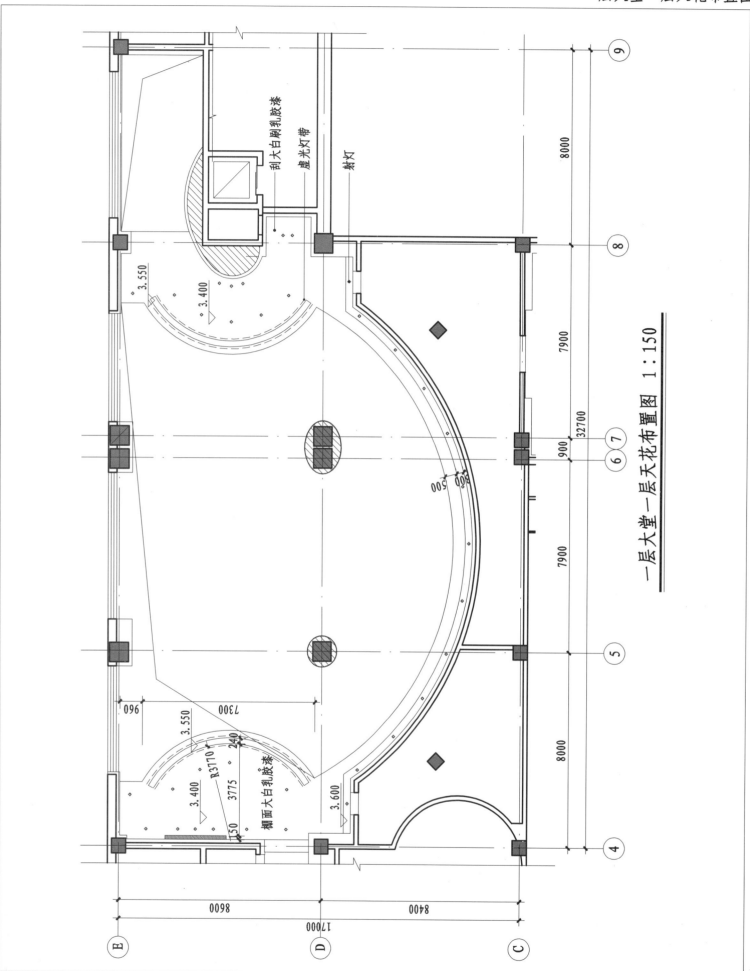

一层大堂一层天花布置图 1:150

一层大堂二层天花布置图

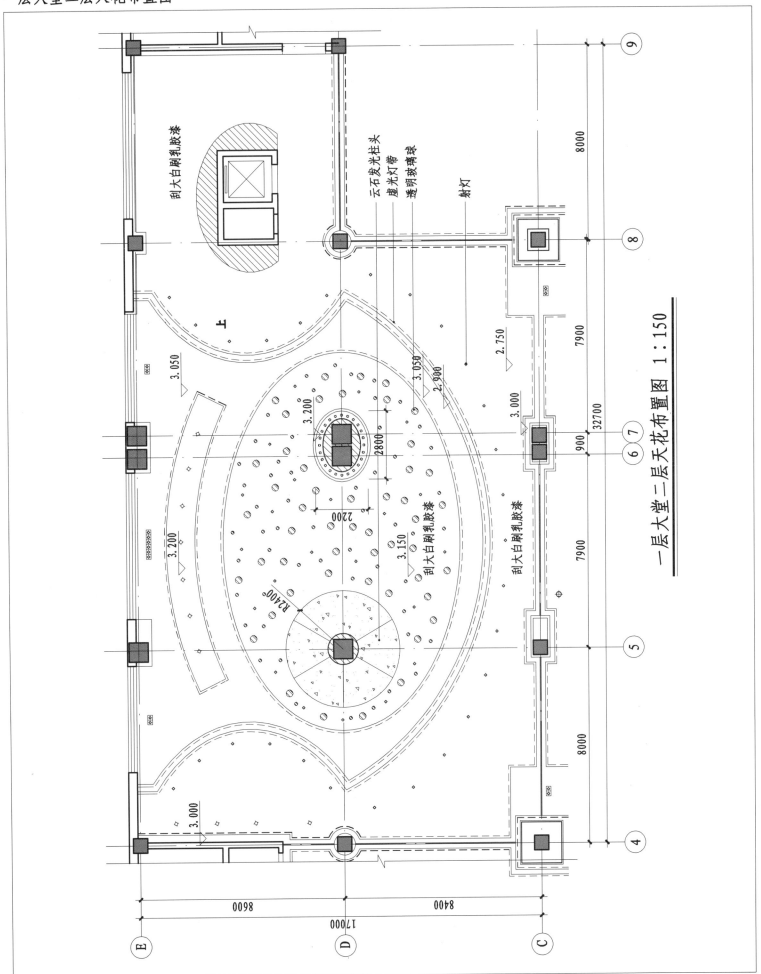

一层大堂二层天花布置图 1：150

刮大白刷乳胶漆

云石发光柱头
虚光灯带
透明玻璃球

射灯

刮大白刷乳胶漆

刮大白刷乳胶漆

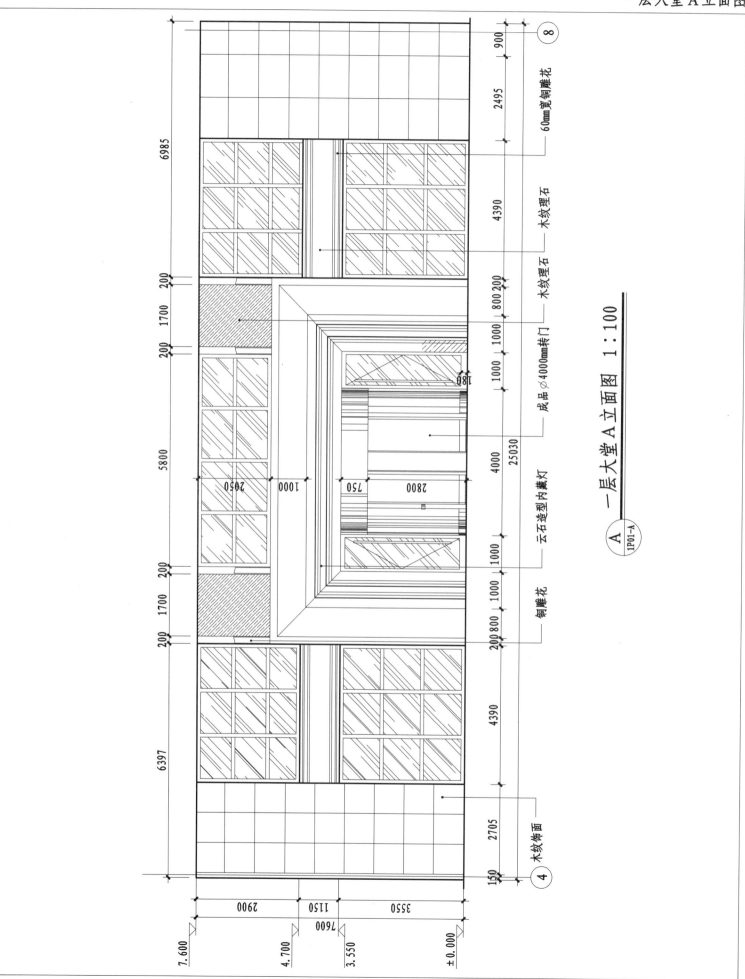

一层大堂A立面图 1:100

图 号 1E02-A

一层大堂 B 立面图

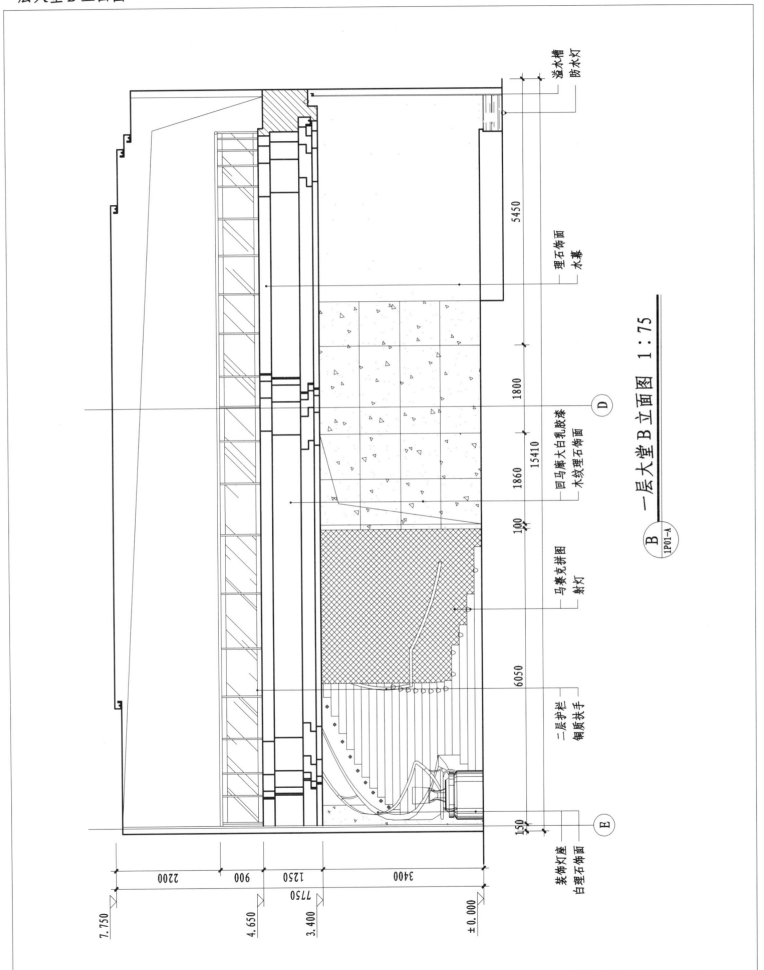

一层大堂 B 立面图 1:75

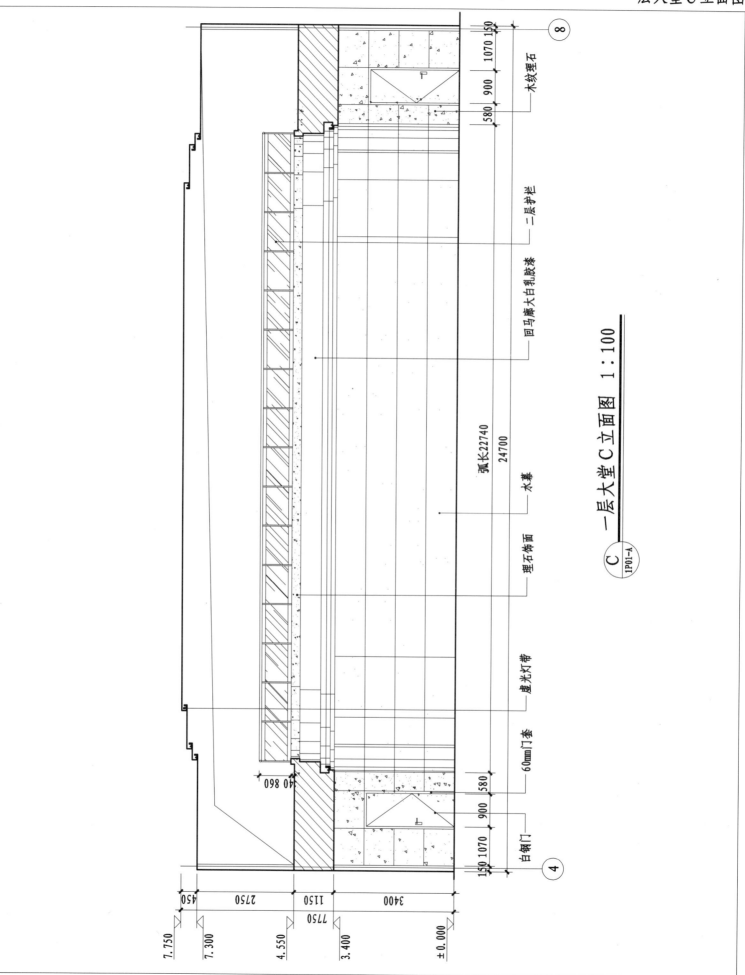

一层大堂C立面图 1:100

一层大堂D立面图

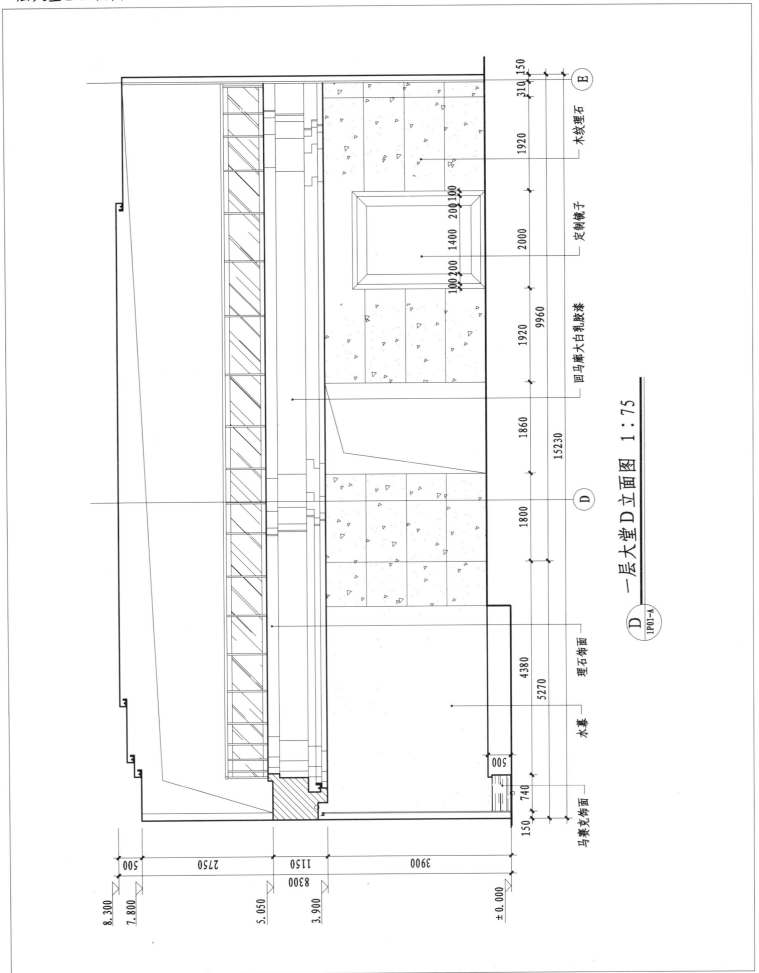

一层大堂D立面图 1：75

D
1P01-A

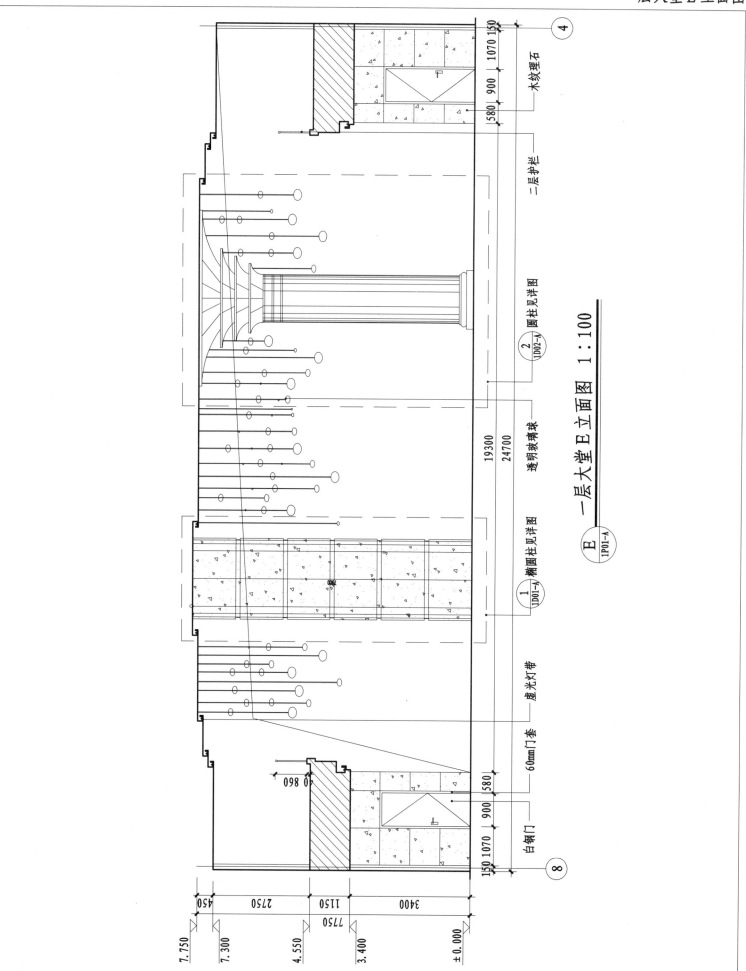

一层大堂E立面图 1：100

$\frac{E}{1P01-A}$

木纹理石

二层护栏

$\frac{2}{1D02-A}$ 圆柱见详图

透明玻璃球

$\frac{1}{1D01-A}$ 椭圆柱见详图

建光灯带

60mm门套

白钢门

一层男士浴区平面布置图

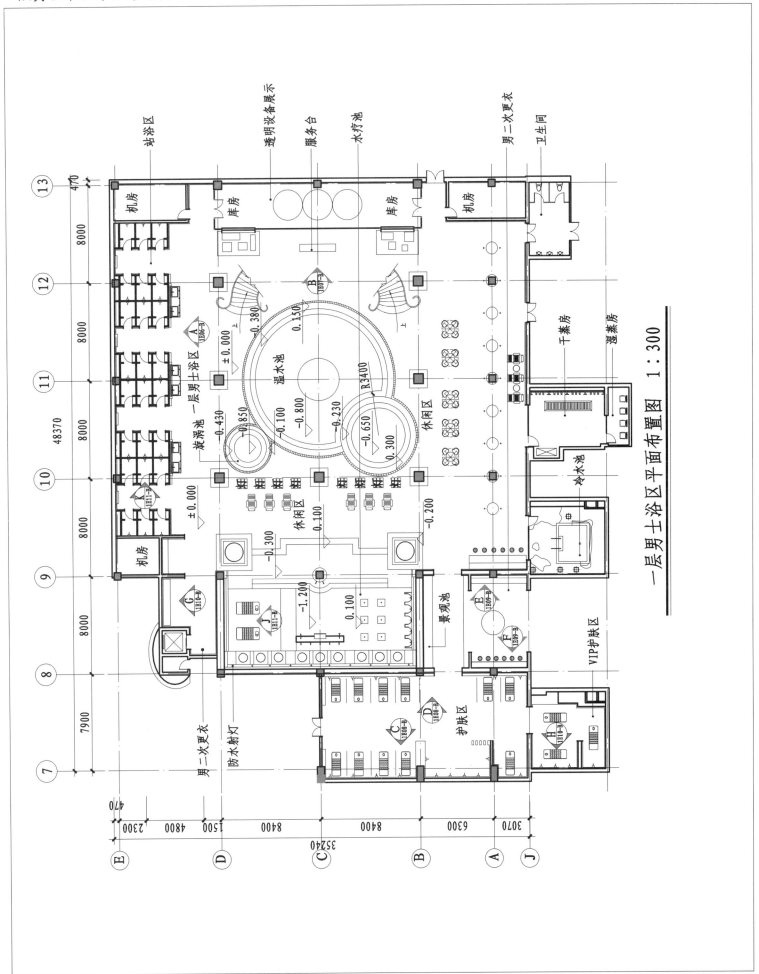

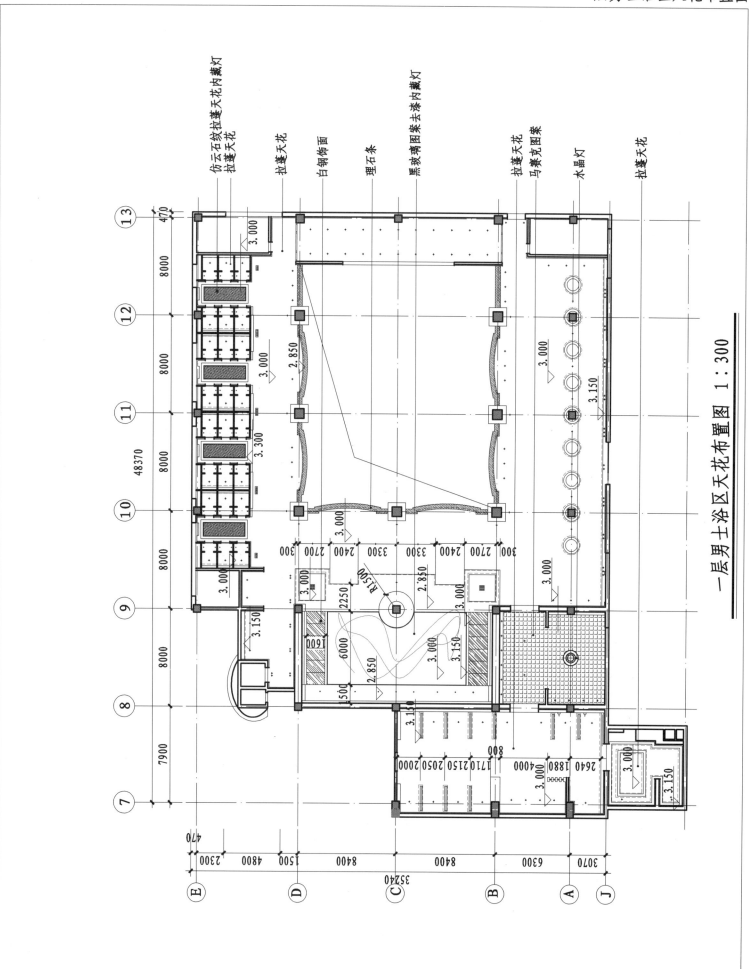

一层男士浴区天花布置图 1：300

一层男士浴区A立面图

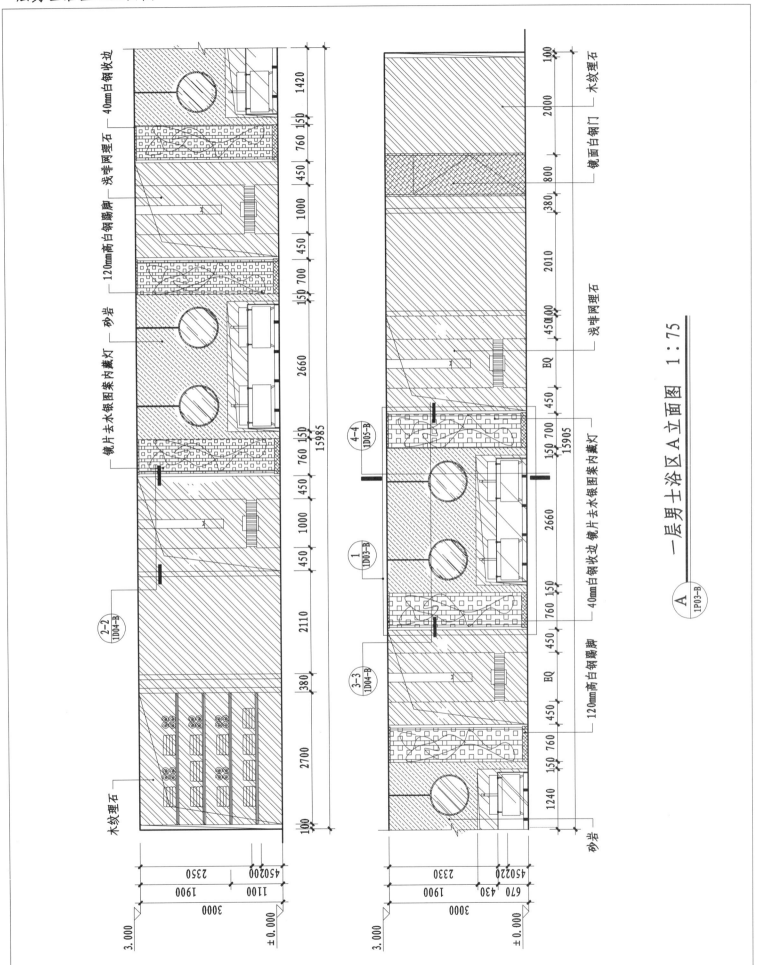

一层男士浴区A立面图 1:75

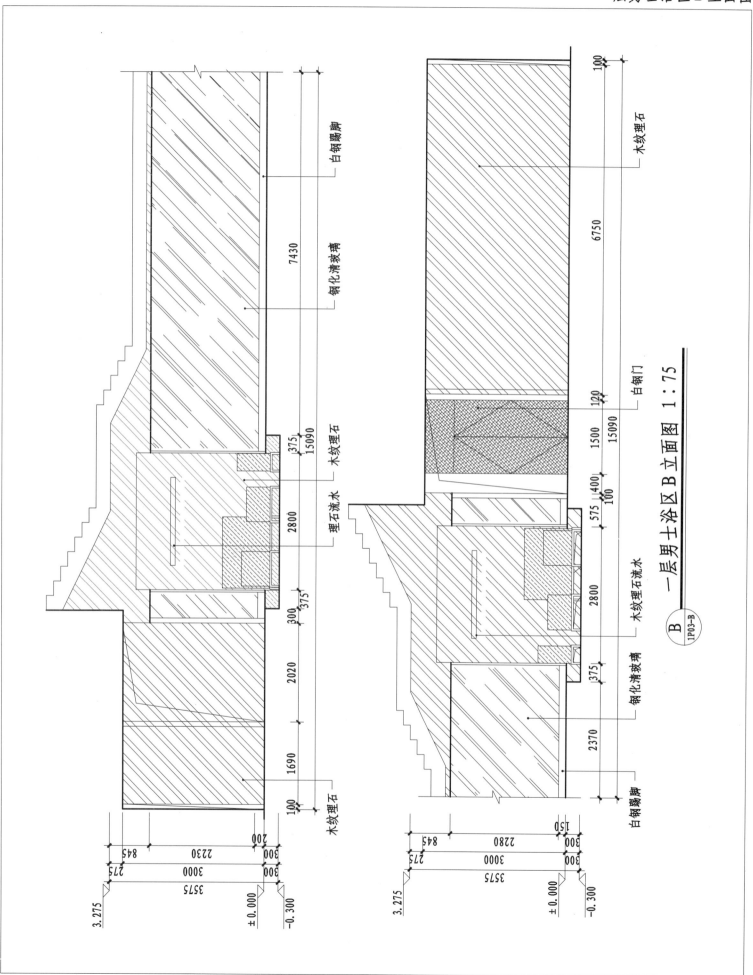

一层男士浴区B立面图 1：75

B
1P03-B

图号 1E08-B

一层男士浴区C、D立面图

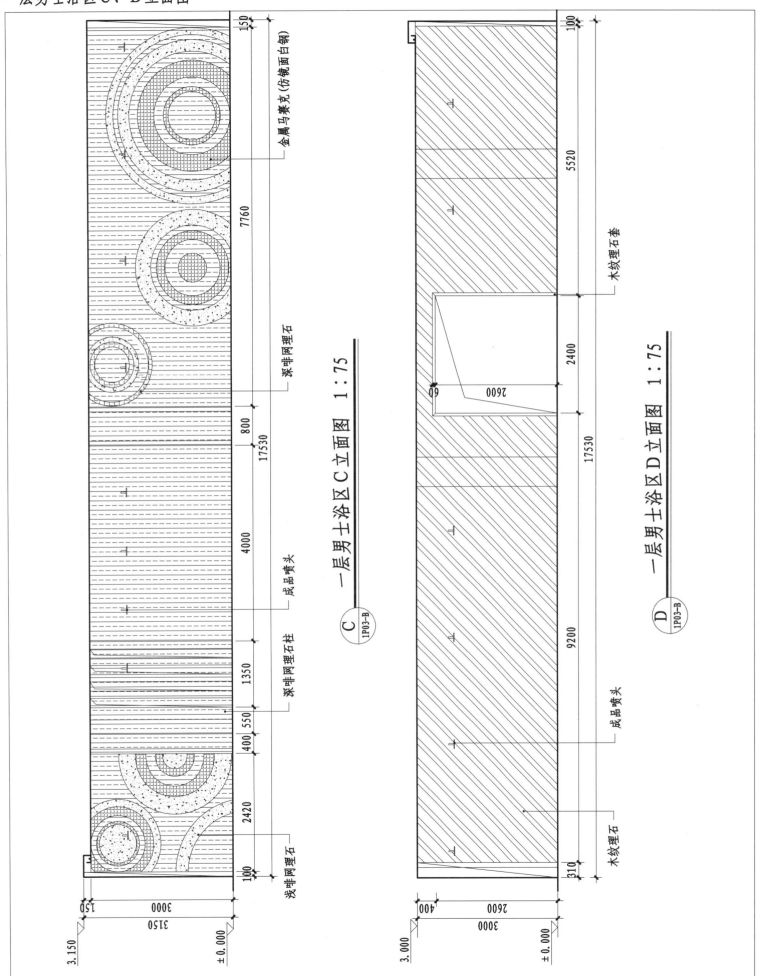

一层男士浴区C立面图 1:75

C
1P03-B

一层男士浴区D立面图 1:75

D
1P03-B

金属马赛克(仿镜面白钢)

深咖网理石

成品喷头

深咖网理石柱

浅咖网理石

木纹理石套

成品喷头

木纹理石

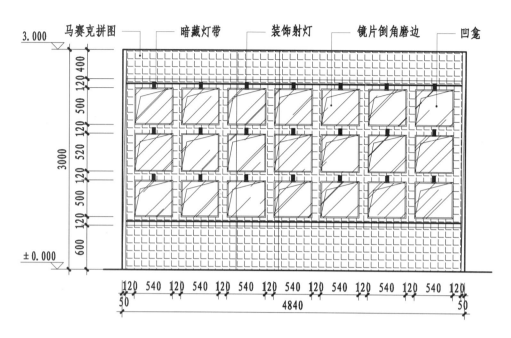

马赛克拼图　　暗藏灯带　　装饰射灯　　镜片倒角磨边　　凹龛

3.000

400 120 120
500
120
520 500
120
500
120
600

3000

± 0.000

120 540 120 540 120 540 120 540 120 540 120 540 120 540 120
50
4840
50

Ｅ　一层男士浴区Ｅ立面图　1:50
1P03-B

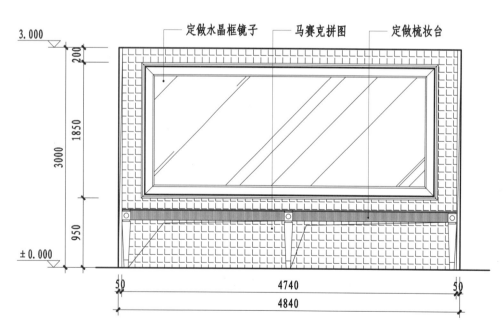

定做水晶框镜子　　马赛克拼图　　定做梳妆台

3.000

200
1850
3000
950

± 0.000

50
4740
50
4840

Ｆ　一层男士浴区Ｆ立面图　1:50
1P03-B

一层男士浴区G、H立面图

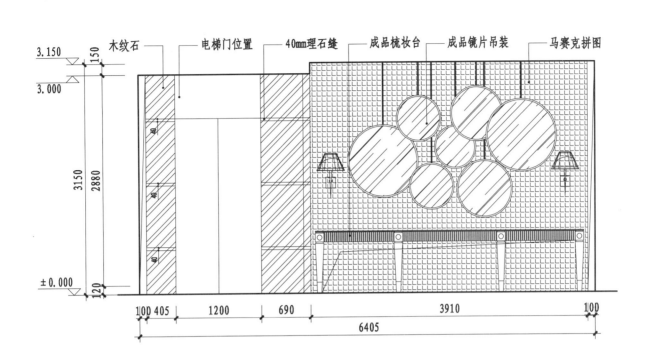

木纹石　电梯门位置　40mm理石缝　成品梳妆台　成品镜片吊装　马赛克拼图

3.150
150
3.000
3150
2880
40
40
40
± 0.000
120

100 405　1200　690　3910　100
6405

Ⓖ
1P03-B
一层男士浴区G立面图　1:50

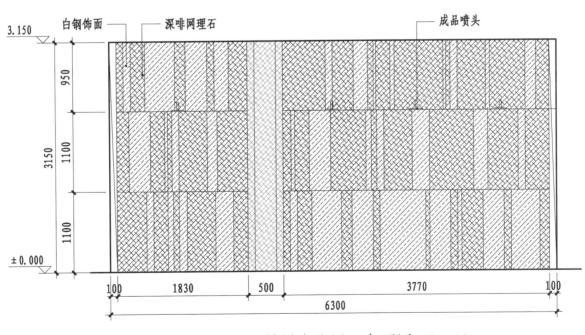

白钢饰面　深啡网理石　成品喷头

3.150
950
3150
1100
1100
± 0.000

100　1830　500　3770　100
6300

Ⓗ
1P03-B
一层男士浴区H立面图　1:50

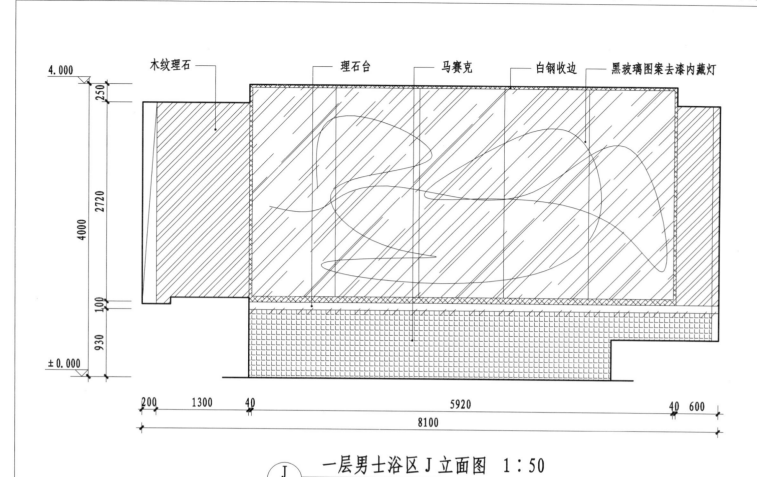

木纹理石　理石台　马赛克　白钢收边　黑玻璃图案去漆内藏灯

4.000

250

2720

4000

100

930

± 0.000

200　1300　40　5920　40　600

8100

J 一层男士浴区 J 立面图　1∶50
1P03-B

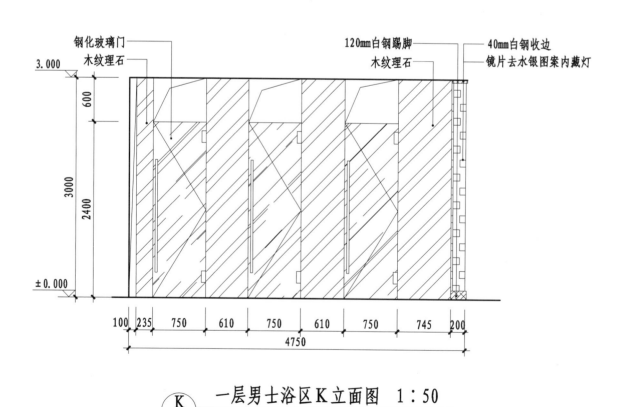

钢化玻璃门　120mm白钢踢脚　40mm白钢收边
木纹理石　木纹理石　镜片去水银图案内藏灯

3.000

600

3000

2400

± 0.000

100 235 750 610 750 610 750 745 200

4750

K 一层男士浴区 K 立面图　1∶50
1P03-B

一层女士浴区平面布置图

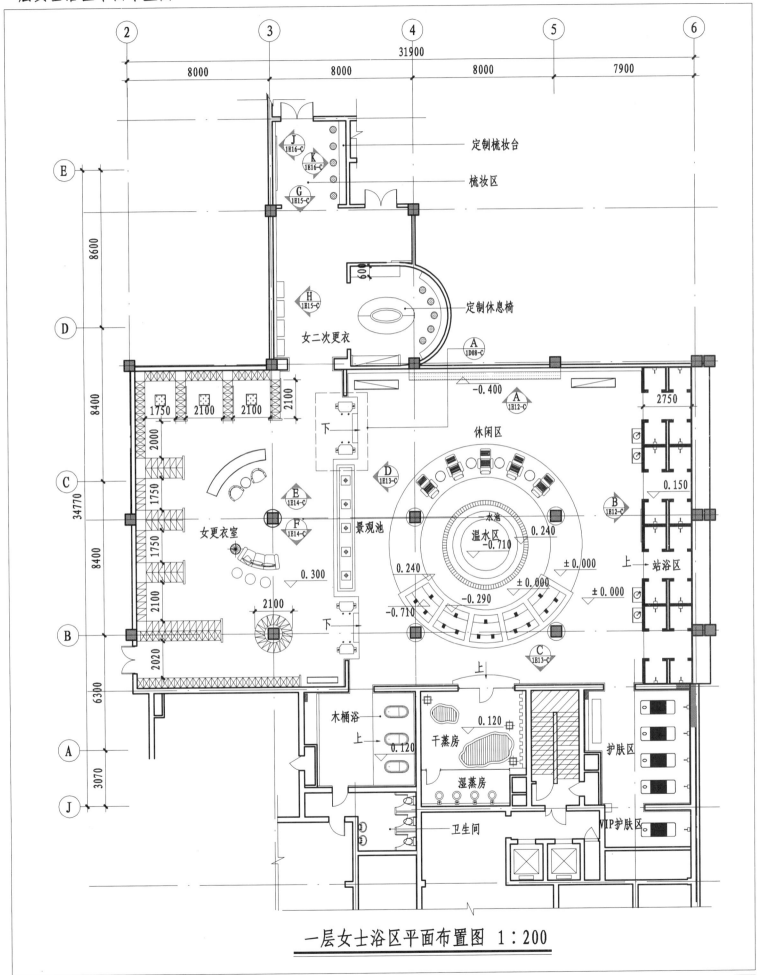

一层女士浴区平面布置图 1:200

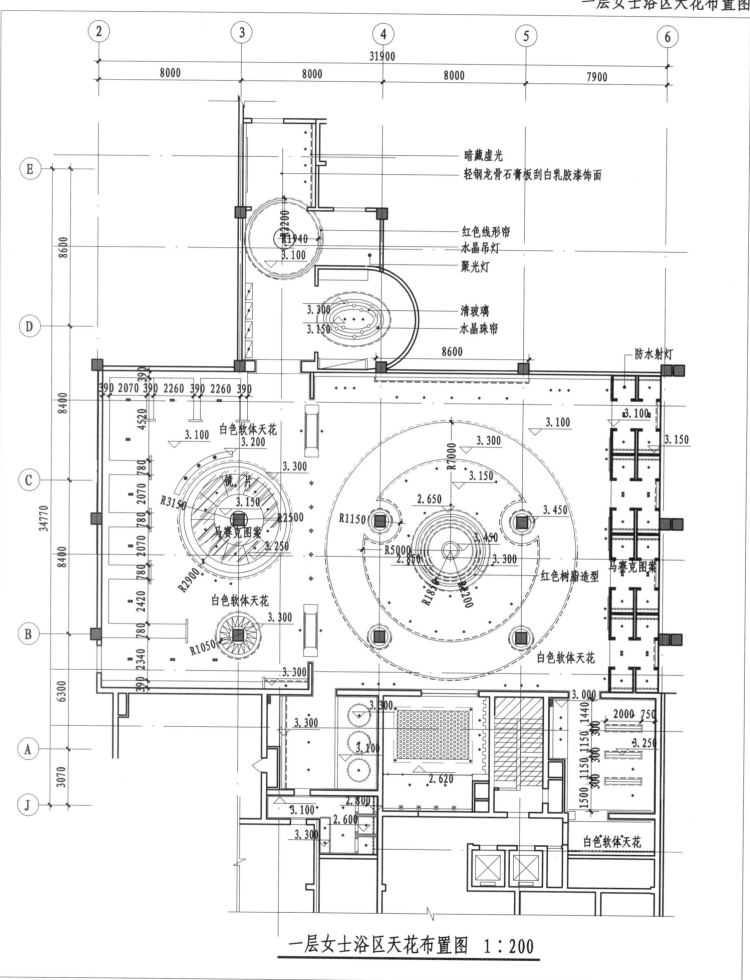

暗藏虚光
轻钢龙骨石膏板刮白乳胶漆饰面

红色线形帘
水晶吊灯
聚光灯

清玻璃
水晶珠帘

防水射灯

白色软体天花

玻片

马赛克图案

白色软体天花

红色树脂造型

马赛克图案

白色软体天花

一层女士浴区天花布置图 1:200

一层女士浴区 A、B 立面图

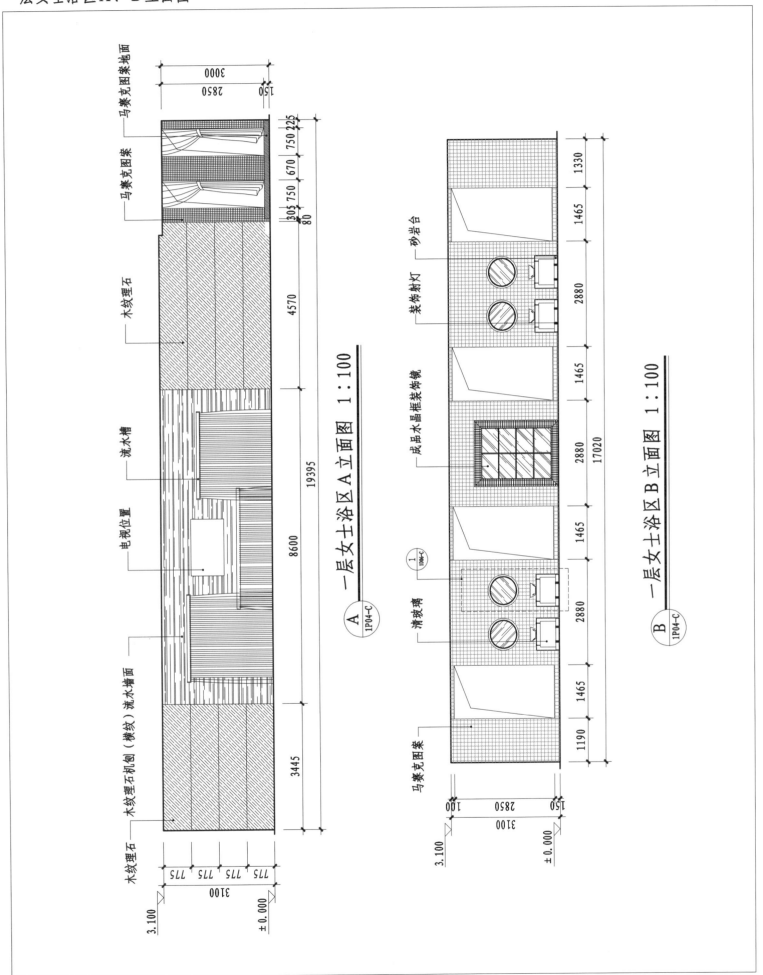

马赛克图案地面
马赛克图案
木纹理石
流水槽
电视位置
木纹理石机刨（横纹）流水墙面
木纹理石

一层女士浴区 A 立面图 1:100

A
1P04-C

砂岩台
装饰射灯
成品木晶框装饰镜
清玻璃
马赛克图案

一层女士浴区 B 立面图 1:100

B
1P04-C

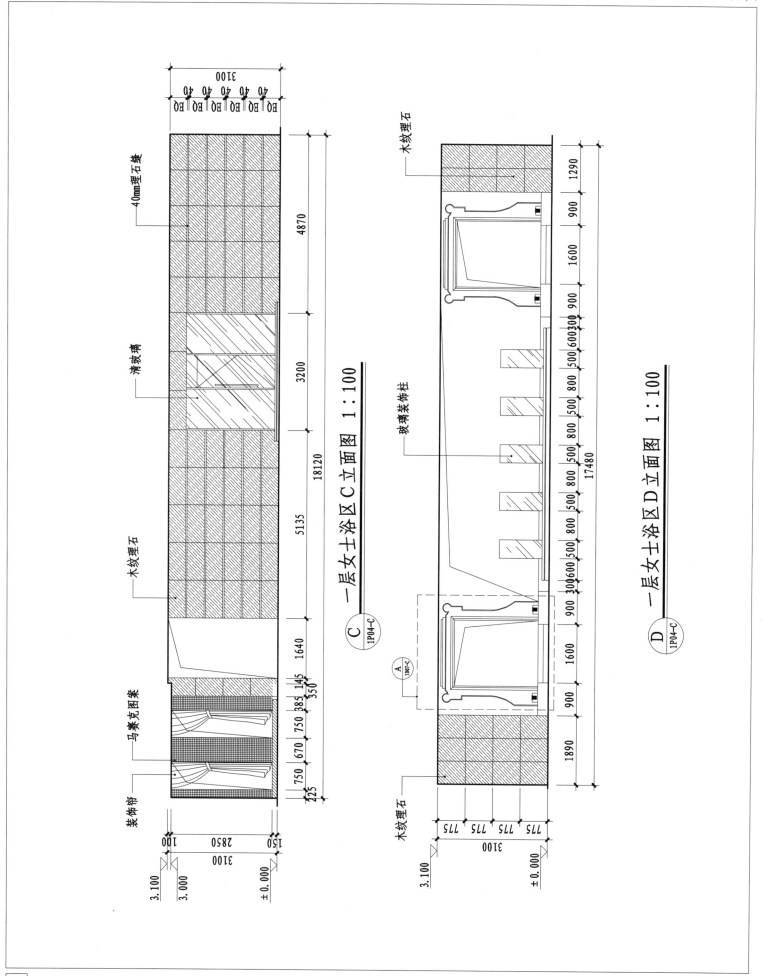

一层女士浴区C立面图 1：100

一层女士浴区D立面图 1：100

一层女士浴区 E、F 立面图

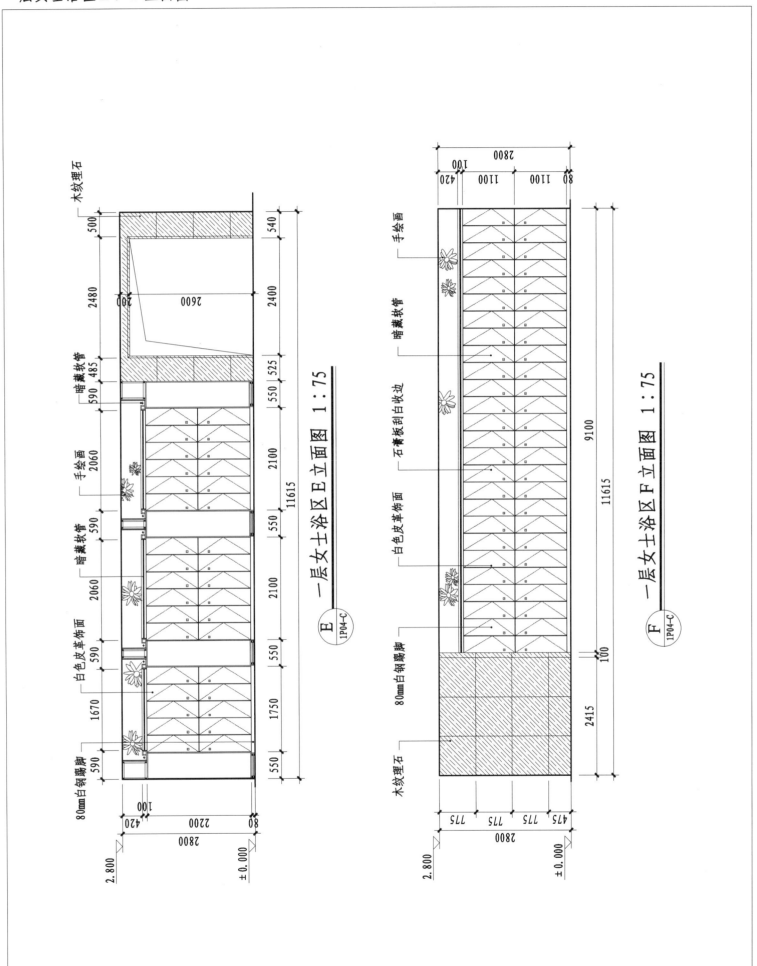

一层女士浴区 E 立面图 1:75

E
1P04-C

一层女士浴区 F 立面图 1:75

F
1P04-C

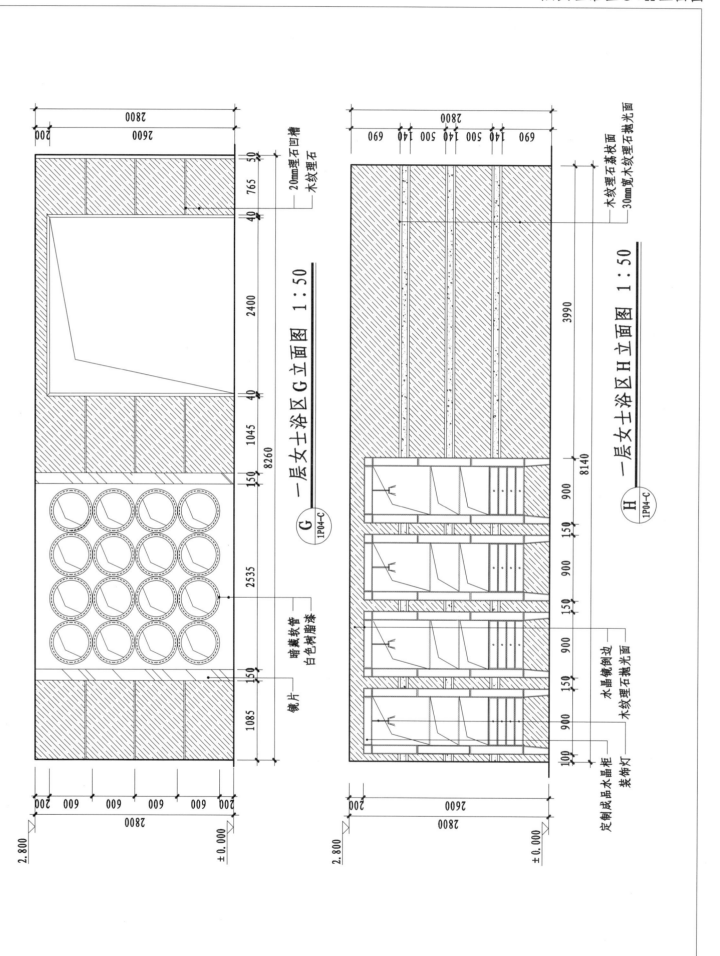

一层女士浴区 G 立面图 1：50

一层女士浴区 H 立面图 1：50

一层女士浴区J、K立面图

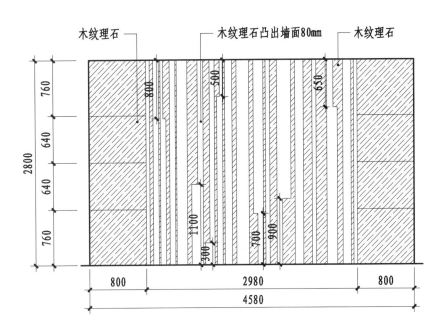

木纹理石　　　木纹理石凸出墙面80mm　　　木纹理石

J 一层女士浴区J立面图　1:50
1P04-C

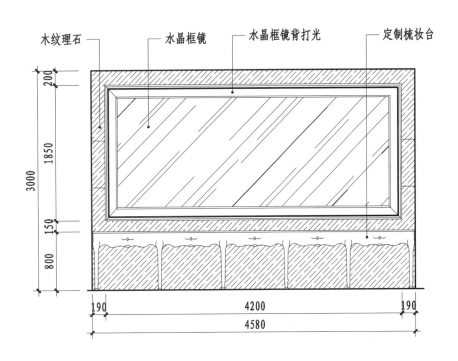

木纹理石　　水晶框镜　　水晶框镜背打光　　定制梳妆台

K 一层女士浴区K立面图　1:50
1P04-C

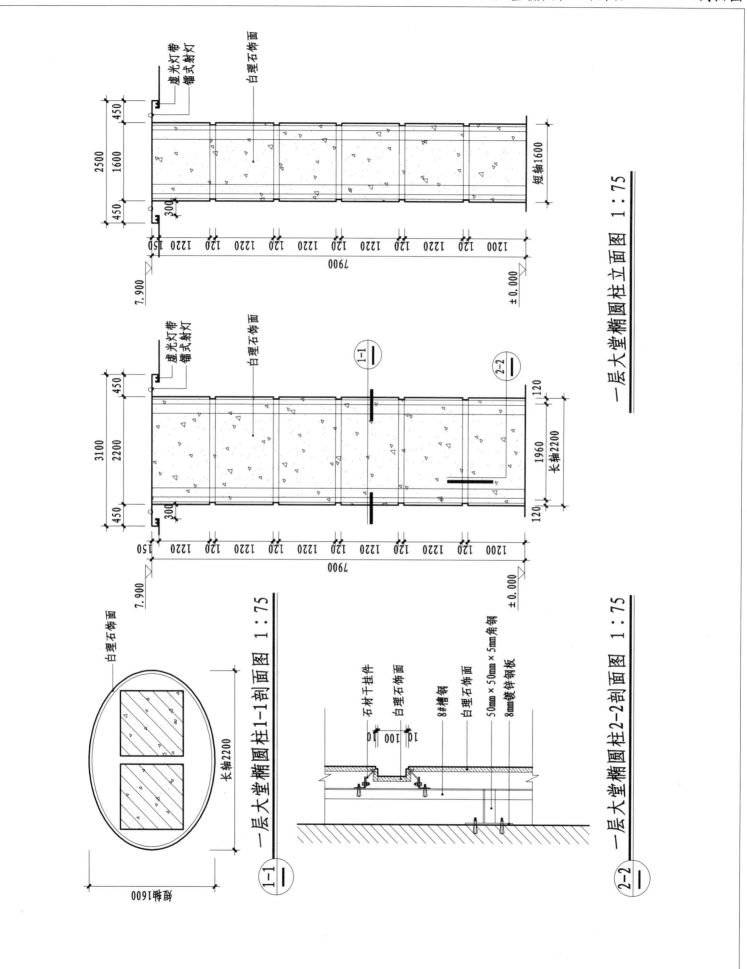

一层大堂椭圆柱立面图　1：75

一层大堂椭圆柱1-1剖面图　1：75

一层大堂椭圆柱2-2剖面图　1：75

一层大堂圆柱立面详图、大样图

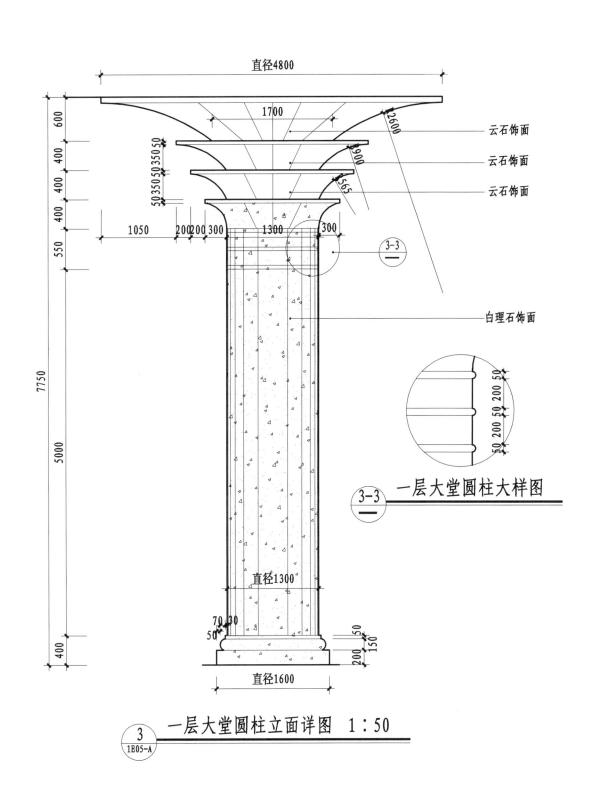

直径4800

1700

2600

云石饰面

1900

云石饰面

565

云石饰面

600

400

400

400

550

50 350 50 350 50

1050   200 200 300   1300   300

3-3

白理石饰面

7750

5000

50 200 50 200 50

3-3 一层大堂圆柱大样图

直径1300

70 30

50

50

150

200

400

直径1600

3
1E05-A
一层大堂圆柱立面详图 1：50

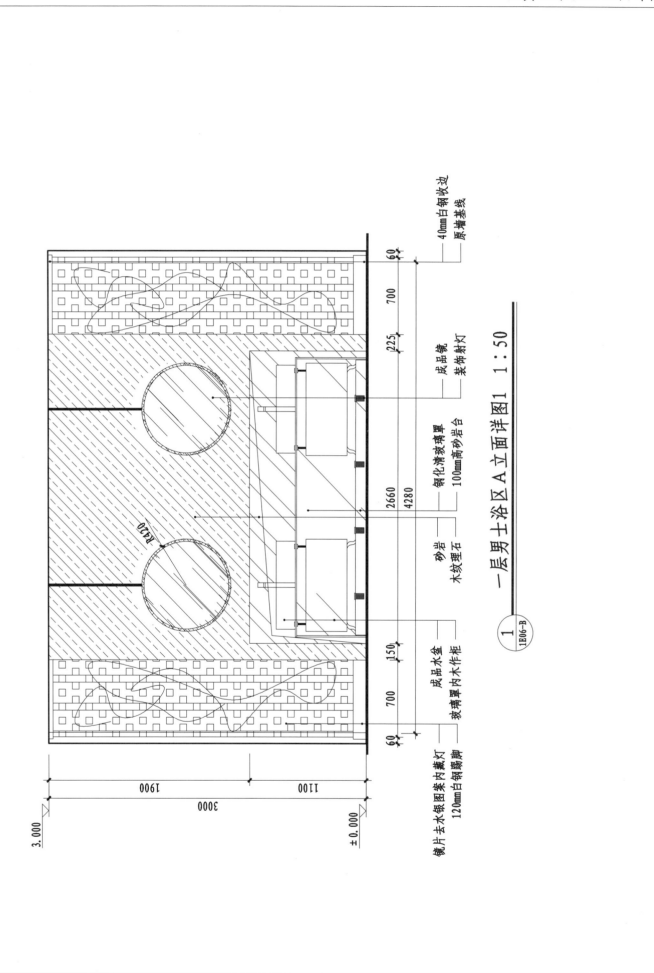

一层男士浴区A立面详图1　1：50

①
1B06-B

一层男士浴区A立面2-2、3-3剖面图

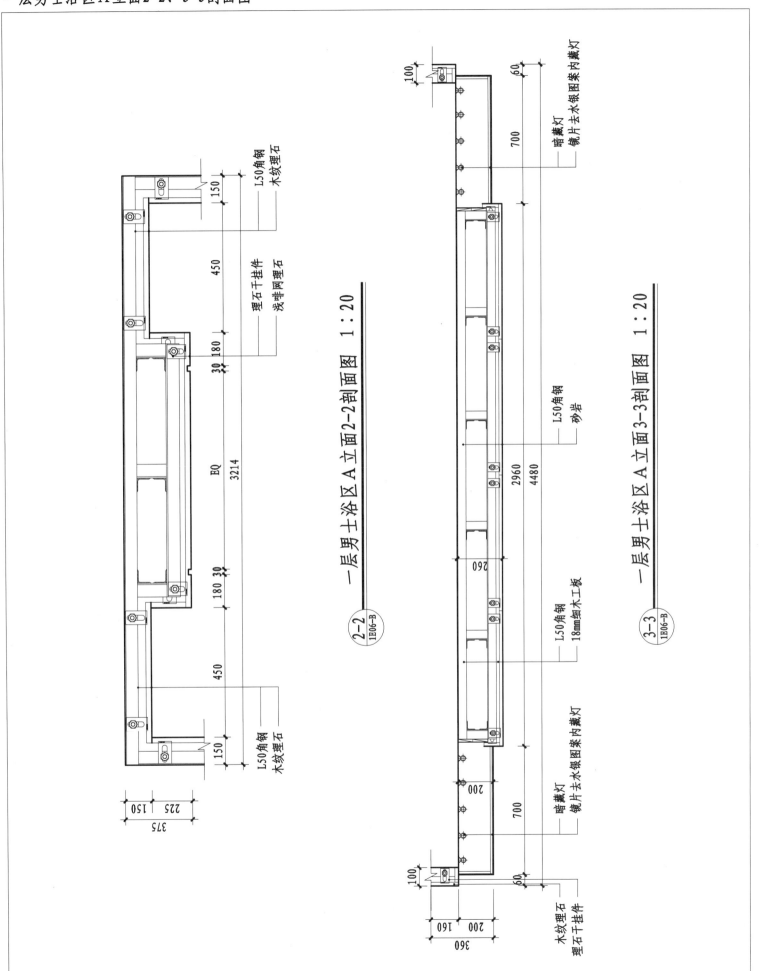

一层男士浴区A立面2-2剖面图 1:20

2-2
1B06-B

一层男士浴区A立面3-3剖面图 1:20

3-3
1B06-B

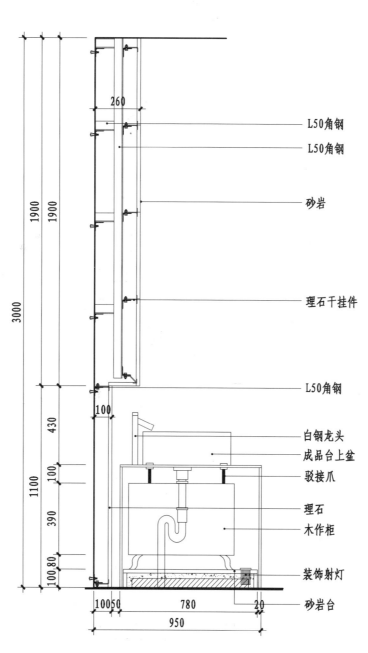

一层男士浴区A立面4-4剖面图 1:20

4-4
1E06-B

L50角钢
L50角钢

砂岩

理石干挂件

L50角钢

白钢龙头
成品台上盆
驳接爪
理石
木作柜

装饰射灯

砂岩台

一层女士浴区盥洗台立面详图，1-1、2-2剖面图

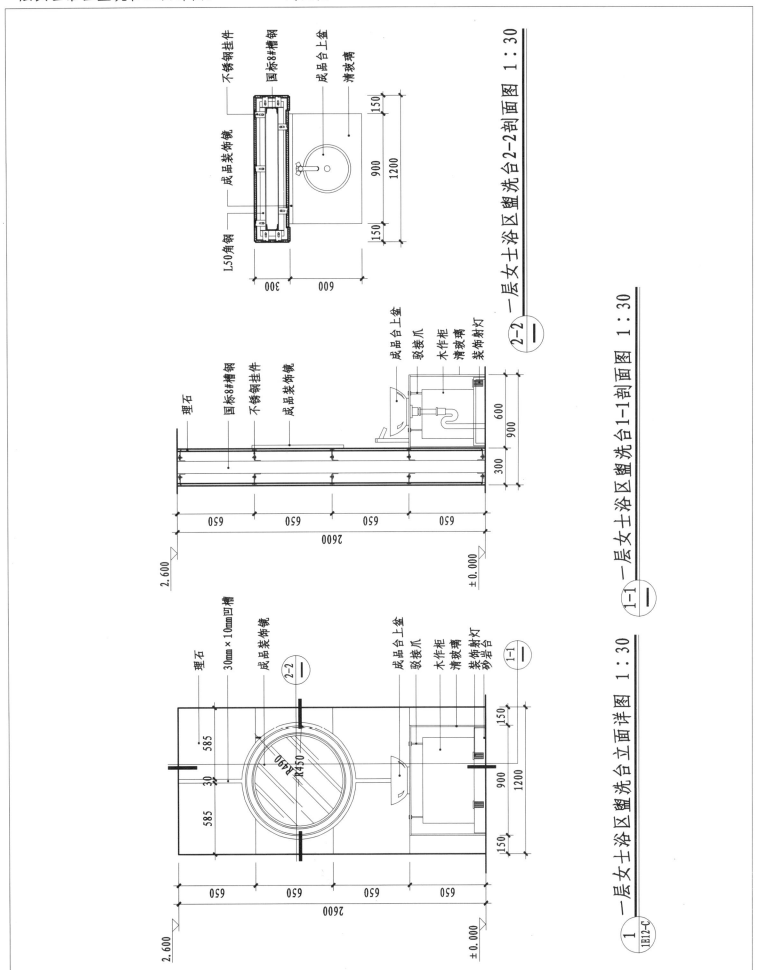

一层女士浴区洗台2-2剖面图 1：30   2-2

一层女士浴区洗台1-1剖面图 1：30   1-1

一层女士浴区洗台立面详图 1：30   1

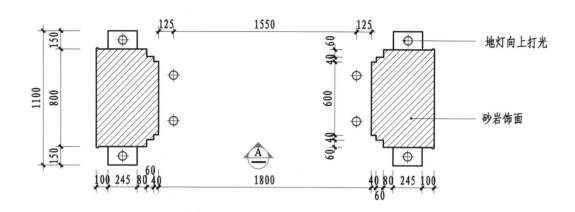

地灯向上打光

砂岩饰面

$\underset{=}{A}$ 一层女士浴更衣区门口平面图 1：30

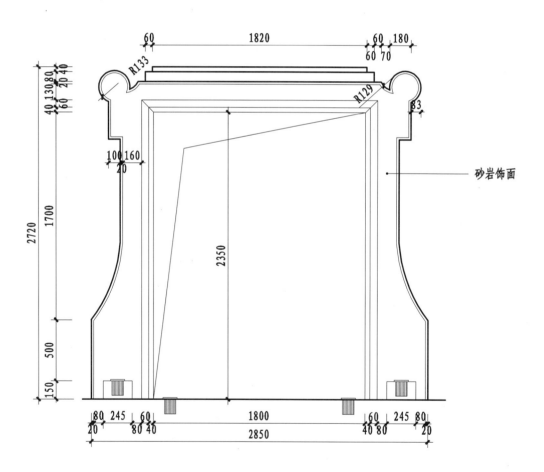

砂岩饰面

$\underset{1B13-C}{A}$ 一层女士浴更衣区门口A立面图 1：30

二层男士浴区平面布置图

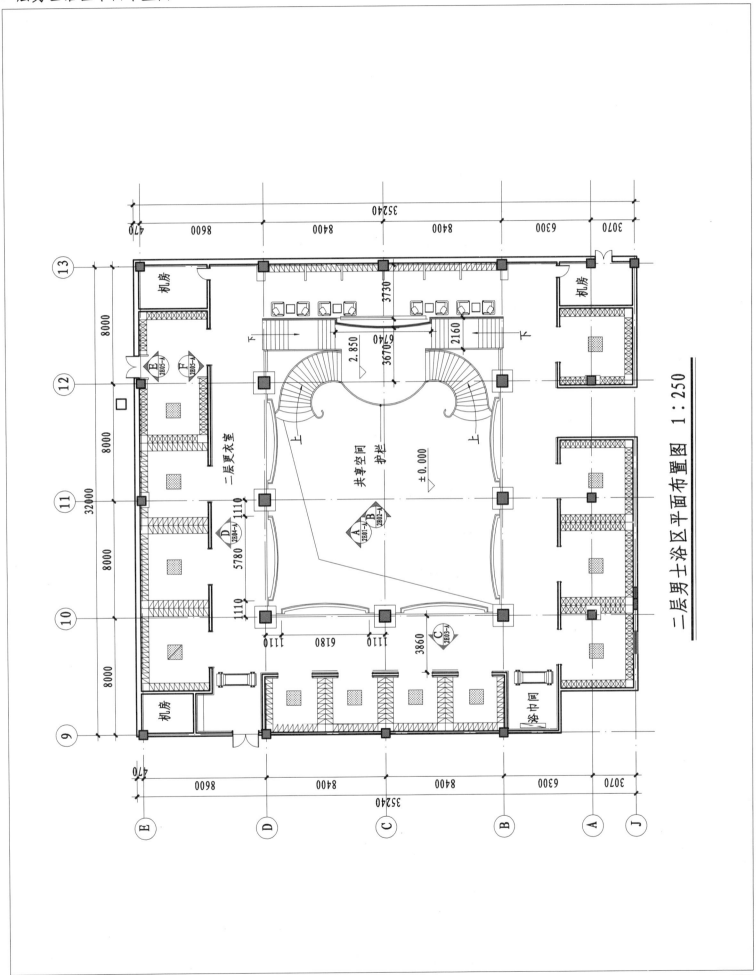

二层男士浴区平面布置图 1:250

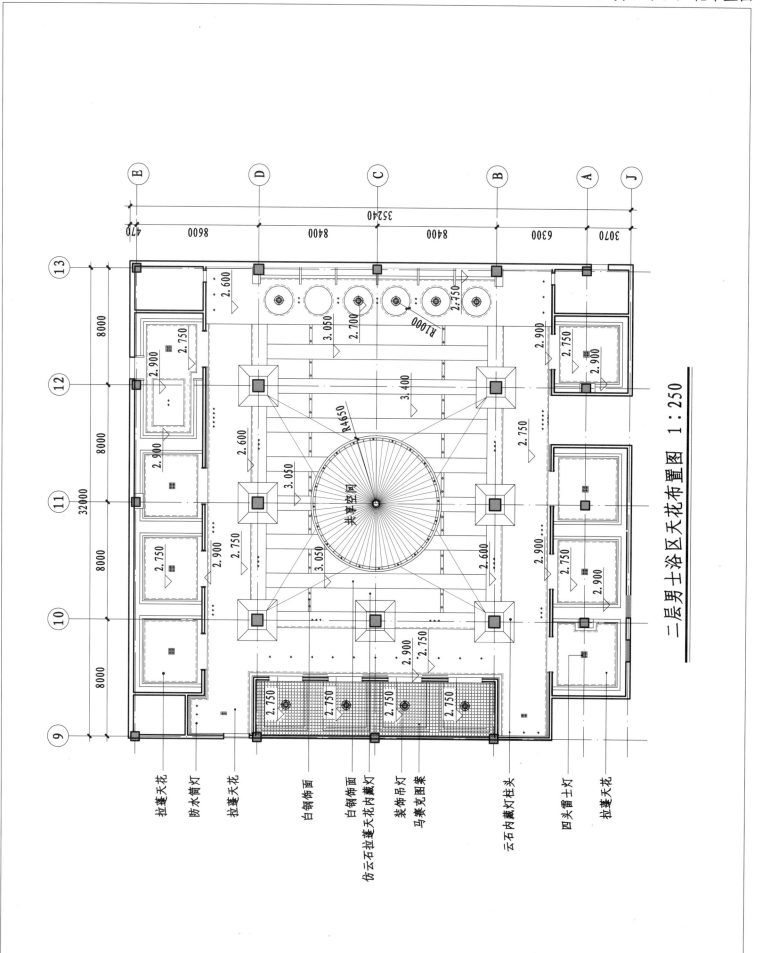

二层男士浴区天花布置图 1：250

拉蓬天花
防水筒灯
拉蓬天花
白钢饰面
白钢饰面
仿云石拉蓬天花内藏灯
装饰吊灯
马赛克图案
云石内藏灯柱头
四头雷士灯
拉蓬天花

二层男士浴区A立面图

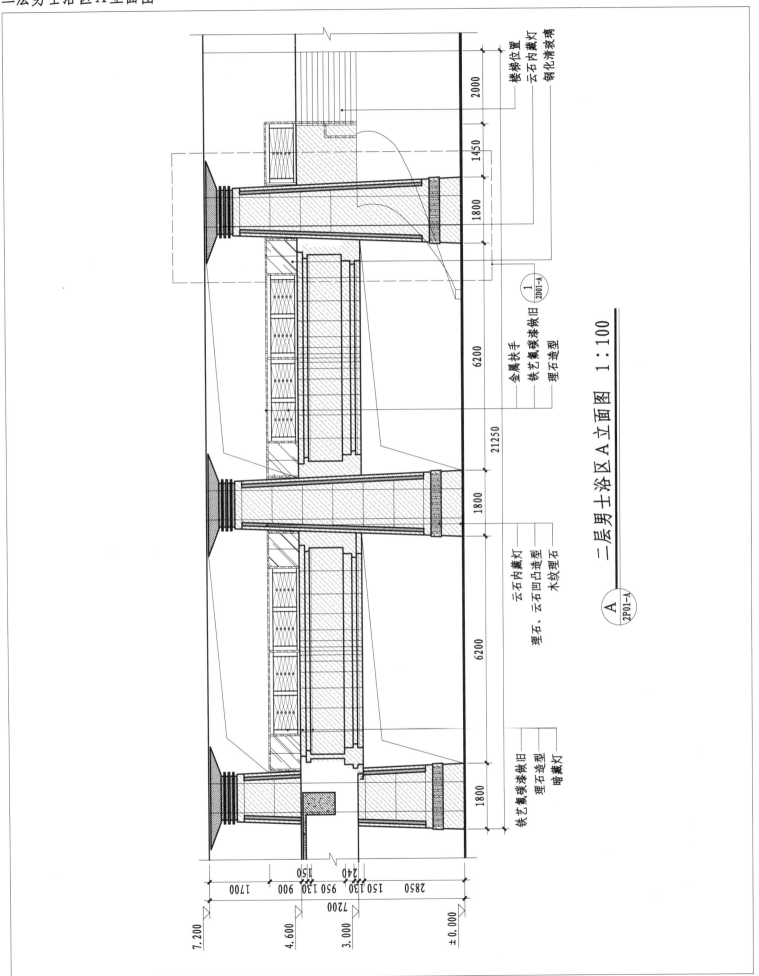

二层男士浴区A立面图 1：100

A 2P01-A

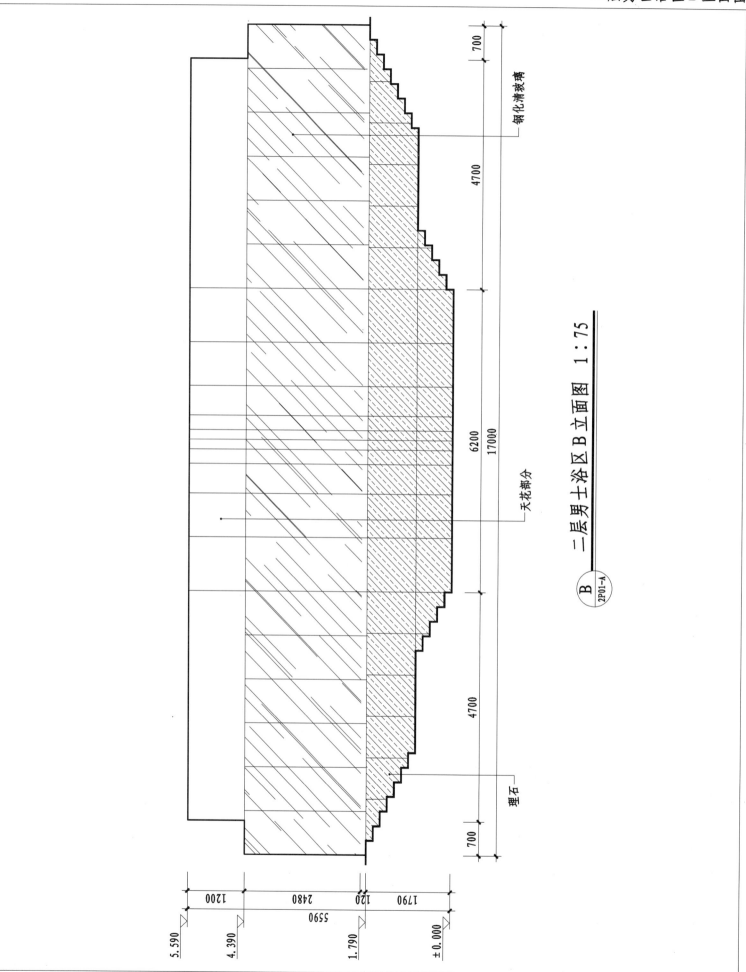

二层男士浴区B立面图 1：75

B
2P01-A

钢化清玻璃

天花部分

理石

二层男士浴区C立面图

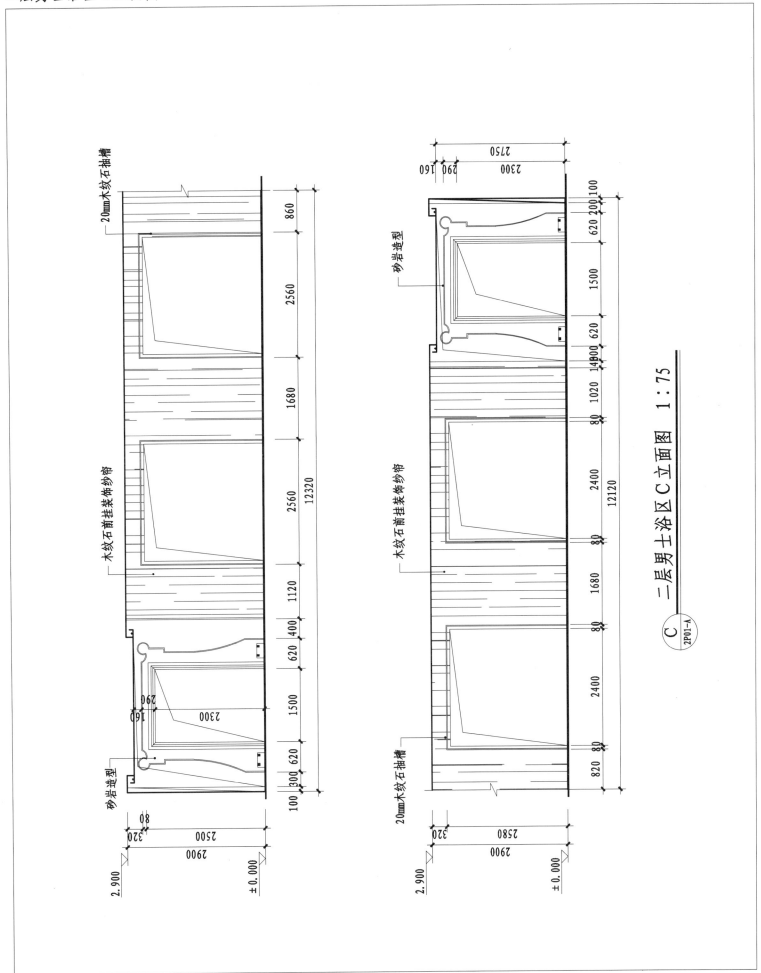

二层男士浴区C立面图 1:75

C
2P01-A

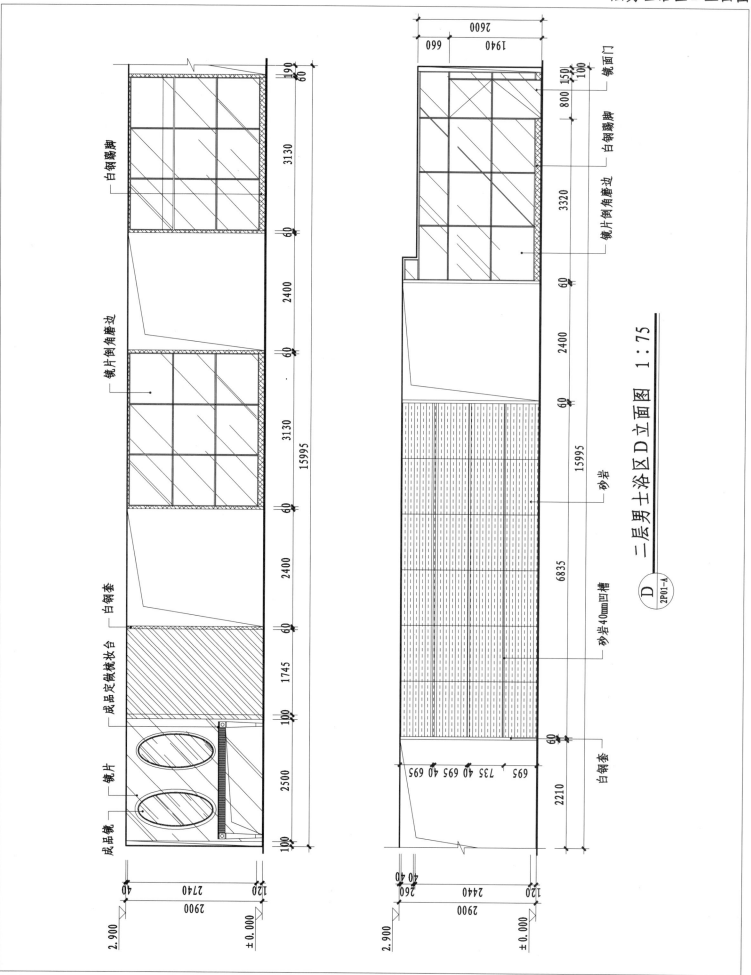

二层男士浴区D立面图 1:75

$\dfrac{D}{2P01-A}$

二层男士浴区E、F立面图

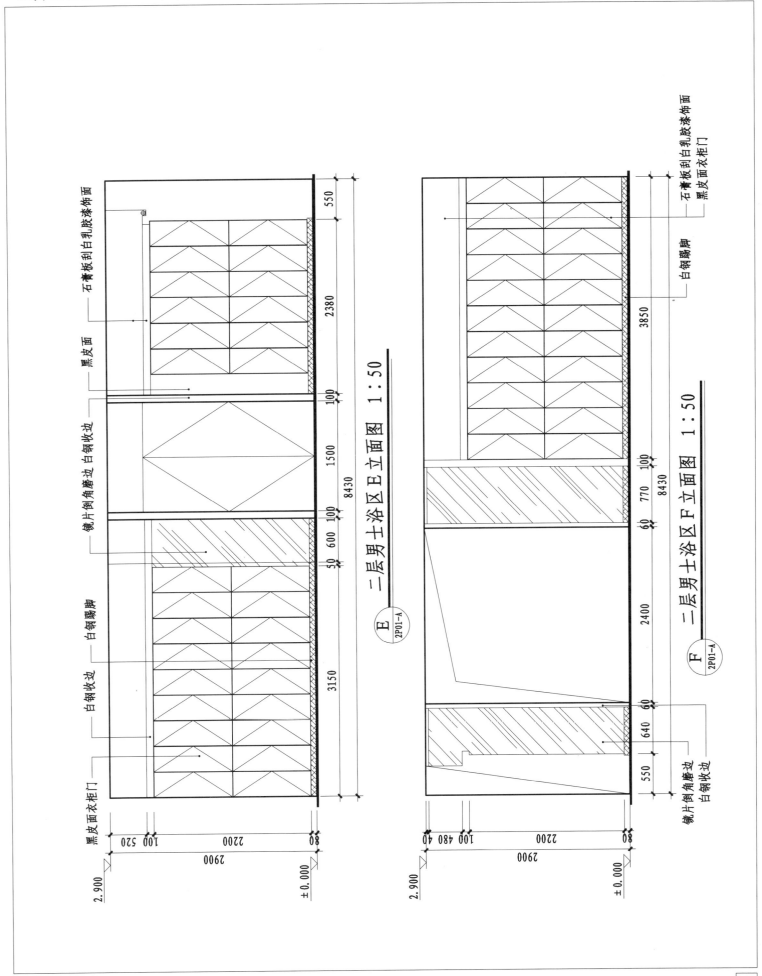

二层男士浴区E立面图 1:50

E
2P01-A

二层男士浴区F立面图 1:50

F
2P01-A

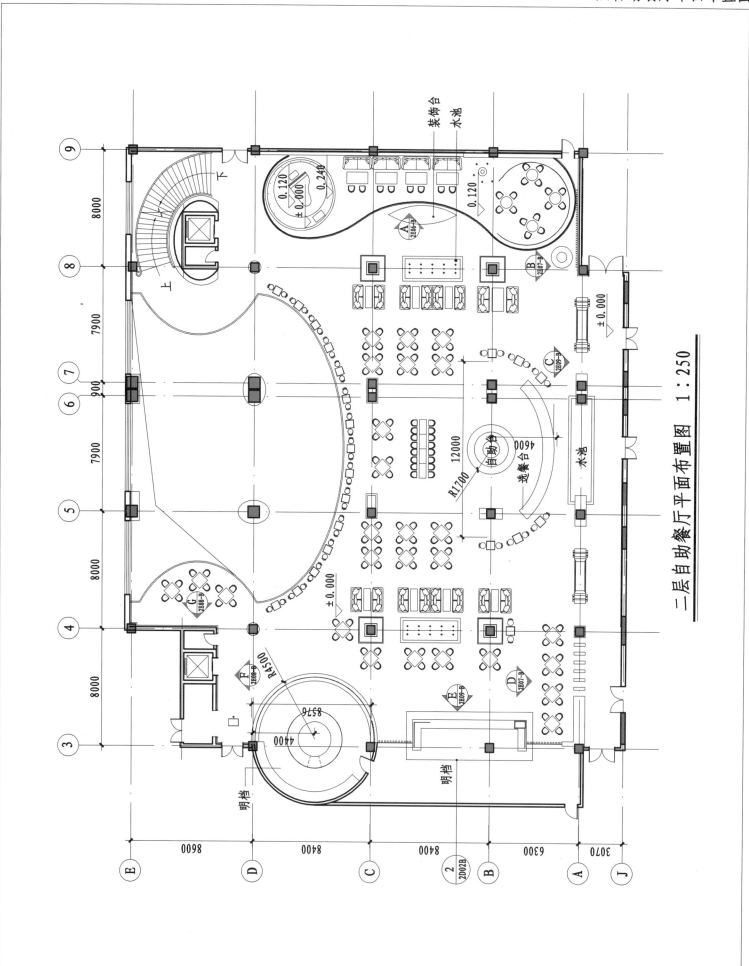

二层自助餐厅平面布置图 1：250

二层自助餐厅天花布置图

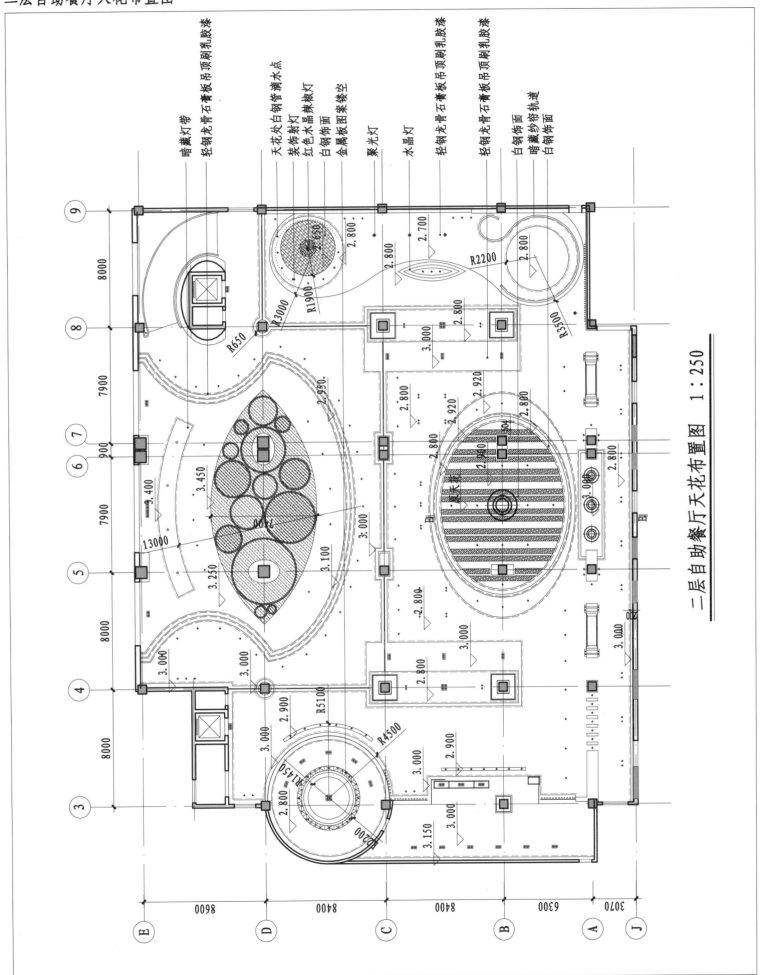

二层自助餐厅天花布置图　1:250

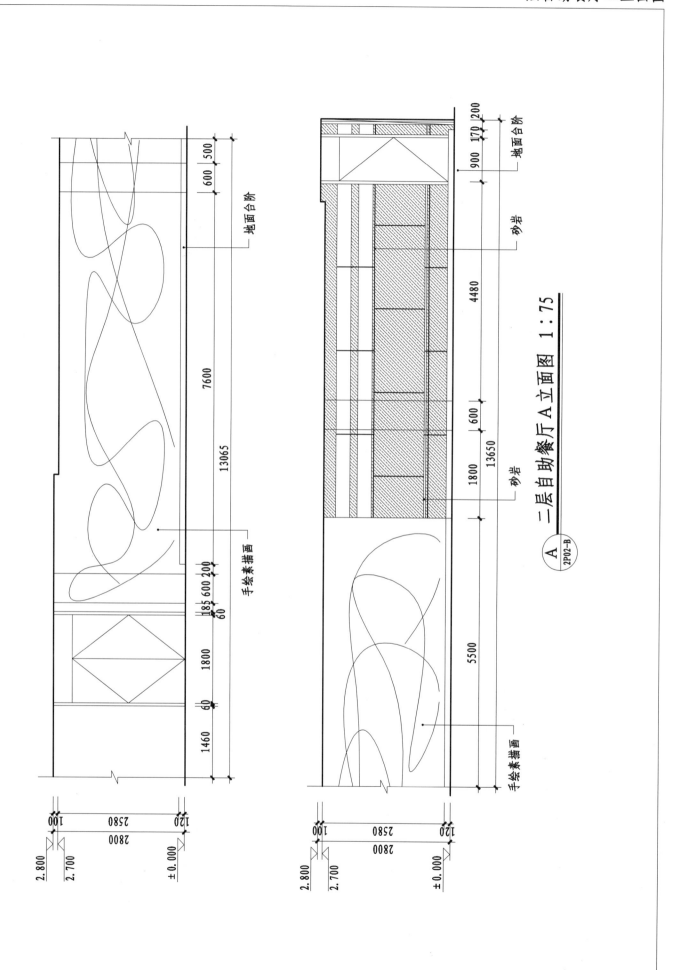

二层自助餐厅A立面图 1:75

A
2P02-B

地面台阶

砂岩

砂岩

手绘素描画

手绘素描画

地面台阶

二层自助餐厅 B、D 立面图

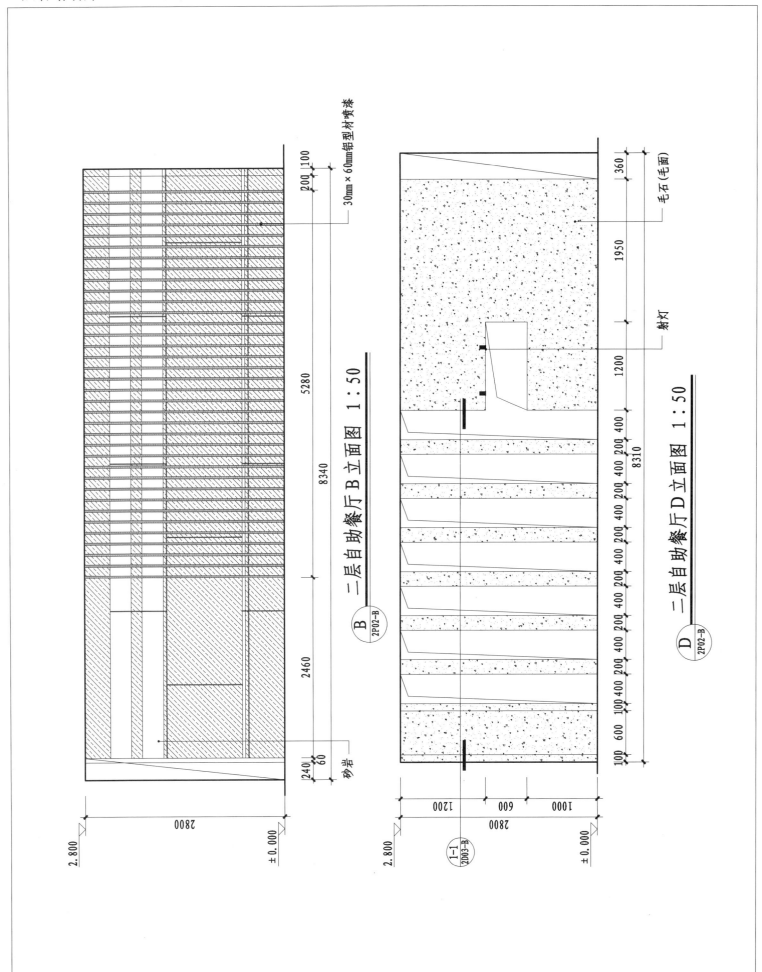

30mm×60mm铝型材喷漆

200 100

5280

8340

2460

砂岩

240 60

2800

2.800

±0.000

二层自助餐厅 B 立面图 1:50

B
2P02-B

毛石（毛面）

360

1950

射灯

1200

200 400 200 400 200 400 200 400 200 400 100 400 100 600

8310

二层自助餐厅 D 立面图 1:50

D
2P02-B

1200 600 1000

2800

2.800

±0.000

1—1
2D03-B

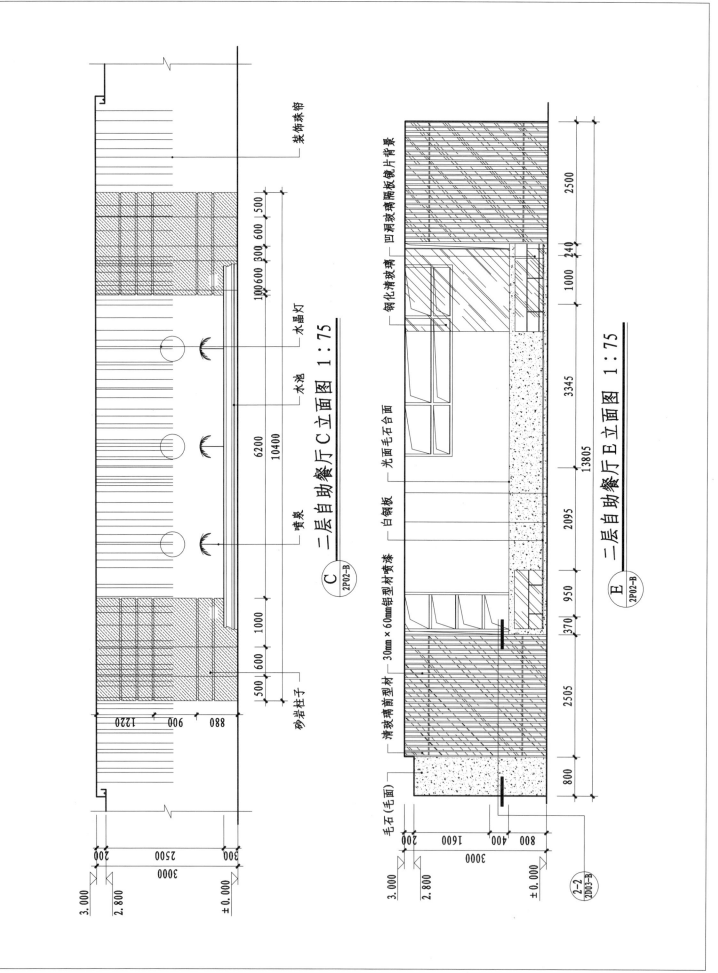

二层自助餐厅C立面图 1:75

$\dfrac{C}{2P02\text{-}B}$

二层自助餐厅E立面图 1:75

$\dfrac{E}{2P02\text{-}B}$

二层自助餐厅F、G立面图

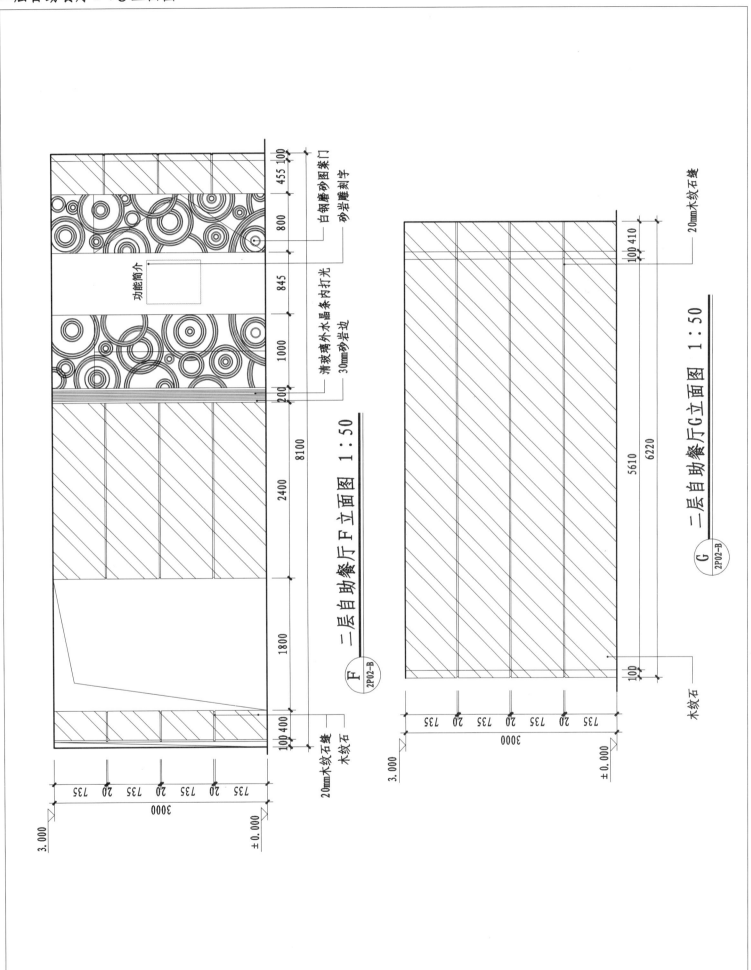

二层自助餐厅F立面图 1：50

二层自助餐厅G立面图 1：50

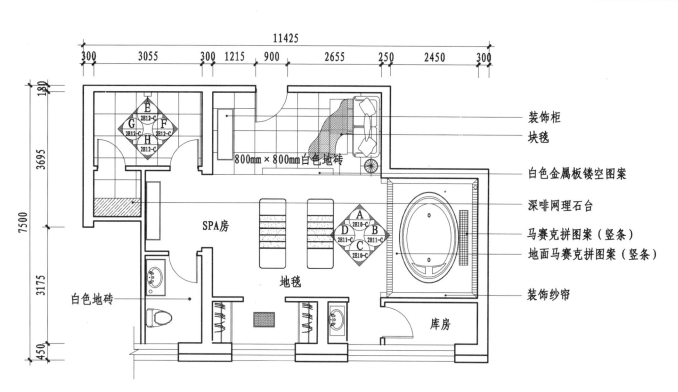

二层SPA房平面布置图　1：100

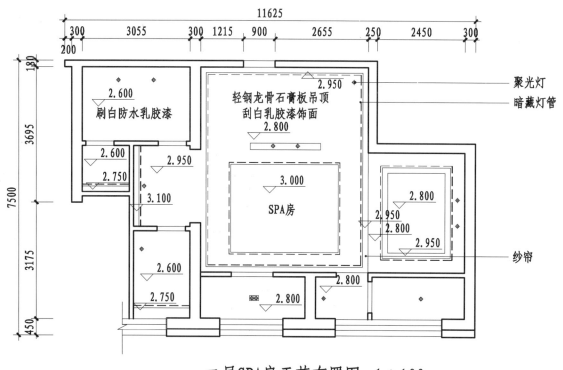

二层SPA房天花布置图　1：100

二层SPA房A、C立面图

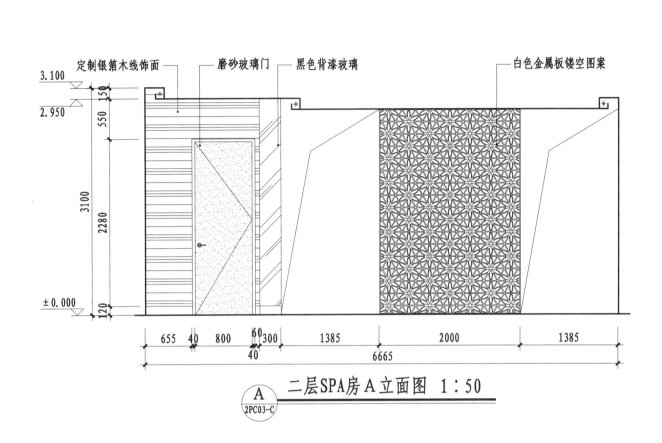

定制银箔木线饰面　　　磨砂玻璃门　　黑色背漆玻璃　　　　　　　　　　白色金属板镂空图案

3.100
150
2.950
550
3100
2280
± 0.000
120

655　40　800　60 300　　1385　　　　2000　　　　1385
40
6665

Ⓐ 二层SPA房A立面图　1：50
2PC03-C

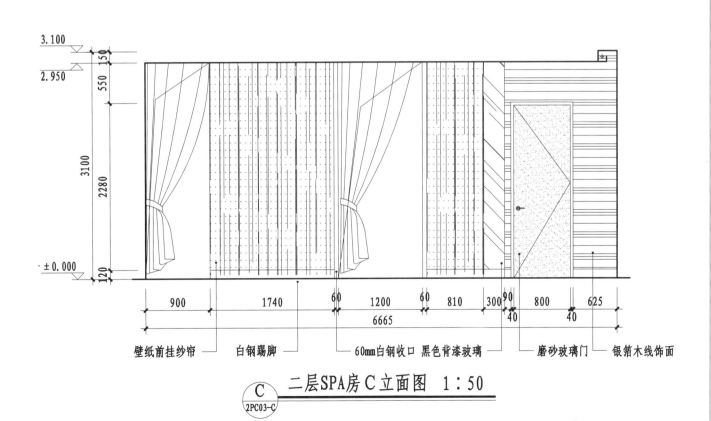

3.100
150
2.950
550
3100
2280
± 0.000
120

900　　　1740　　60　　1200　　60　810　　300 90　800　　625
6665　　　　　　　　　　40　　40

壁纸前挂纱帘　　白钢踢脚　　　　60mm白钢收口 黑色背漆玻璃　　磨砂玻璃门　银箔木线饰面

Ⓒ 二层SPA房C立面图　1：50
2PC03-C

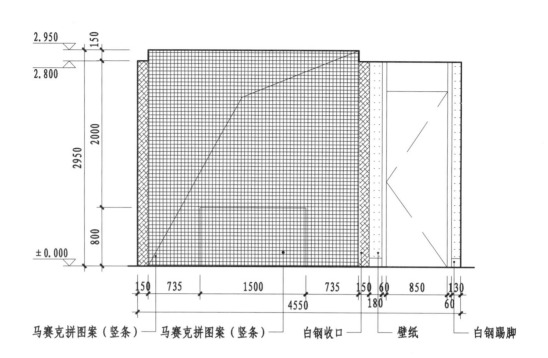

马赛克拼图案（竖条）　马赛克拼图案（竖条）　白钢收口　壁纸　白钢踢脚

Ⓑ 二层SPA房 B 立面图　1:50
2PC03-C

镜片　定制成品下水柜　黑色背漆玻璃　白钢踢脚　定制银箔木线饰面

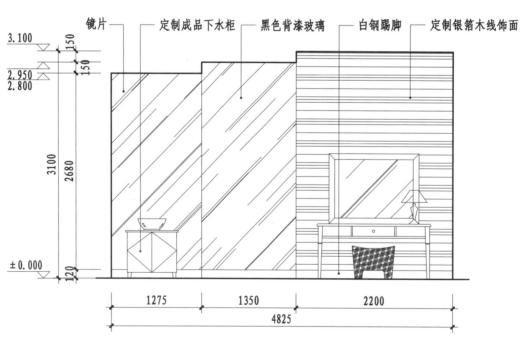

Ⓓ 二层SPA房 D 立面图　1:50
2PC03-C

二层SPA房E、F、G、H立面图

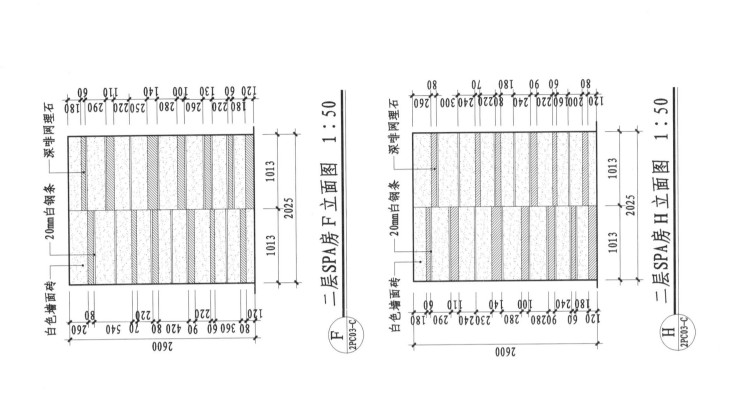

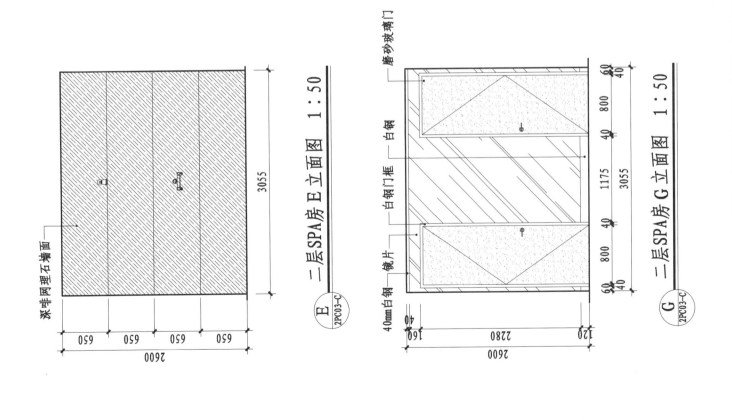

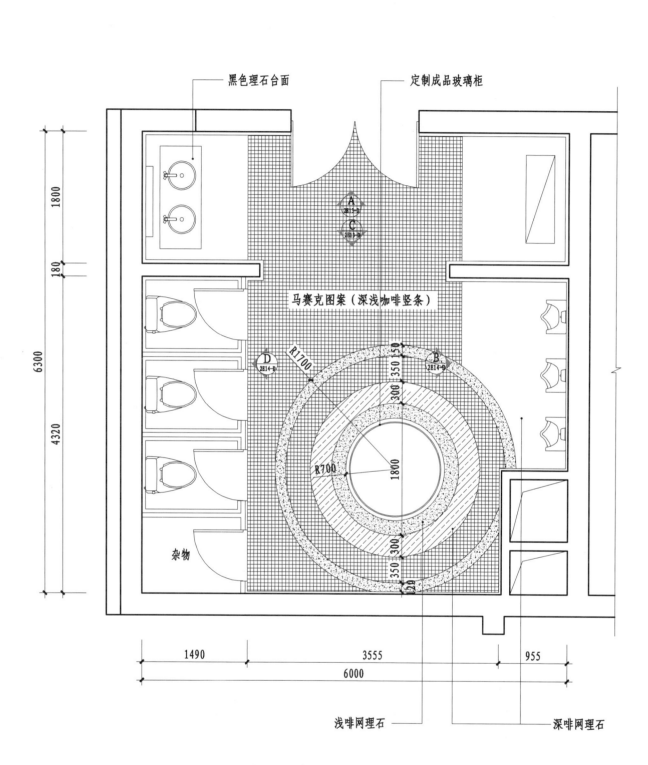

黑色理石台面

定制成品玻璃柜

马赛克图案（深浅咖啡竖条）

杂物

浅啡网理石

深啡网理石

二、三层男公共卫生间平面布置图 1：50

二、三层男公共卫生间天花布置图

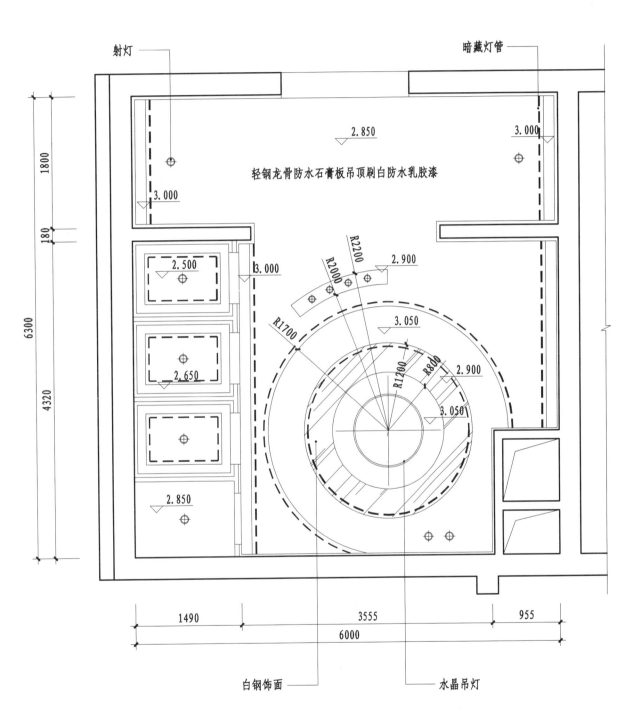

射灯

暗藏灯管

2.850

3.000

轻钢龙骨防水石膏板吊顶刷白防水乳胶漆

3.000

2.500

3.000

R2200

2.900

R2000

2.650

R1700

3.050

R1200 R800 2.900

2.850

3.050

1490   3555   955

6000

白钢饰面

水晶吊灯

二、三层男公共卫生间天花布置图 1：50

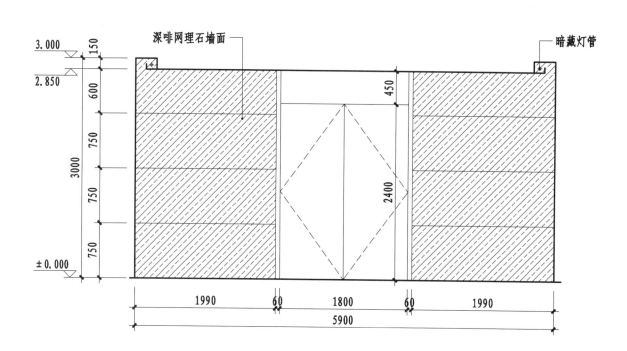

深啡网理石墙面　　暗藏灯管

A　二、三层男公共卫生间A立面图　1：50
2P04-D

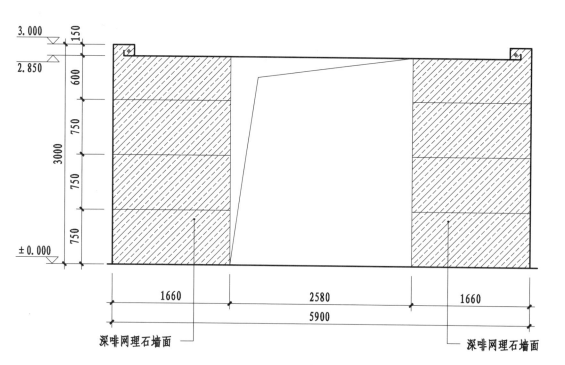

深啡网理石墙面　　深啡网理石墙面

C　二、三层男公共卫生间C立面图　1：50
2P04-D

二、三层男公共卫生间 B、D 立面图

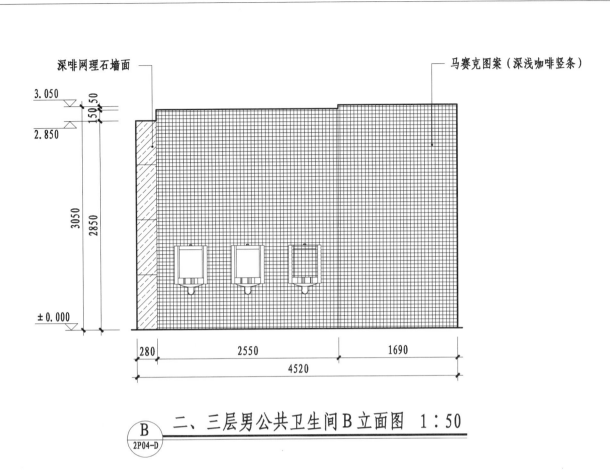

深啡网理石墙面   马赛克图案（深浅咖啡竖条）

3.050
150 50
2.850
3050 2850
±0.000

280   2550   1690
4520

B
2P04-D
二、三层男公共卫生间 B 立面图   1：50

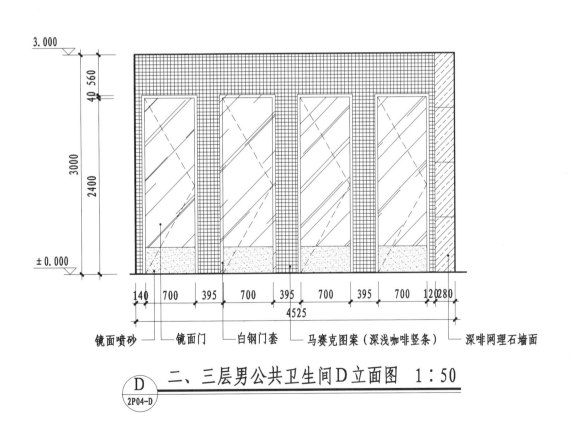

3.000
40 560
3000 2400
±0.000

140 700 395 700 395 700 395 700 120 280
4525

镜面喷砂   镜面门   白钢门套   马赛克图案（深浅咖啡竖条）   深啡网理石墙面

D
2P04-D
二、三层男公共卫生间 D 立面图   1：50

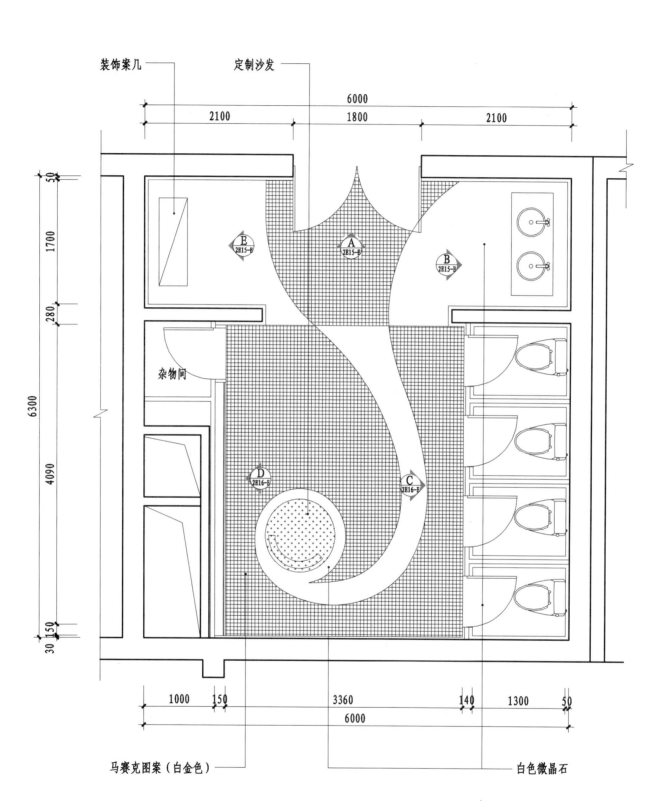

装饰案几　　定制沙发

杂物间

马赛克图案（白金色）　　白色微晶石

二、三层女公共卫生间平面布置图　1：50

二、三层女公共卫生间天花布置图

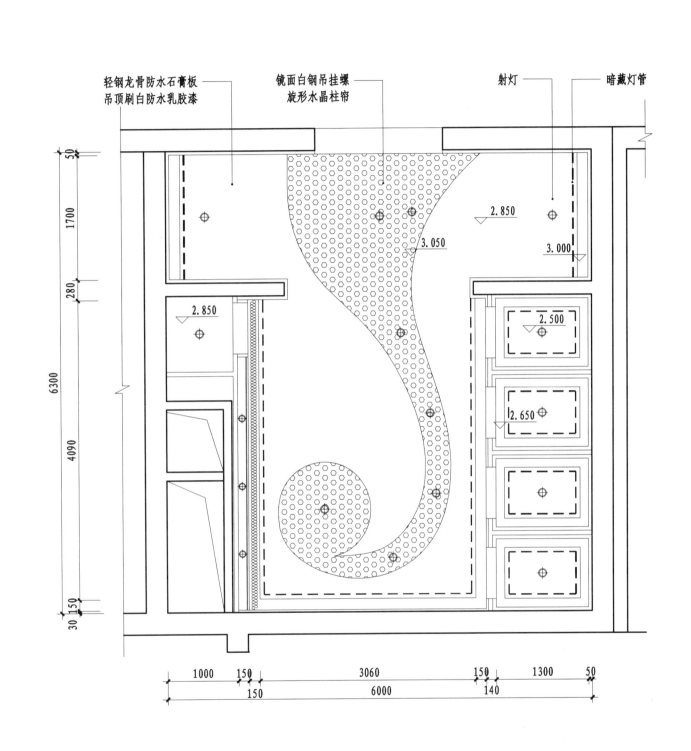

二、三层女公共卫生间天花布置图 1：50

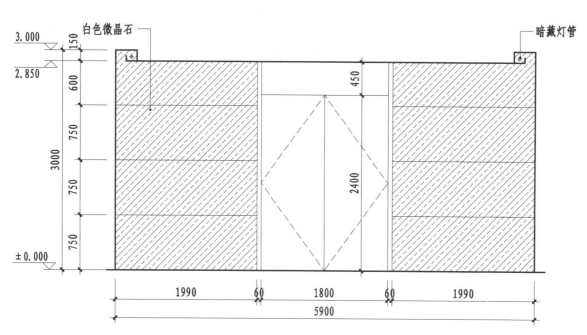

白色微晶石　　暗藏灯管

二、三层女公共卫生间A立面图　1:50

Ⓐ 2P05-E

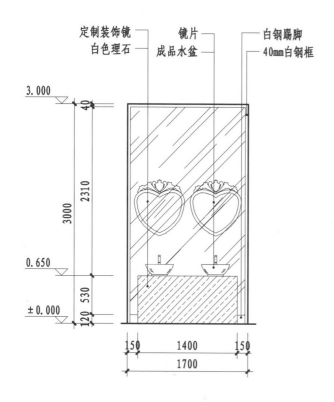

定制装饰镜　镜片　白钢踢脚
白色理石　成品水盆　40mm白钢框

二、三层女公共卫生间B立面图　1:50

Ⓑ 2P05-E

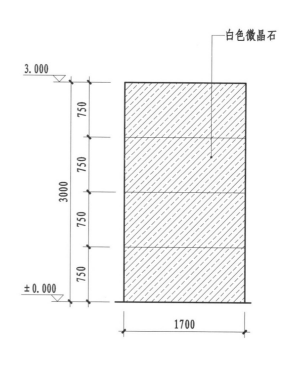

白色微晶石

二、三层女公共卫生间E立面图　1:50

Ⓔ 2P05-E

二、三层女公共卫生间C、D立面图

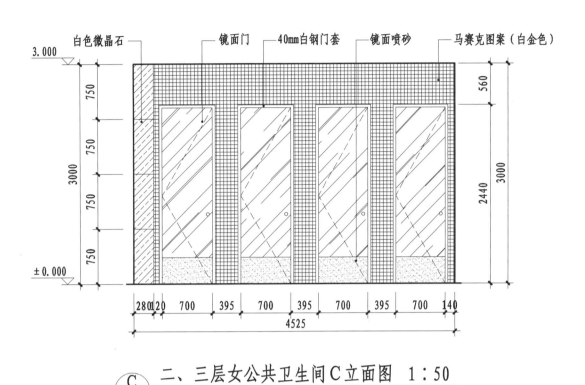

白色微晶石　　镜面门　　40mm白钢门套　　镜面喷砂　　马赛克图案（白金色）

C二、三层女公共卫生间C立面图　1：50
2P05-E

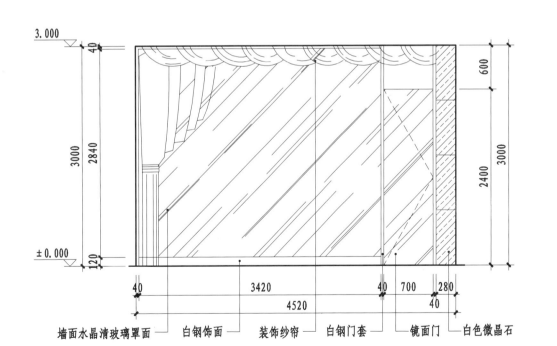

墙面水晶清玻璃罩面　　白钢饰面　　装饰纱帘　　白钢门套　　镜面门　　白色微晶石

D二、三层女公共卫生间D立面图　1：50
2P05-E

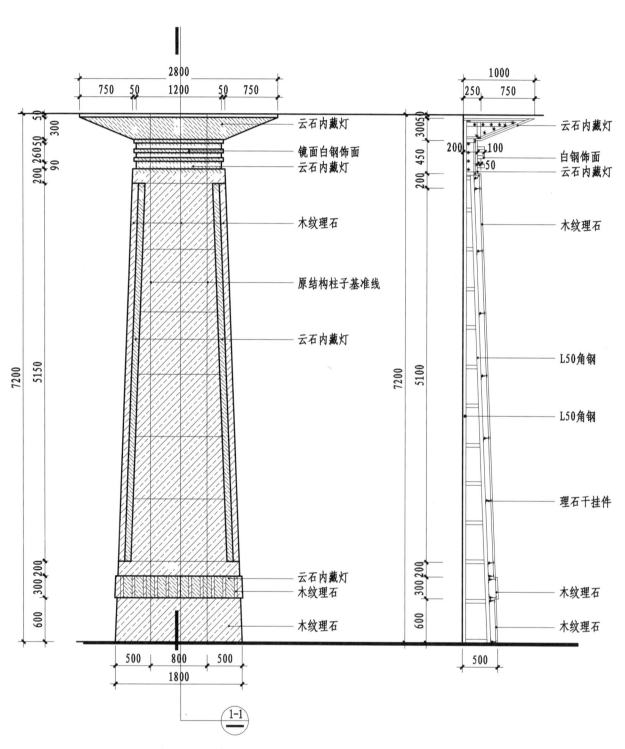

2800
750　50　1200　50　750
云石内藏灯
镜面白钢饰面
云石内藏灯
木纹理石
原结构柱子基准线
云石内藏灯
云石内藏灯
木纹理石
木纹理石

7200　5150　600

1000
250　750
3005 300
云石内藏灯
200　100　450
白钢饰面
50
云石内藏灯
木纹理石
L50角钢
L50角钢
理石干挂件
木纹理石
木纹理石

7200　5100　600

500　800　500
1800

500

1-1

1 2B01-A	二层男士浴区柱立面详图 1：50
1-1	二层男士浴区柱1-1剖面图 1：50

二层自助餐厅明档平面图，A、B立面图

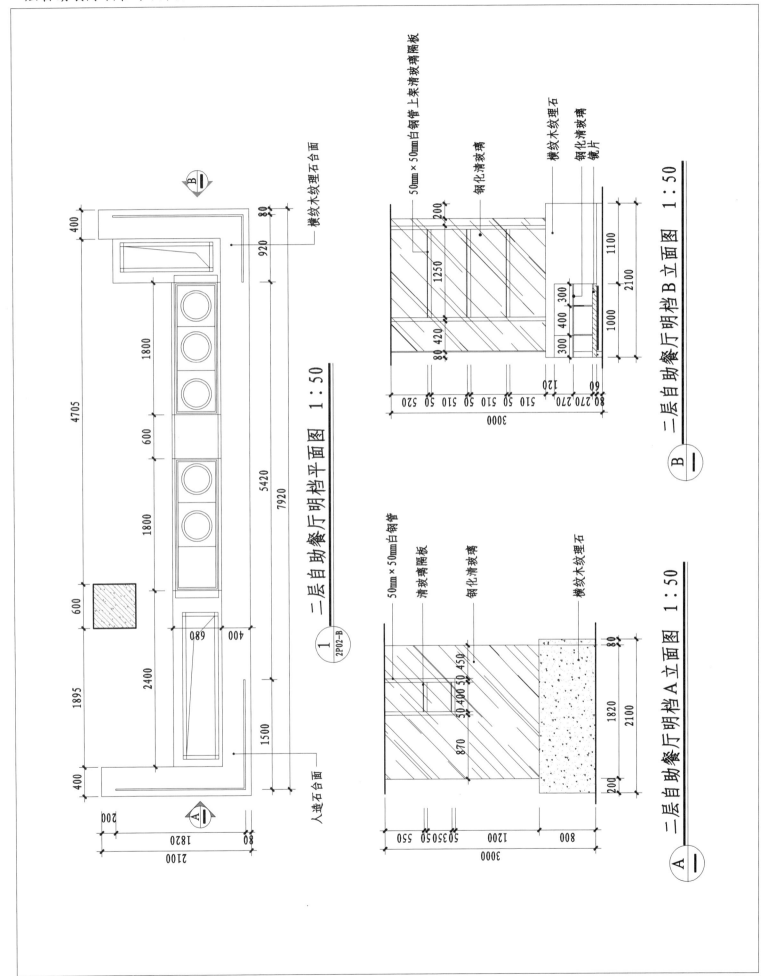

横纹木纹理石台面

二层自助餐厅明档平面图 1:50

1
2P02-B

人造石台面

50mm×50mm白钢管上架清玻璃隔板

钢化清玻璃

横纹木纹理石

钢化清玻璃
镜片

二层自助餐厅明档B立面图 1:50

B

50mm×50mm白钢管

清玻璃隔板

钢化清玻璃

横纹木纹理石

二层自助餐厅明档A立面图 1:50

A

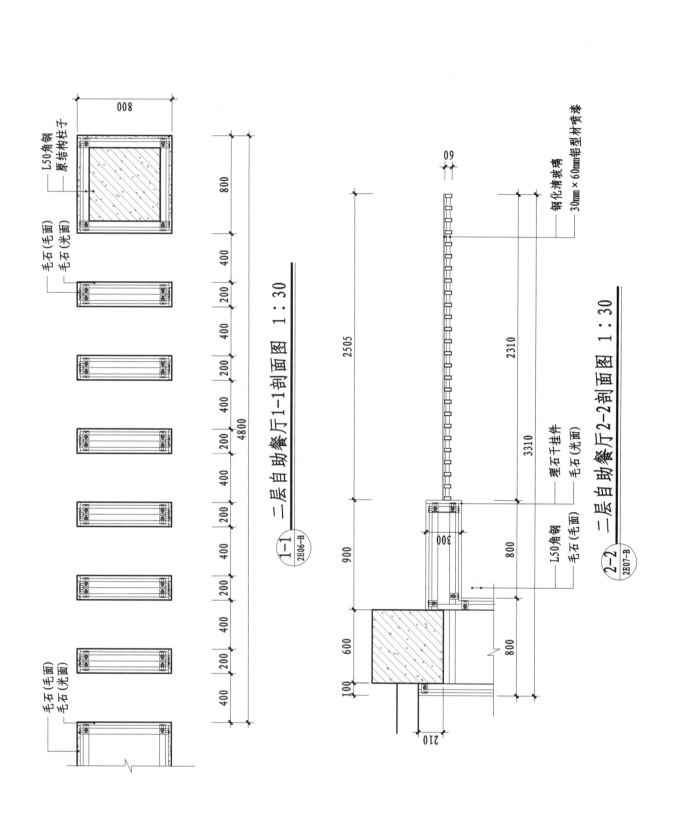

二层自助餐厅1-1剖面图　1：30

二层自助餐厅2-2剖面图　1：30

三层休闲前厅平面布置图

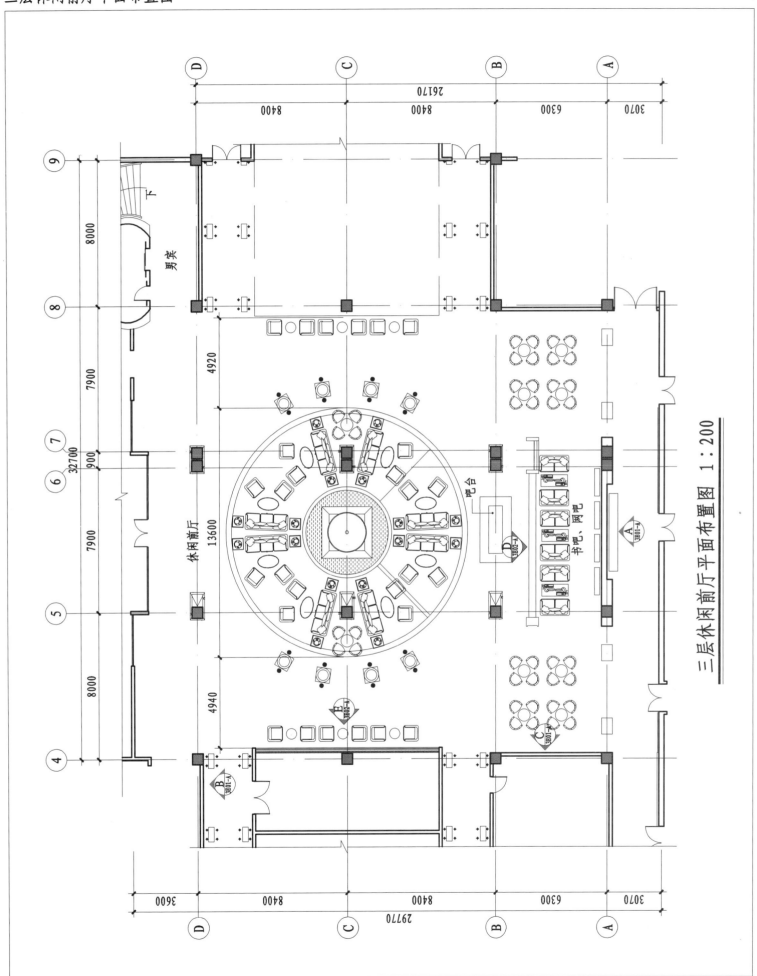

三层休闲前厅平面布置图 1:200

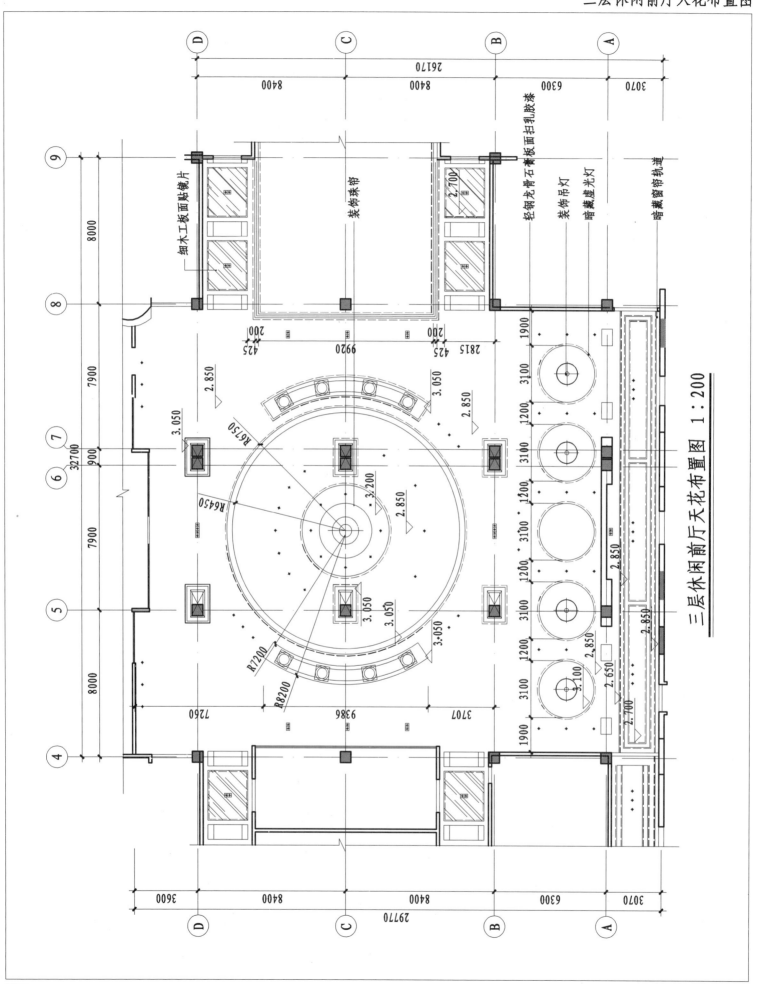

细木工板面贴镜片

装饰珠帘

轻钢龙骨石膏板面扫乳胶漆

装饰吊灯

暗藏虚光灯

暗藏窗帘轨道

三层休闲前厅天花布置图 1：200

三层休闲前厅A、B、C立面图

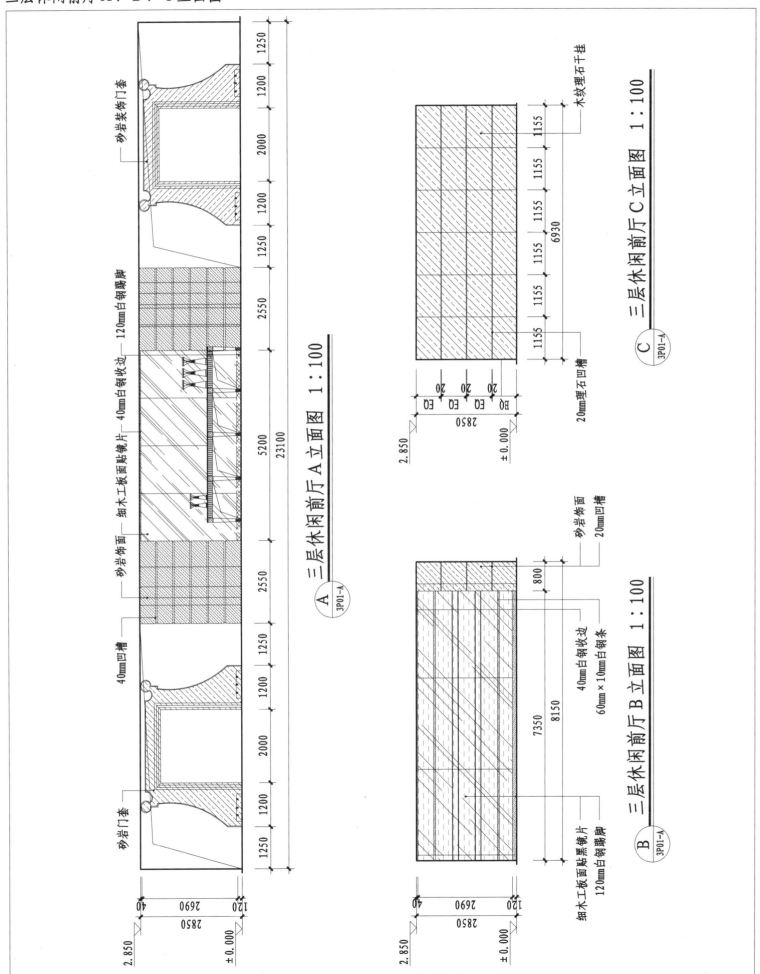

三层休闲前厅A立面图 1:100

三层休闲前厅B立面图 1:100

三层休闲前厅C立面图 1:100

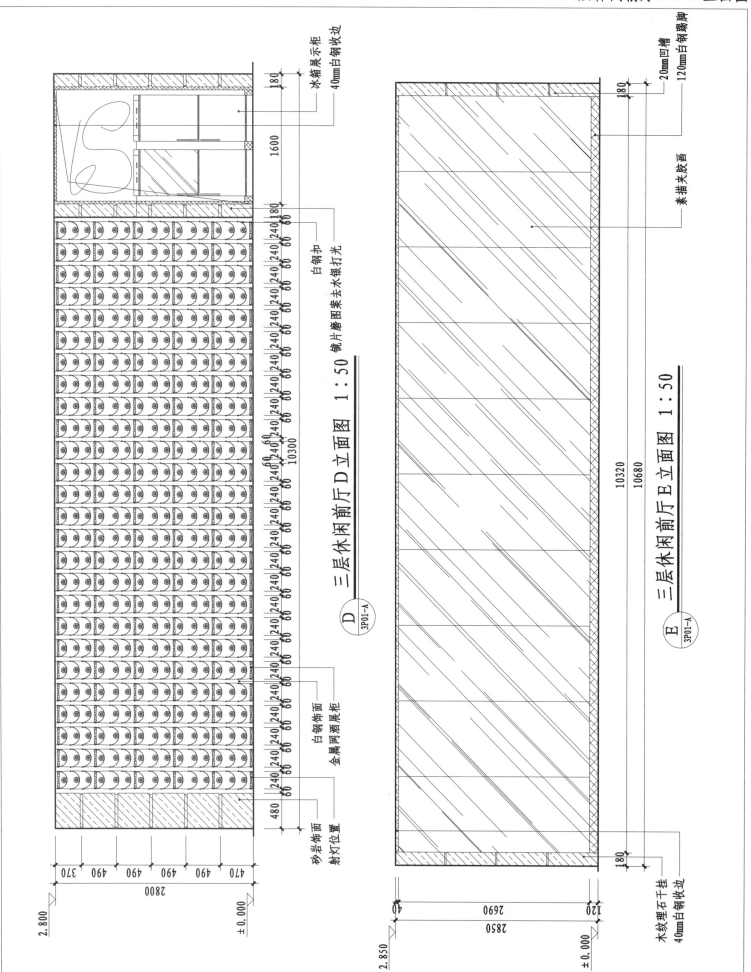

三层休闲前厅D立面图 1:50

D
3P01-A

三层休闲前厅E立面图 1:50

E
3P01-A

三层休息大厅平面布置图

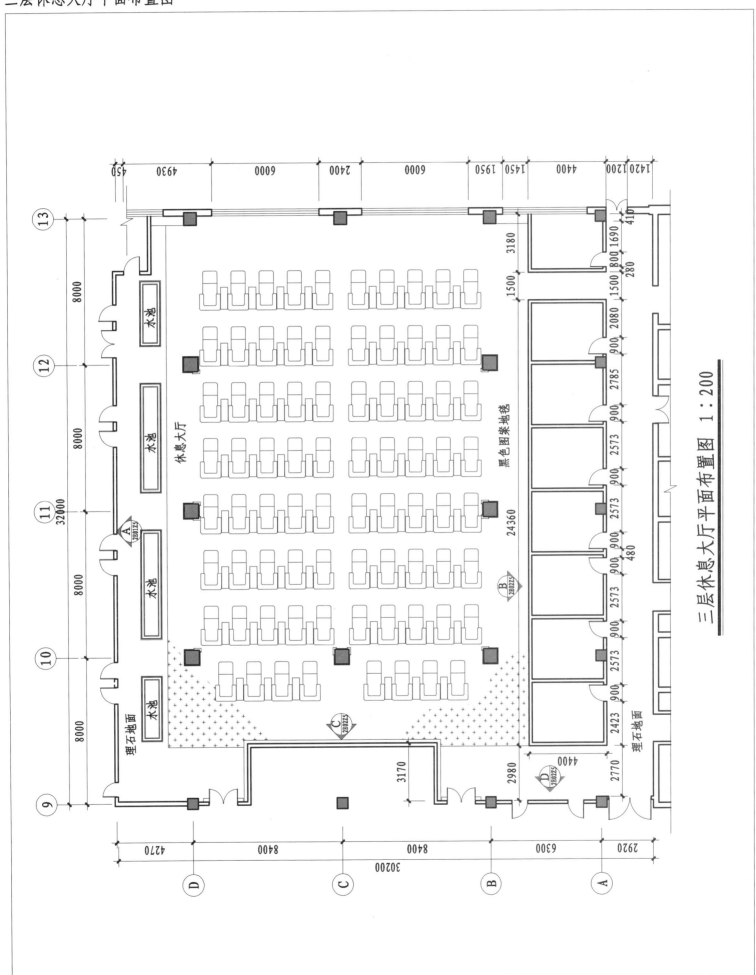

三层休息大厅平面布置图 1:200

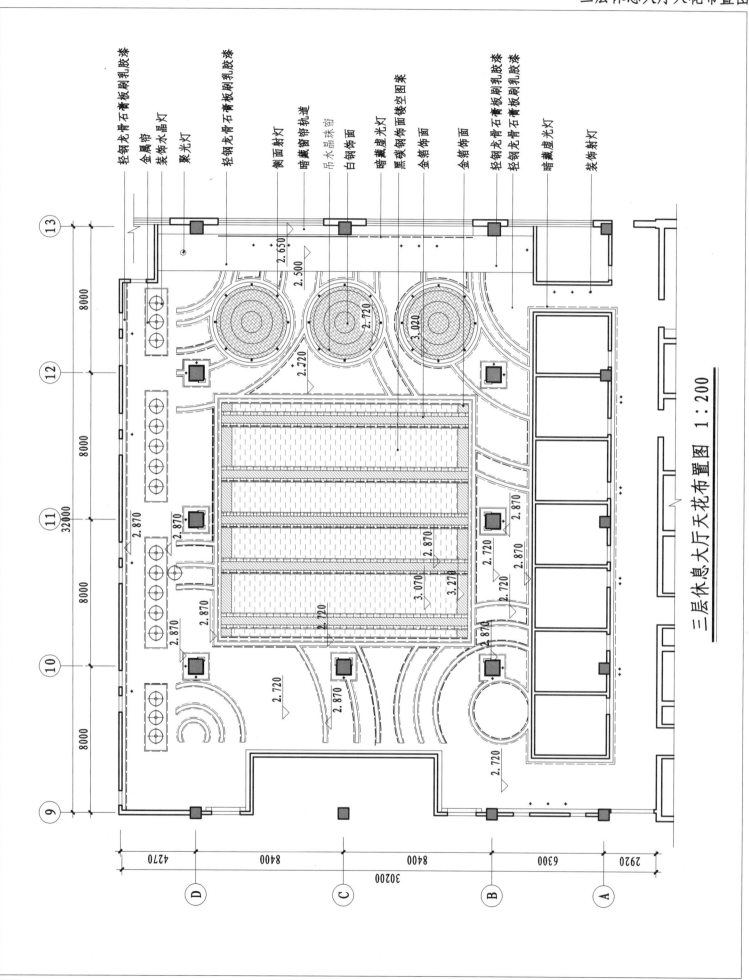

三层休息大厅天花布置图 1:200

三层休息大厅A立面图

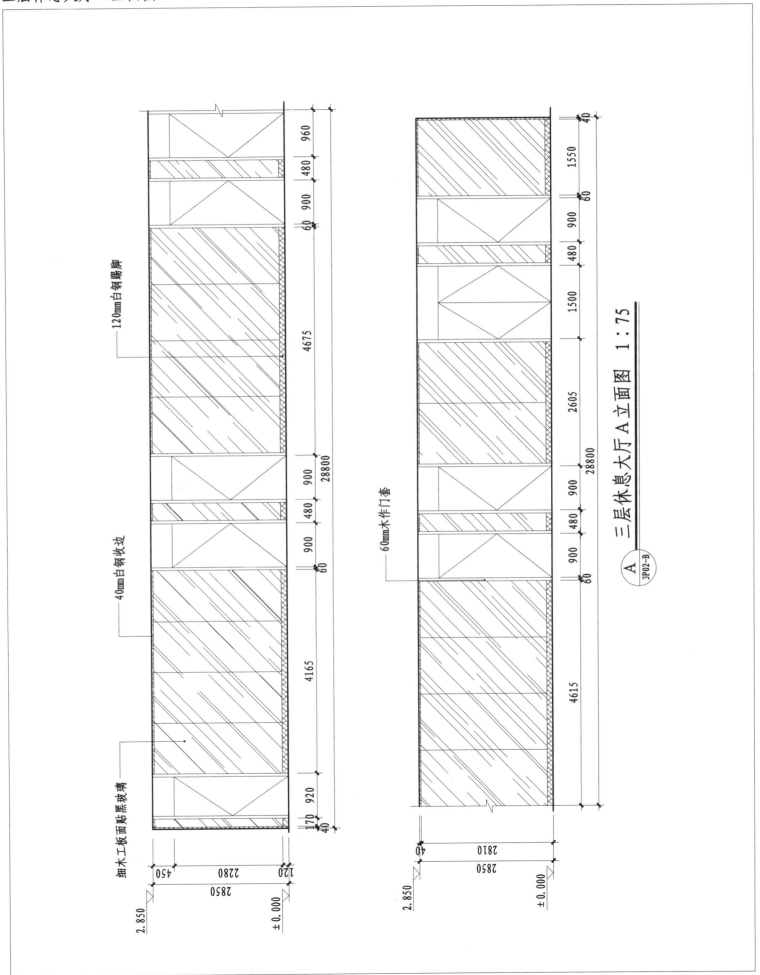

120mm白钢踢脚

40mm白钢收边

细木工板面贴黑玻璃

960

480

900

60

4675

28800

900

480

900

60

4165

920

170

40

450

2280

2850

120

±0.000

2.850

60mm木作门套

40

1550

60

900

480

1500

2605

28800

900

480

900

60

4615

2810

2850

40

±0.000

2.850

三层休息大厅A立面图 1 : 75

Ⓐ
3P02-B

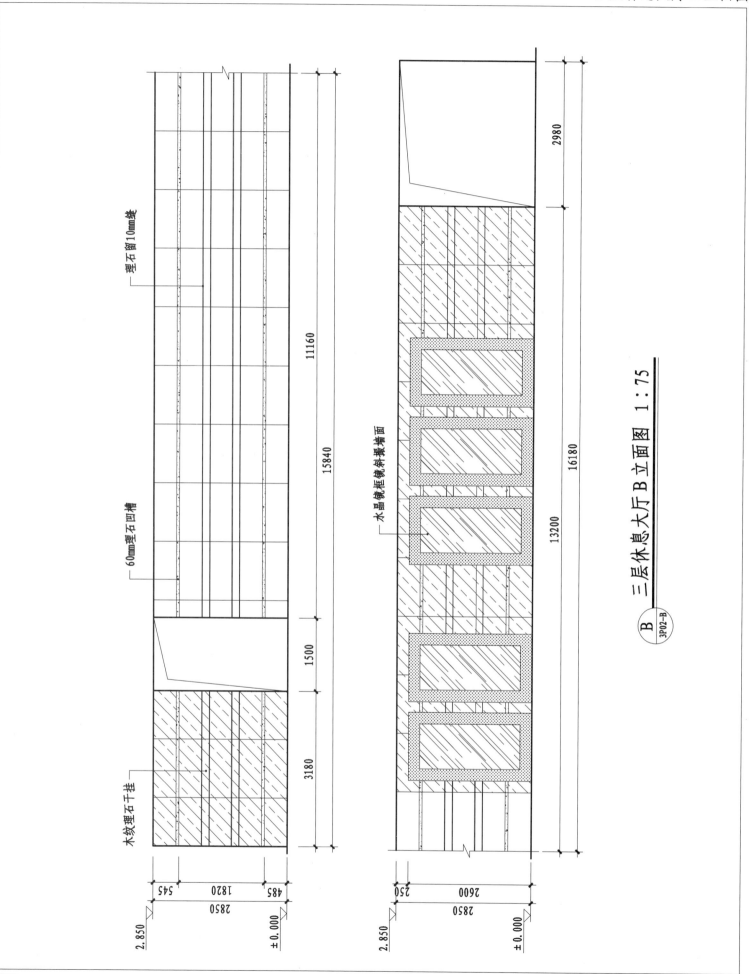

理石留10mm缝

60mm理石凹槽

水晶镜框镜斜嵌墙面

木纹理石干挂

11160

15840

1500

3180

2980

16180

13200

545

1820

485

2850

2.850

±0.000

250

2600

2850

2.850

±0.000

三层休息大厅 B 立面图 1 : 75

B
3P02-B

三层休息大厅C、D立面图

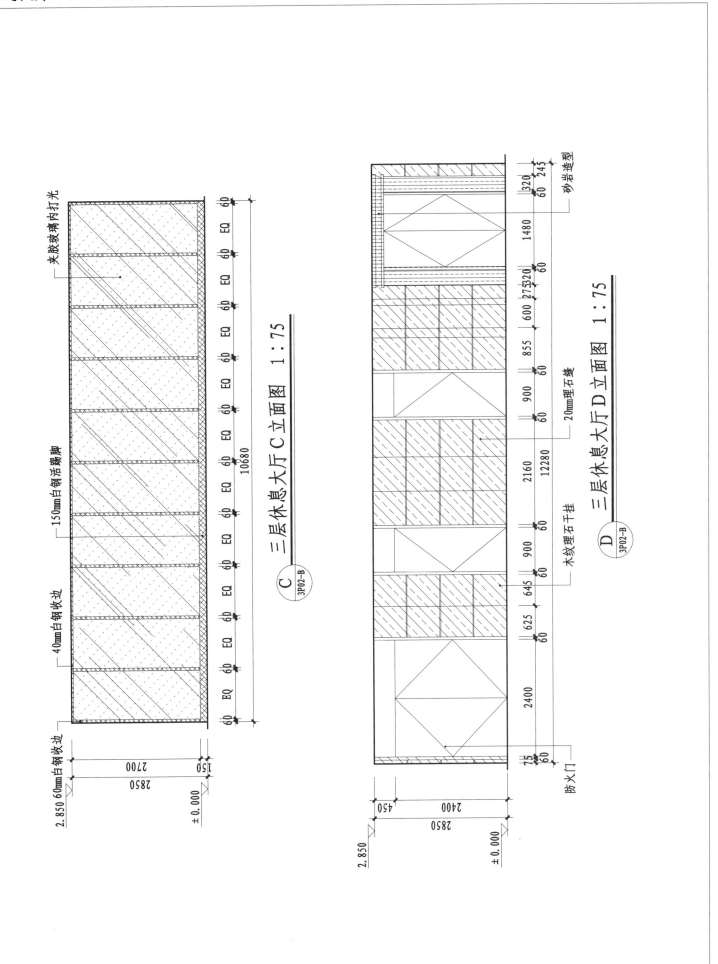

三层休息大厅C立面图 1:75

三层休息大厅D立面图 1:75

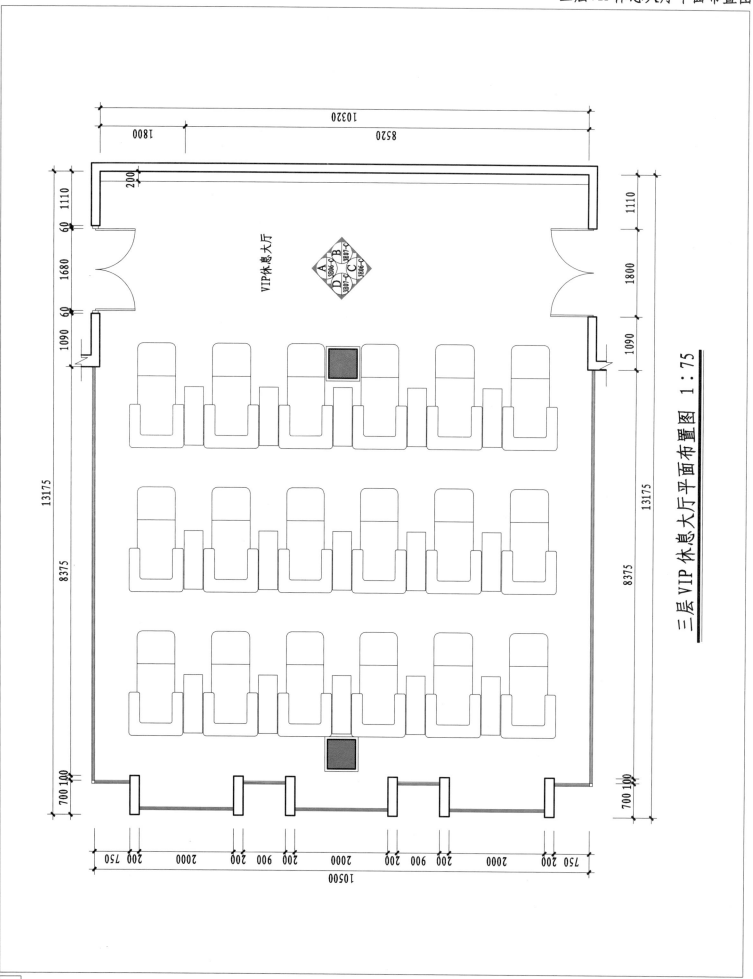

三层VIP休息大厅平面布置图 1:75

三层VIP休息大厅天花布置图

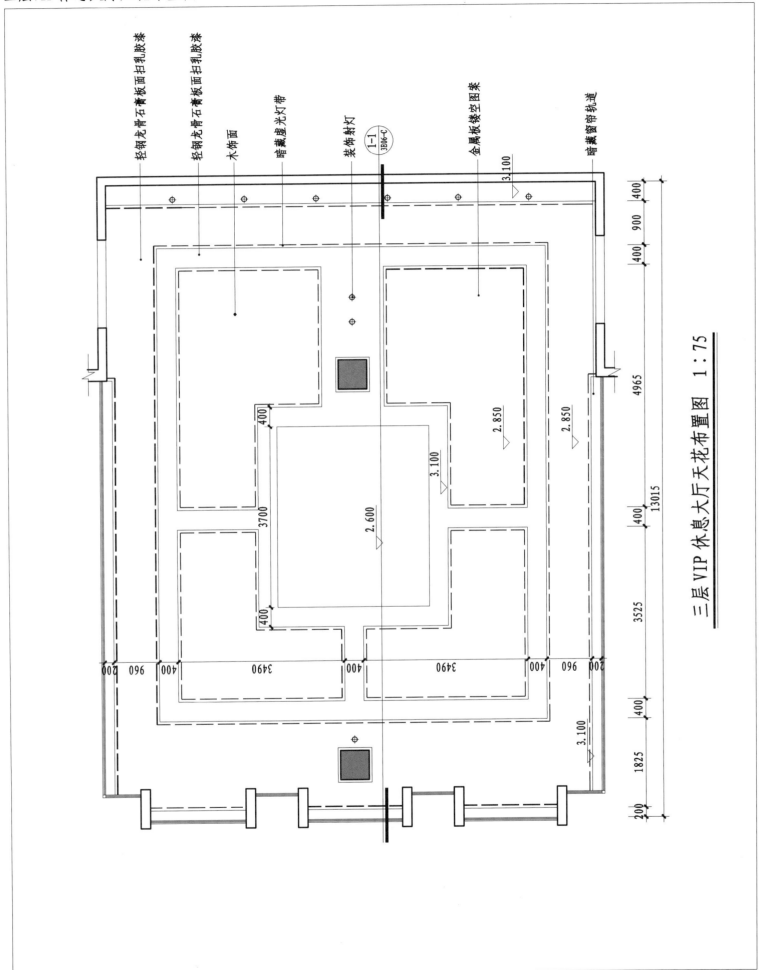

轻钢龙骨石膏板面扫乳胶漆
轻钢龙骨石膏板面扫乳胶漆
木饰面
暗藏整光灯带
装饰射灯
1-1
3B06-C
金属板镂空图案
暗藏窗帘轨道

三层VIP休息大厅天花布置图 1:75

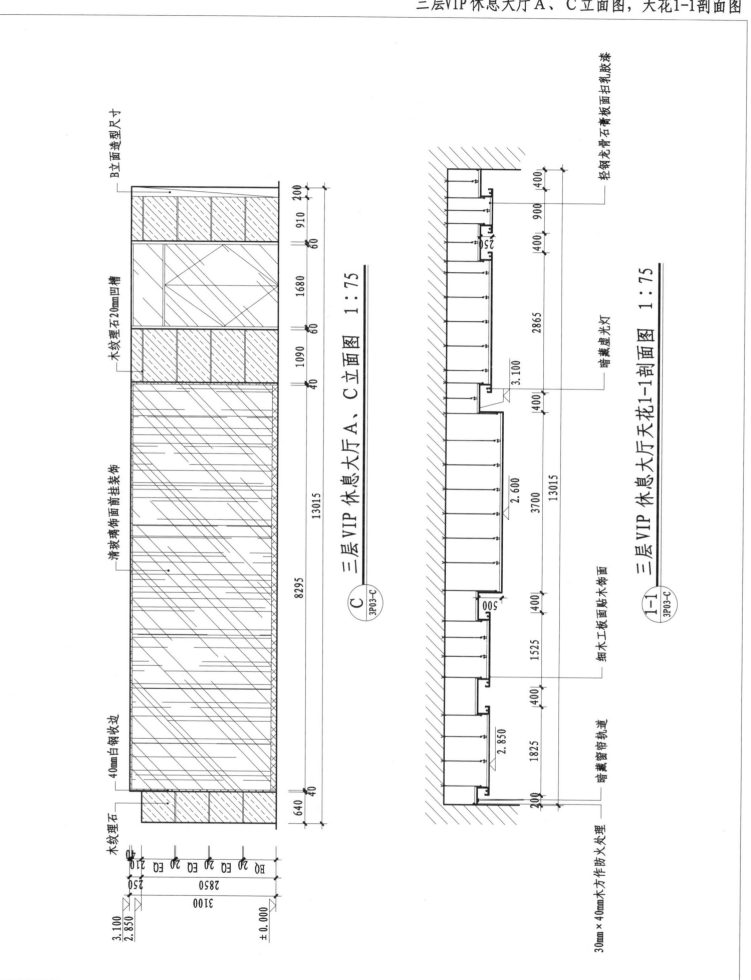

三层VIP休息大厅A、C立面图 1：75

三层VIP休息大厅天花1-1剖面图 1：75

三层VIP休息大厅B、D立面图

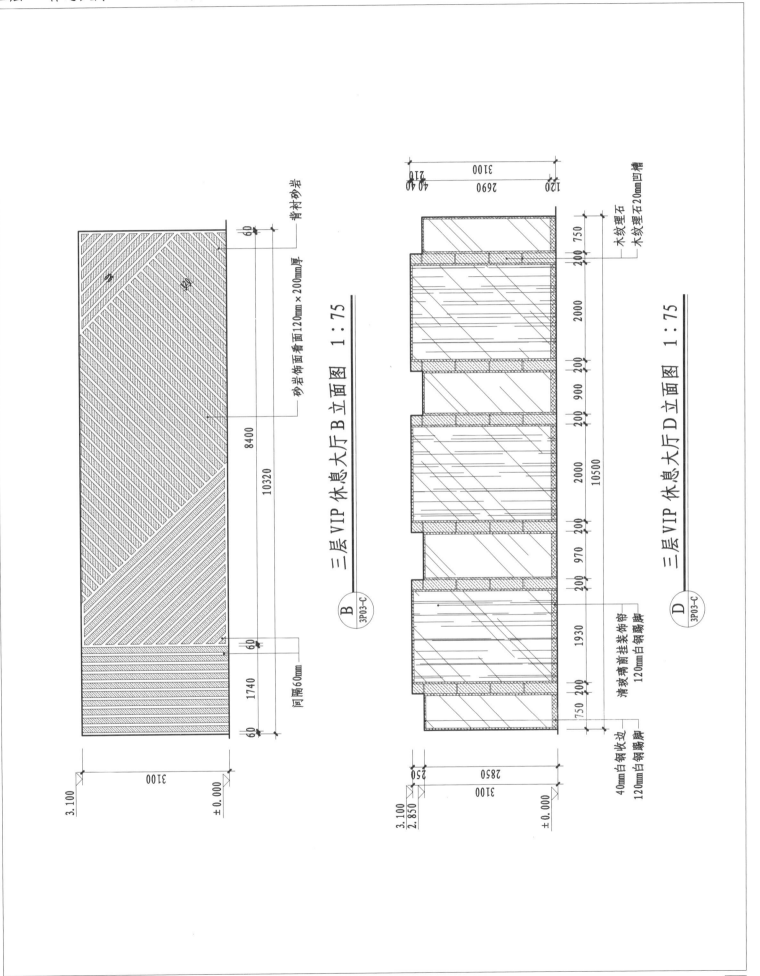

三层VIP休息大厅B立面图 1：75

三层VIP休息大厅D立面图 1：75

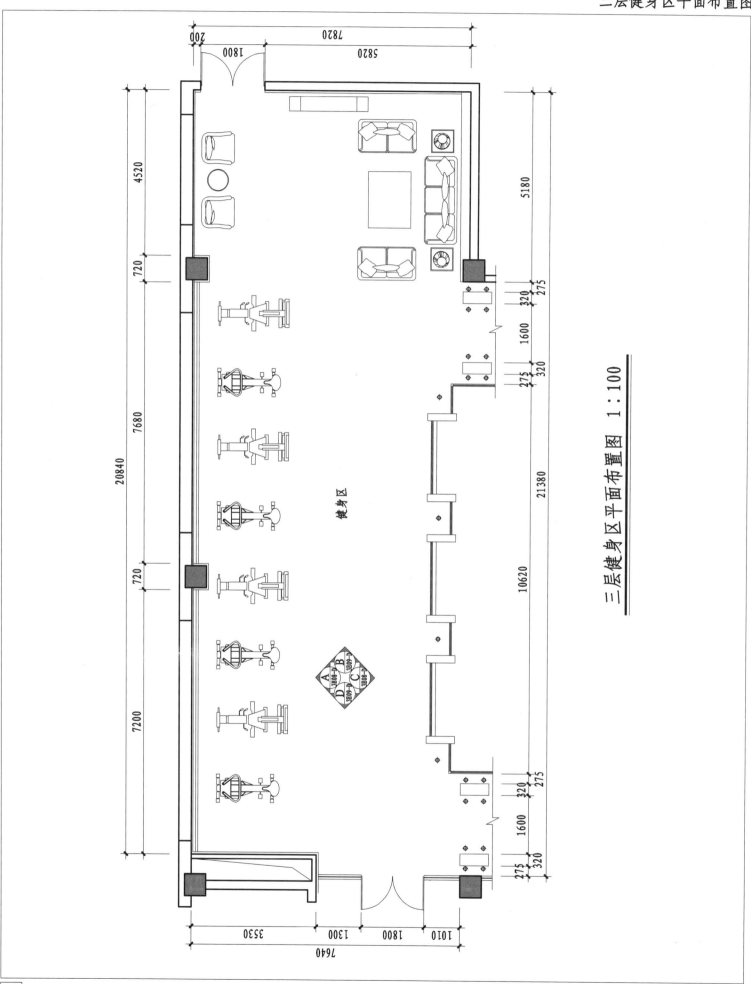

三层健身区平面布置图 1：100

健身区

三层健身区天花布置图

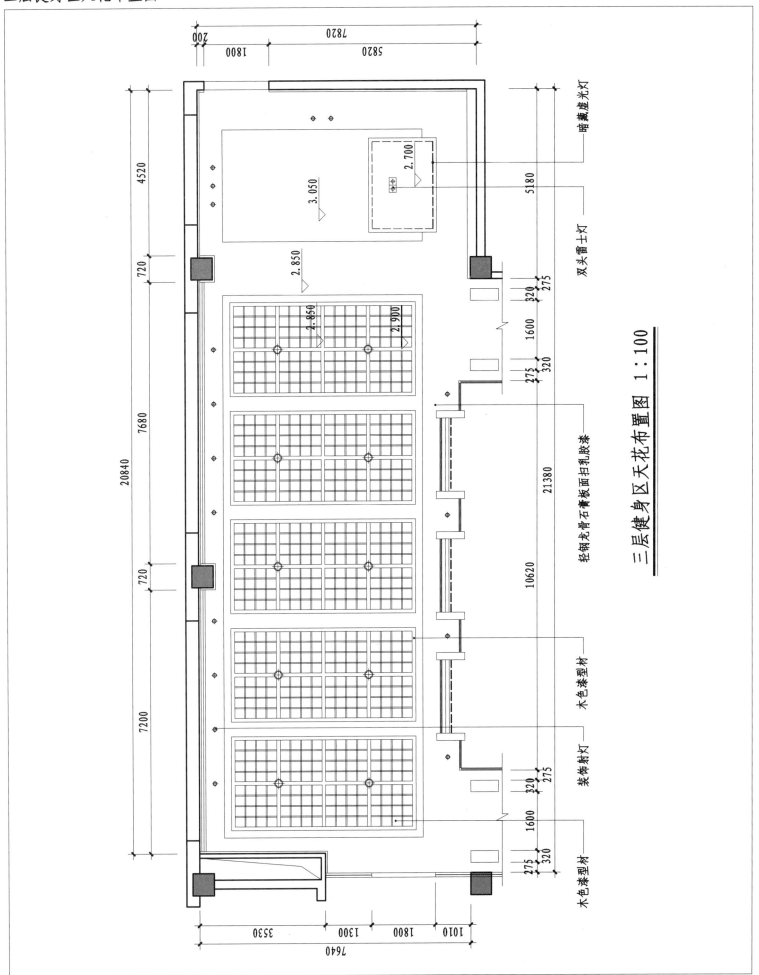

三层健身区天花布置图 1∶100

轻钢龙骨石膏板面扫乳胶漆

暗藏蓝光灯

双头筒士灯

木色漆型材

装饰射灯

木色漆型材

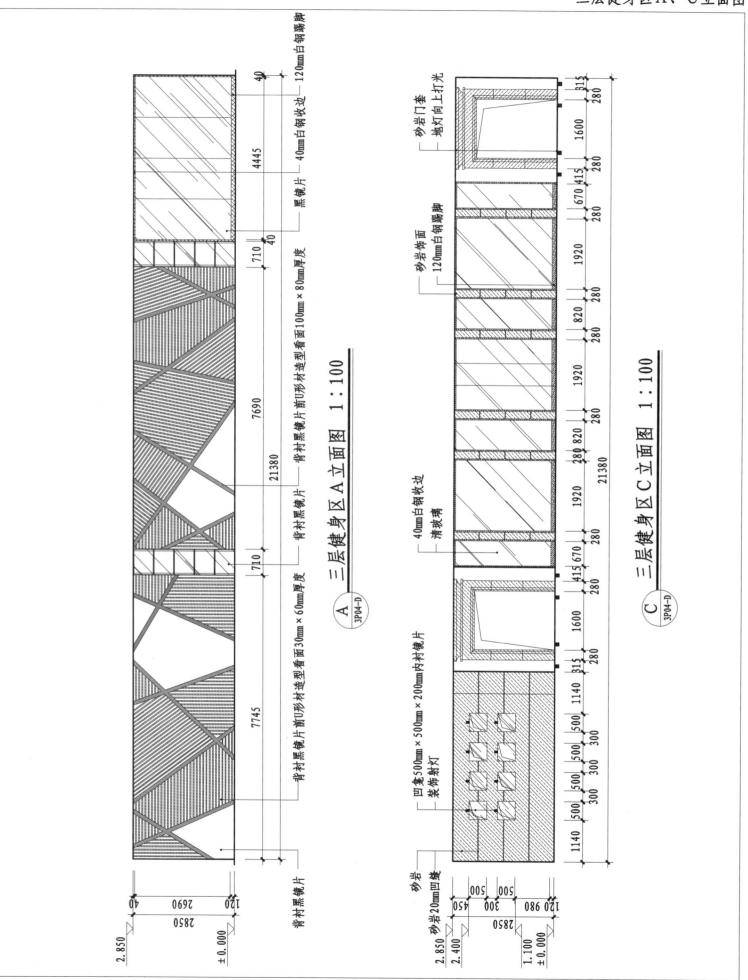

三层健身区A立面图 1:100

$\overset{A}{\underset{3P04-D}{}}$

三层健身区C立面图 1:100

$\overset{C}{\underset{3P04-D}{}}$

三层健身区 B、D 立面图

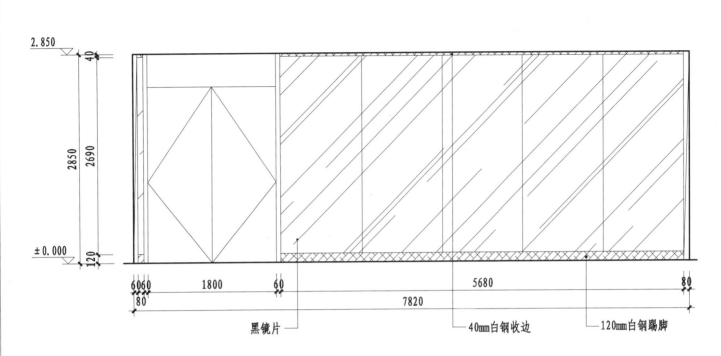

2.850

2850 2690

± 0.000 120

6060 1800 60 5680 80
80
7820

黑镜片 40mm白钢收边 120mm白钢踢脚

Ⓑ 三层健身区 B 立面图 1∶50
3P04-D

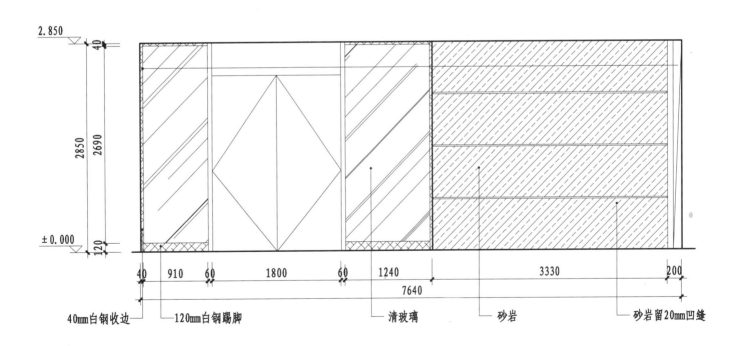

2.850

2850 2690

± 0.000 120

40 910 60 1800 60 1240 3330 200
7640

40mm白钢收边 120mm白钢踢脚 清玻璃 砂岩 砂岩留20mm凹缝

Ⓓ 三层健身区 D 立面图 1∶50
3P04-D

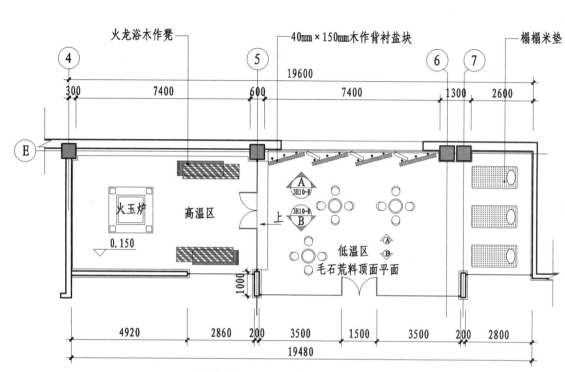

火龙浴木作凳　　40mm×150mm木作背衬盐块　　榻榻米垫

火玉炉

高温区

0.150

低温区
毛石荒料顶面平面

三层火龙浴平面布置图　1∶150

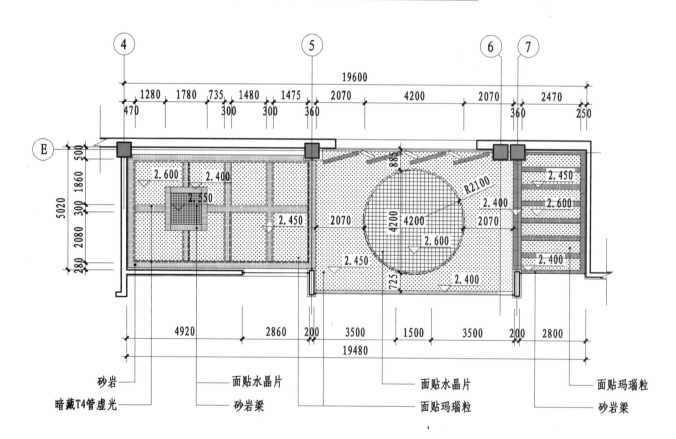

砂岩　　面贴水晶片　　面贴水晶片　　面贴玛瑙粒

暗藏T4管虚光　　砂岩梁　　面贴玛瑙粒　　砂岩梁

三层火龙浴天花布置图　1∶150

三层火龙浴A、B立面图

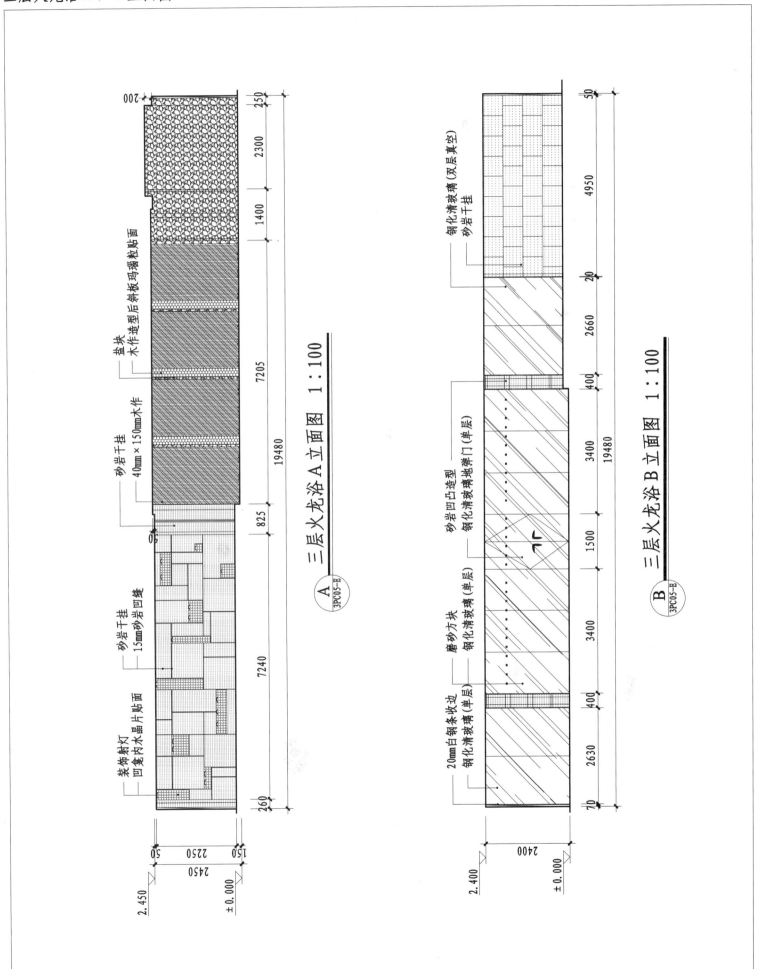

三层火龙浴A立面图 1:100

Ⓐ 3PC05-B

三层火龙浴B立面图 1:100

Ⓑ 3PC05-B

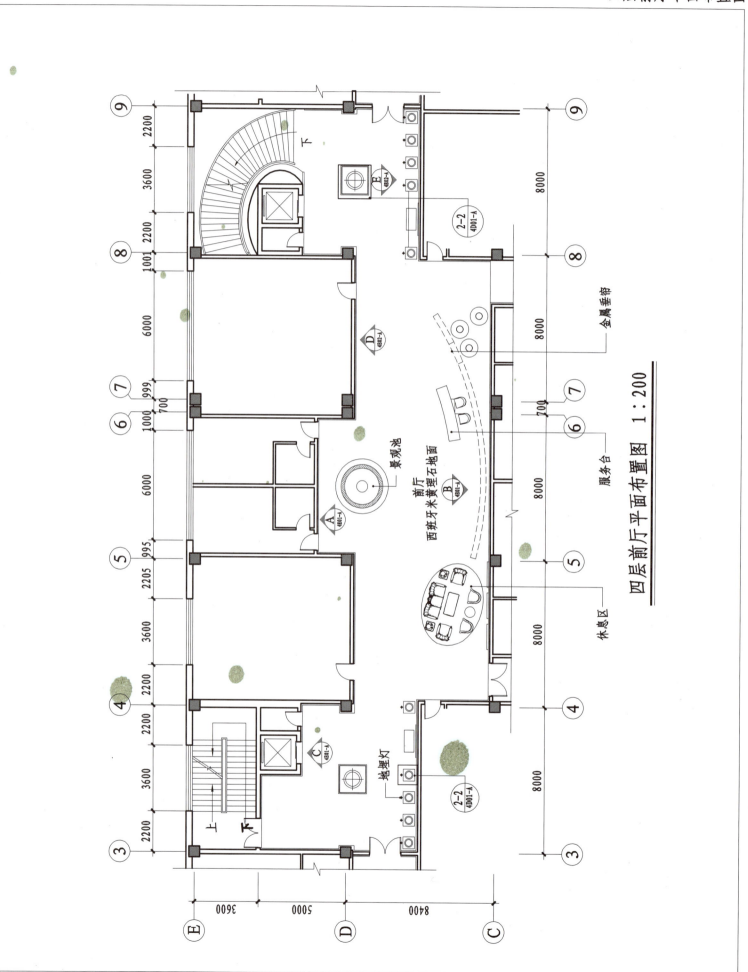

四层前厅平面布置图 1：200

四层前厅天花布置图

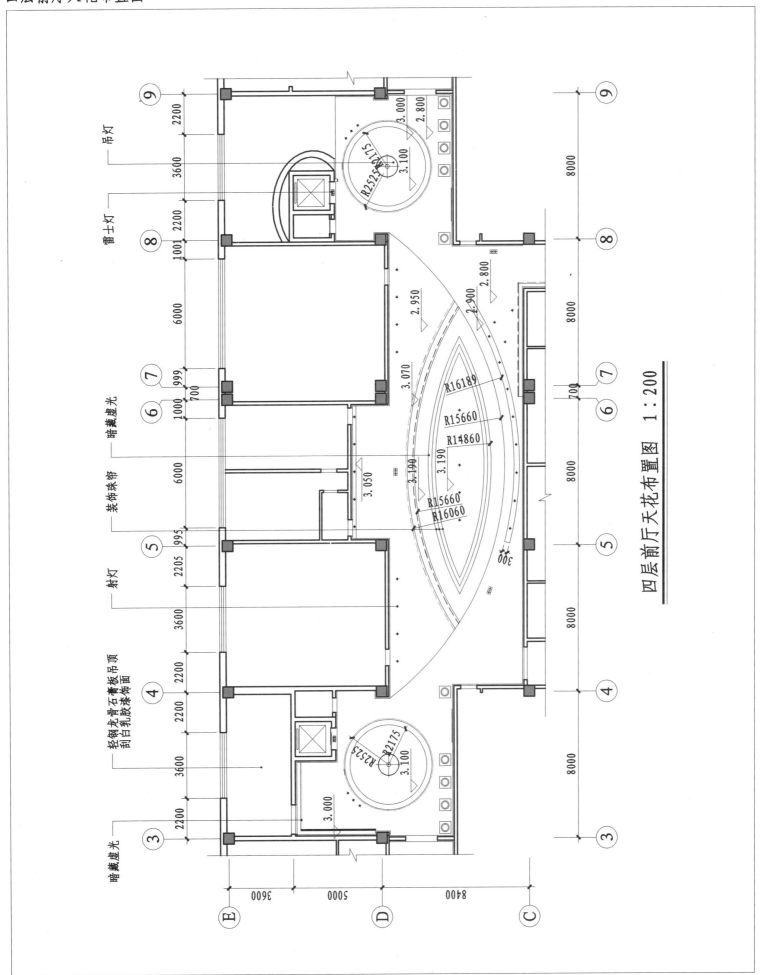

四层前厅天花布置图 1:200

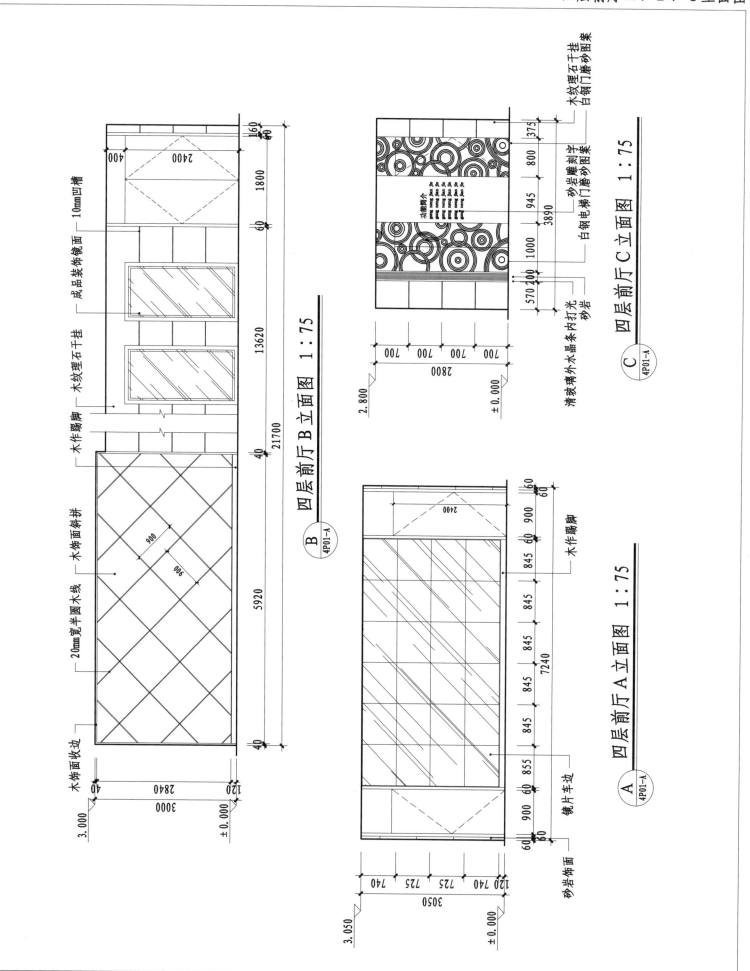

四层前厅B立面图 1:75

四层前厅C立面图 1:75

四层前厅A立面图 1:75

四层前厅D、E立面图

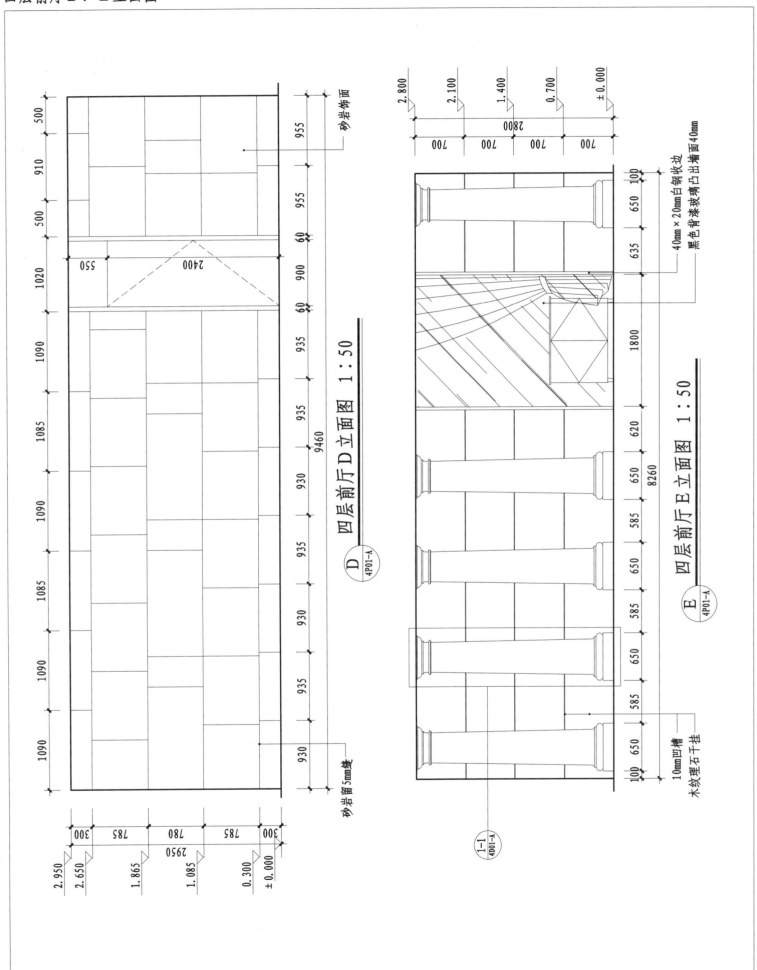

四层前厅D立面图 1：50

D
4P01-A

砂岩饰面

砂岩留5mm缝

四层前厅E立面图 1：50

E
4P01-A

40mm×20mm白钢收边

黑色背漆玻璃凸出墙面40mm

10mm凹槽

木纹理理石干挂

1-1
4D01-A

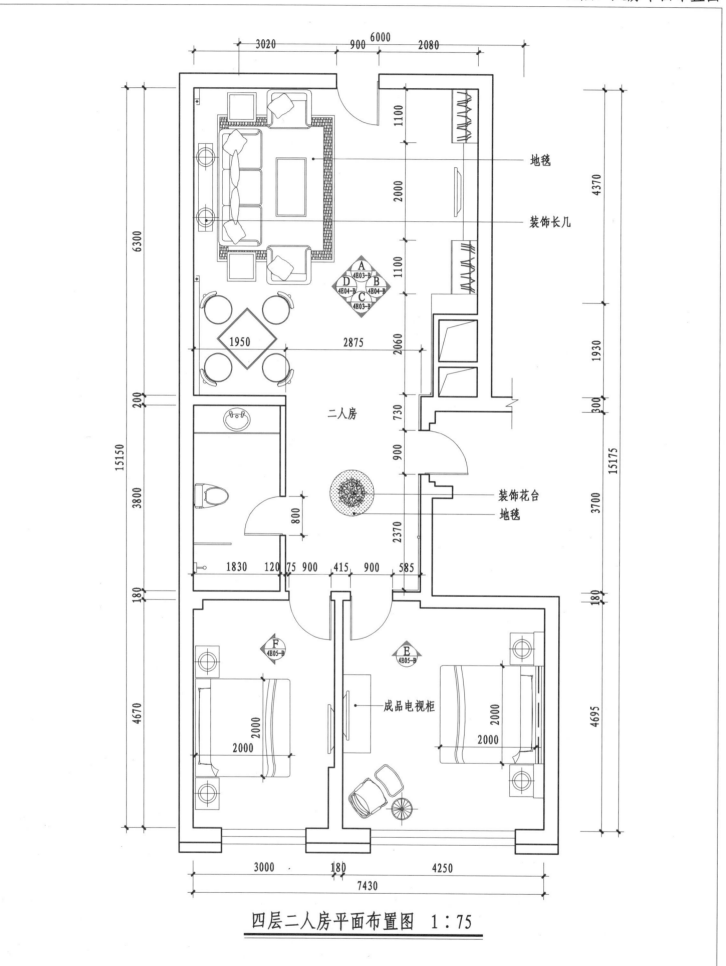

四层二人房平面布置图 1：75

四层二人房天花布置图

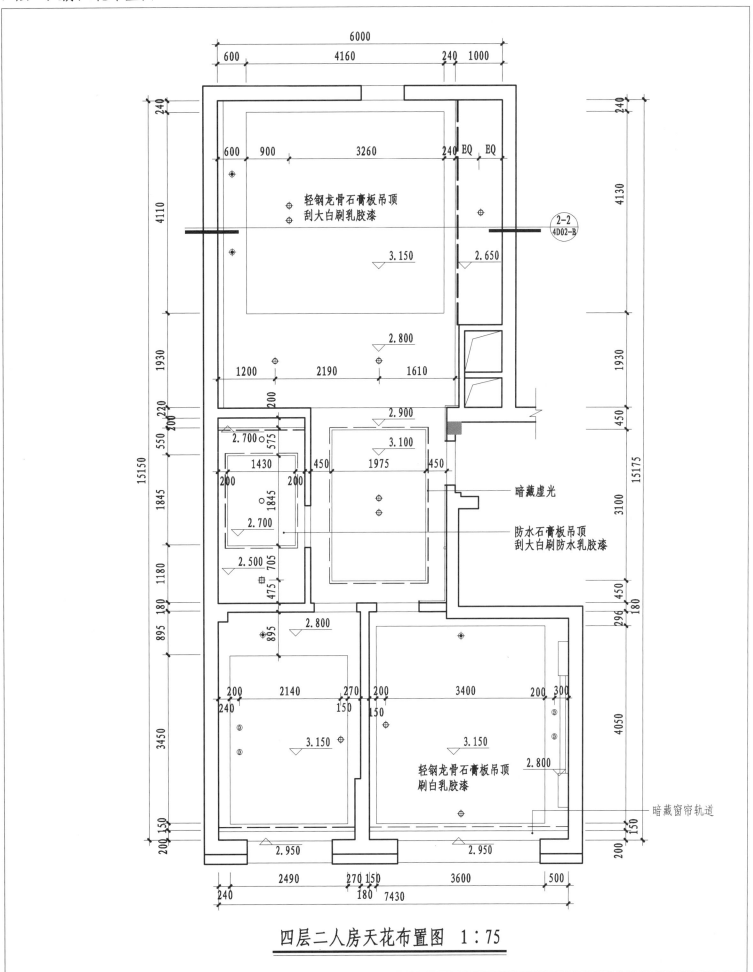

轻钢龙骨石膏板吊顶
刮大白刷乳胶漆

2-2
4D02-B

3.150　　2.650

2.800

2.900

2.700　3.100

2.700　1430

2.700　1975

暗藏虚光

防水石膏板吊顶
刮大白刷防水乳胶漆

2.500

2.800

3.150　　3.150

轻钢龙骨石膏板吊顶
刷白乳胶漆

2.800

暗藏窗帘轨道

2.950　　2.950

四层二人房天花布置图　1:75

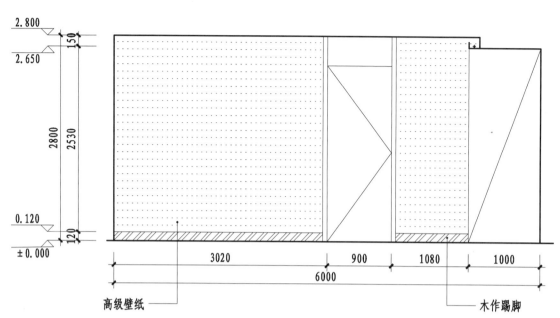

高级壁纸   木作踢脚

Ⓐ 四层二人房A立面图 1:50
4P02-B

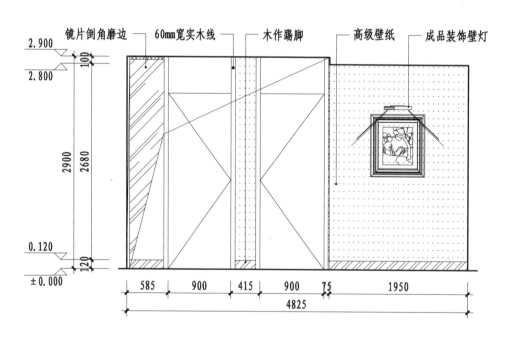

镜片倒角磨边   60mm宽实木线   木作踢脚   高级壁纸   成品装饰壁灯

Ⓒ 四层二人房C立面图 1:50
4P02-B

四层二人房 B、D 立面图

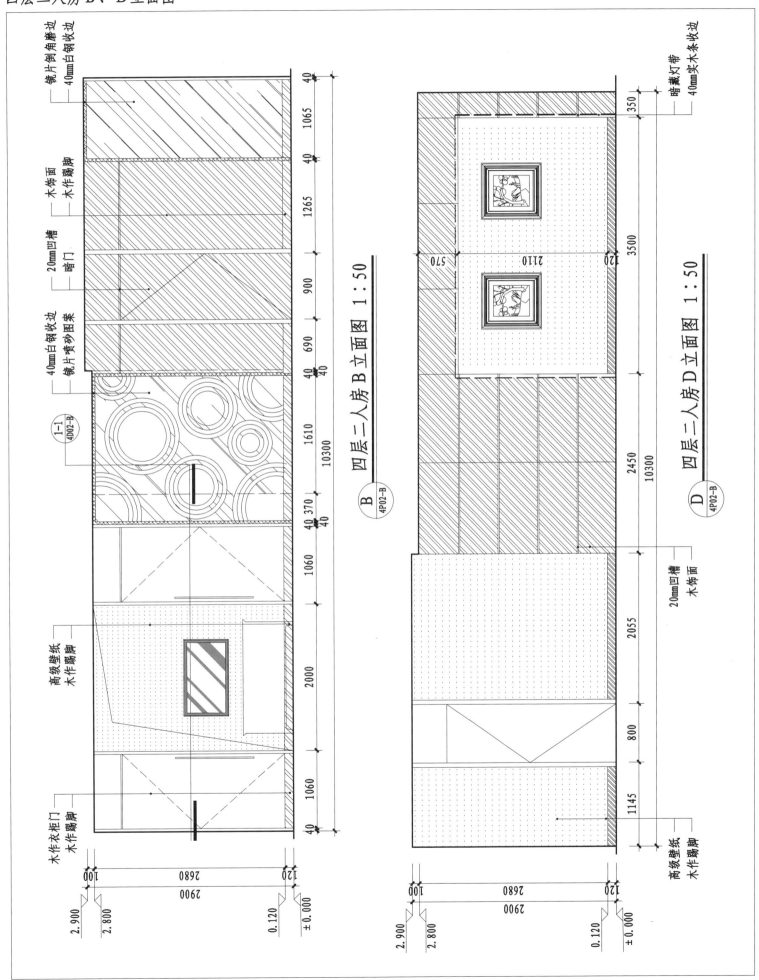

镜片倒角磨边
40mm白钢收边

木饰面
木作踢脚

20mm凹槽
暗门

40mm白钢收边
镜片喷砂图案

1-1
4D02-B

高级壁纸
木作踢脚

木作衣柜门
木作踢脚

四层二人房 B 立面图 1：50

B
4P02-B

暗藏灯带
40mm实木条收边

20mm凹槽
木饰面

高级壁纸
木作踢脚

四层二人房 D 立面图 1：50

D
4P02-B

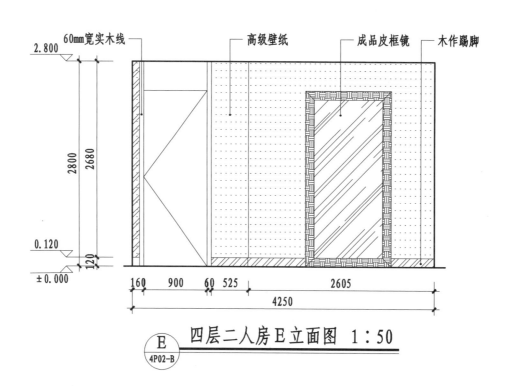

60mm宽实木线　　高级壁纸　　成品皮框镜　　木作踢脚

四层二人房E立面图　1：50

E
4P02-B

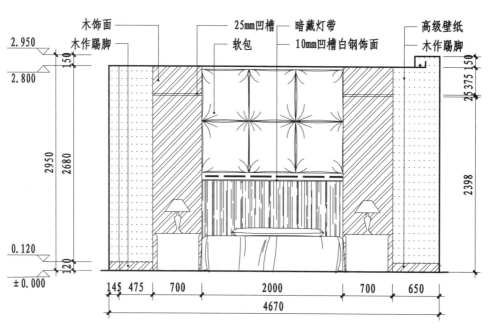

木饰面　　　25mm凹槽　暗藏灯带　　高级壁纸
木作踢脚　软包　　10mm凹槽白钢饰面　木作踢脚

四层二人房F立面图　1：50

F
4P02-B

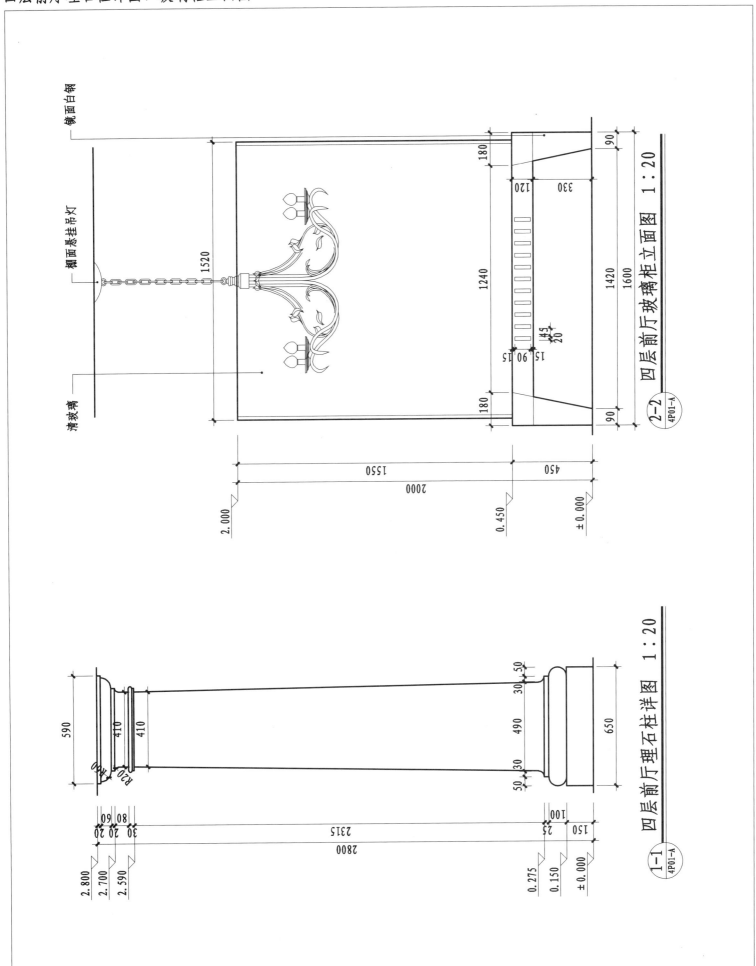

四层前厅理石柱详图、玻璃柜立面图

镜面白钢

糊面悬挂吊灯

清玻璃

四层前厅玻璃柜立面图 1：20

2-2
4P01-A

四层前厅理石柱详图 1：20

1-1
4P01-A

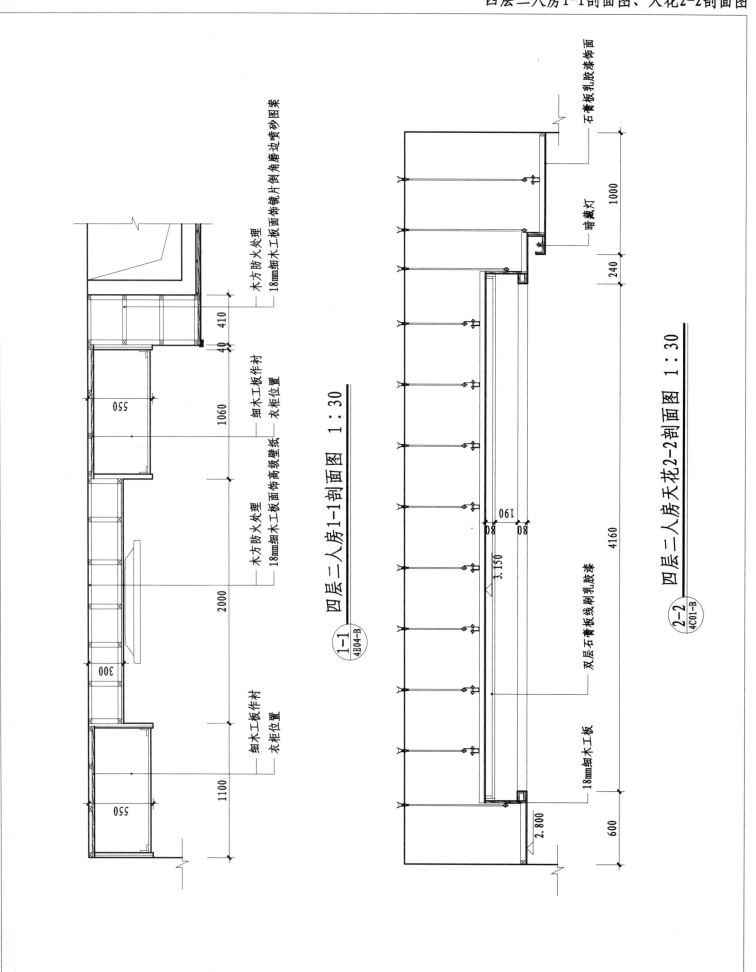

木方防火处理
18mm细木工板面饰镜片倒角磨边喷砂图案

410
40
550
1060

木方防火处理
18mm细木工板面饰镜片倒角磨边喷砂图案

细木工板作衬
衣柜位置

木方防火处理
18mm细木工板面饰高级壁纸

2000

细木工板作衬
衣柜位置

300

1100
550

四层二人房1-1剖面图 1：30

1-1
4B04-B

石膏板乳胶漆饰面

1000

暗藏灯

240

4160

190
80
80
3.150

双层石膏板线刷乳胶漆

18mm细木工板

2.800

600

四层二人房天花2-2剖面图 1：30

2-2
4C01-B

上海（市北）鸿艺会

项目介绍 PROJECT INTRODUCTION

　　上海是一个快速发展的国际都市，是亚洲新兴崛起的金融中心、经济中心、贸易中心。上海（市北）鸿艺会地处上海市北工业园区之内，整体建筑外观风格以现代、简约为主，建筑周围被较大面积绿化所围绕。市北工业园区创造了国际企业立足发展的平台，园区内的跨国企业在此竞相努力地创造自己企业的"乌托邦"。

建筑内部

设计理念
DESIGN IDEA

意念 CONCEPTION

本案引入〝桃花源〞的设计理念：想象一下，宾客穿过会所门前的大片绿化之后会惊讶地发现，在这个现代化的工业园区之中还有如此一处高贵、典雅的高档会所，使人有豁然开朗的感觉，产生一种来自灵魂深处的自由与舒展。我们的设计理念是想创造出这些企业精英心中所追寻的〝桃花源〞。

风格 STYLE

在本案的设计中，我们将ART DECO装饰艺术的表现手法融会贯通到整个贵宾会所的设计风格之中，将现代元素和传统元素结合在一起，以现代人的审美需求来打造富有传统韵味的风格，创造出一个高贵、典雅、华丽、舒适的集餐饮、娱乐、休闲、健身、会议于一体的高档会所。该贵宾会所地处上海市北工业园区之内，整体建筑外观风格以现代、简约为主，建筑周围被较大面积绿化所围绕。正如《桃花源诗》中所写道：〝奇踪隐五百，一朝敞神界。淳薄既异源，旋复还幽蔽。借问游方士，焉测尘嚣外。愿言蹑轻风，高举寻吾契。〞

←大堂A

大堂

进入正门，一个雍容华贵、大气高雅的大堂跃入眼帘。

大堂设计运用了自然植物与错落潺潺的流水，给人以一种花园静谧的自在感觉。正对大堂入门的中央，设计一处充分体现ART DECO风格的主墙面，充分加强了整体空间视觉焦点，带给人一种充满震撼力的视觉冲击，使整体门厅更为华丽大气。

此外，大厅进门的左侧增加设计了一部从一层至三层的造型旋转楼梯，从而解决了大型会议活动时电梯无法疏解人流问题的困扰，在楼梯下部采用植物与水景组合的表现形式，既可增加大厅空间的丰富性，又使整体空间更为自然，更是将"桃花源"的设计理念体现得淋漓尽致。

大厅进门右侧则规划成一个极具品位的LOUNGE BAR，以提供给宾客一个舒适、高雅的休息、洽谈区域。

↓大堂B

←大堂A

↓餐厅包房

↓餐厅包房

餐厅包房

  用餐区设置成四间豪华中餐包房和两间豪华西餐包房以及一间豪华总统套间。每间包房除餐厅外都具有各自独立的会客室、备餐间及洗手间，并做到服务人员与宾客的动线分离，以免产生相互干扰。此会所中，不仅每间包房的功能完善，同时设计风格也华丽而大气，设计师注重塑造出一个豪华又不奢侈、优越、舒适更贴近自然的用餐环境。简欧式的家具灯具，大拼花的暗调地毯凸显华贵、高雅的气氛。

  设计师还充分利用了一层建筑外部的花坛部分，使每间包房都有一个户外的花园景观区，让人感到真正地身处"桃花源"之中。

二层酒吧区设计

　　沿着一层水景上方的旋转楼梯可直接上到二层，首先看到的是二层酒吧区。酒吧区的设计风格以 ART DECO 的形式来表现，旨在营造一个温馨、舒适、典雅、奢华的英式贵族情境。

　　酒吧区的规划以中央岛形吧台为中心，并适当地区分出靠窗的卡座包厢区、靠墙的沙发区及吧台周边的散座区，使整体大空间氛围中又有不同小区域的变化，让宾客可依个人喜爱，选择动、静不同的空间。

↓ 酒吧区

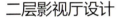

二层影视厅设计

　　二层影视厅以丽幻剧场作为设计主题，设计风格以简约的形式适当融合 ART DECO 之装饰风格创造幽雅、宁静、华丽、舒适的视听剧场。

　　设计上以专业视听效果为首要考虑，座席规划上采用豪华、舒适的沙发座，同时考虑前低后高之视觉角度，以阶梯状排列座位，并在豪华影院尺度的基础上，适当加大每排之间的间距，使用时感觉更为宽敞、舒适。

　　音场效果上同时考虑音频的反射、漫射及吸音等效果，在天花及左右墙面的设计上皆设计不同角度的反射面，表面再搭配吸音装饰软包，同时兼顾视觉美感。

↑ 影视厅

↓接待室

↓小会议室

三层设计

三层设计分别规划出接待室、小会议室、中会议室两间及一个多功能大会议厅，以因不同人数及类型之会议功能。

楼面中央区域规划出签到休息区，疏解大型会议时出席众多宾客的人流活动，并可于会议休息时为宾客提供食品和饮料。

规划设计并考虑茶水间之功能性，而且合理利用空间，预留多处仓库间以便调整会议功能时桌椅之收纳储藏。所有会议室在设计的同时均考虑了隔音效果及高科技智能视讯会议功能，投影机及投影屏幕均做成隐藏电动升降形式。灯光采用专业场景控制，针对不同使用形式及场景需求做灯光设定。

↓ 游泳馆

↓ 模拟高尔夫室

四层设计

由于本楼层设置有游泳馆、网球场、壁球馆、模拟高尔夫室等，室内空间高度非常高，但更衣区及健身房的层高其实并不需要太高，如果按原先设想的方案来规划平面布置，未免太浪费空间，那为什么不加以利用呢？另外，原来的四层面积无法完全满足四层功能性的需求，有没有两全其美的好方法呢？经过对建筑空间及结构的分析，以及对平面布置的反复斟酌，我们将更衣区及健身房的上部空间用钢结构及轻质材料做成一个夹层（五层），并规划成六个具有SPA、足疗及休息功能的豪华SPA套房，这样既满足了全部功能性的要求，又合理地利用了空间，避免了无谓的空间浪费。

↓中式房

↑日式房

五层SPA房

　　五层在设计豪华总统套间时颇费了一番心思，考虑将整个套间设计成为一个小型的超五星级高档会所，集会客、吧台、餐厅、娱乐、足疗、会议、休息等功能于一体，可满足来此用餐宾客的不同需求，并且预留了一条供VIP使用的独立入口路线，以减少外部的干扰。

　　SPA区的设计上表现为浓厚的南洋现代风情，营造出宁静、柔和的气氛，使宾客能完全放松休息，每个豪华SPA套房都设计独立的洗浴空间，并辅以足疗等功能以及一个休息室。同时每间套房均具有各自不同的装饰风格，以满足不同宾客的需求，包括巴厘岛房、日式房、中式房及简欧房。

图 纸 目 录

施工图索引说明：

在本书施工图中，以字母及数字组合形成施工图图号。图纸以每层为单位进行划分，图号中的第一个字母代表该空间所处的层数，第二个字母代表图的类别，其中P代表平面、C代表天花、PC代表平面和天花、E代表立面、D代表节点。第三个数字代表图纸在该类别图中的序列号，最后一个字母代表空间类型。

如：　1　E　05　—　A

空间所处的层数—————空间类型
　　　图的类别—————图的序列号

上海（市北）鸿艺会各层空间类型分列如下：

一　层：　A——大堂　　　　　　B——餐厅包房（一）
　　　　　C——餐厅包房（二）　D——贵宾会所休息室

二　层：　A——酒吧　　　　　　B——桌球室
　　　　　C——影视厅

三　层：　A——接待室　　　　　B——中会议室
　　　　　C——中会议室茶水间　D——小会议室

四　层：　A——网球场　　　　　B——乒乓球及瑜伽室
　　　　　C——模拟高尔夫室　　D——游泳馆

五　层：　A——简欧SPA房　　　B——日本SPA房
　　　　　C——中式SPA房　　　D——公共电梯厅

图 纸 目 录

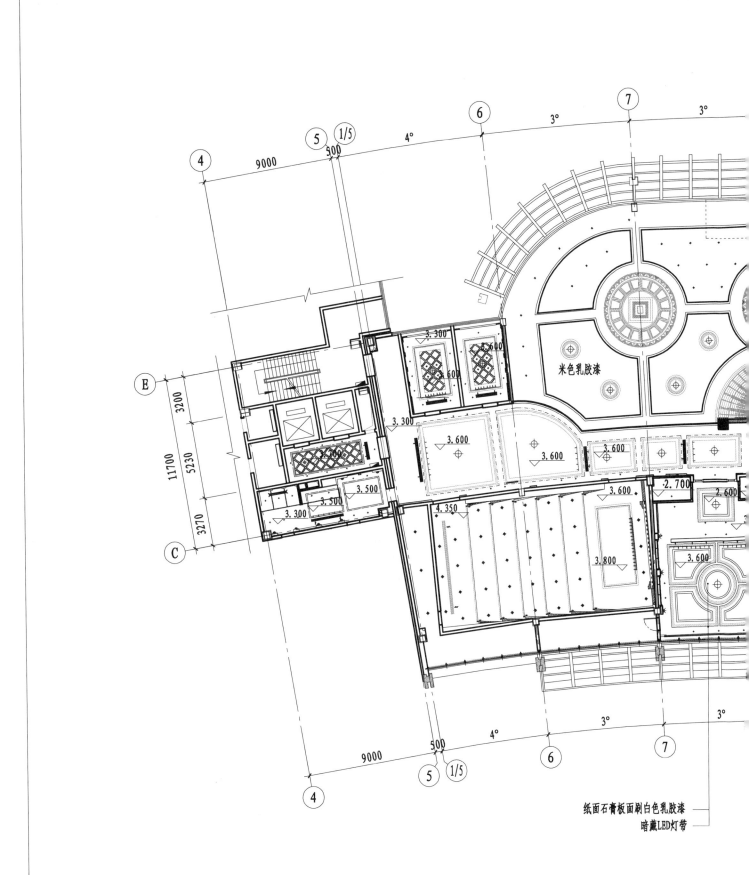

米色乳胶漆

纸面石膏板面刷白色乳胶漆
暗藏LED灯带

二层

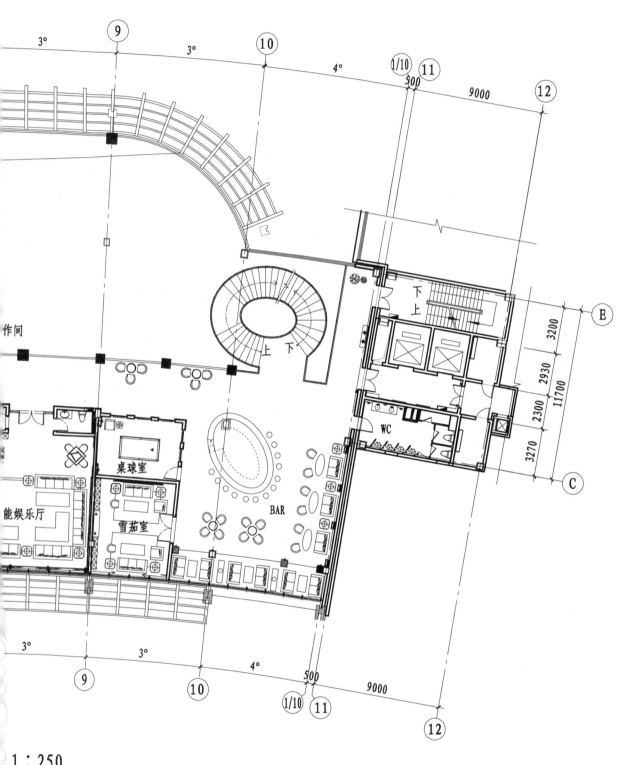

1 : 250

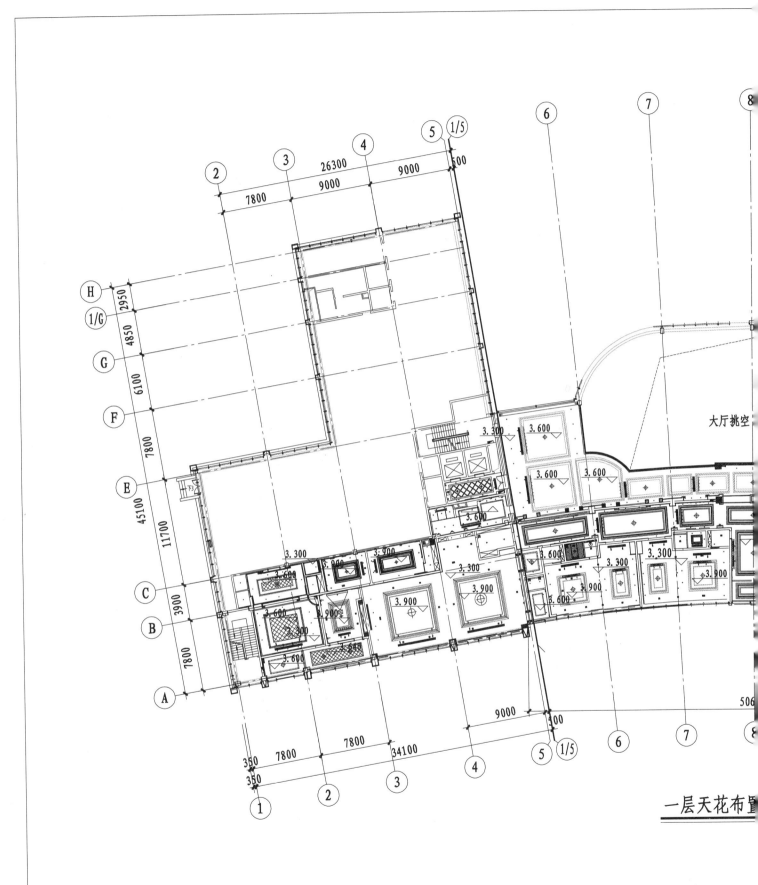

大厅挑空

一层天花布置

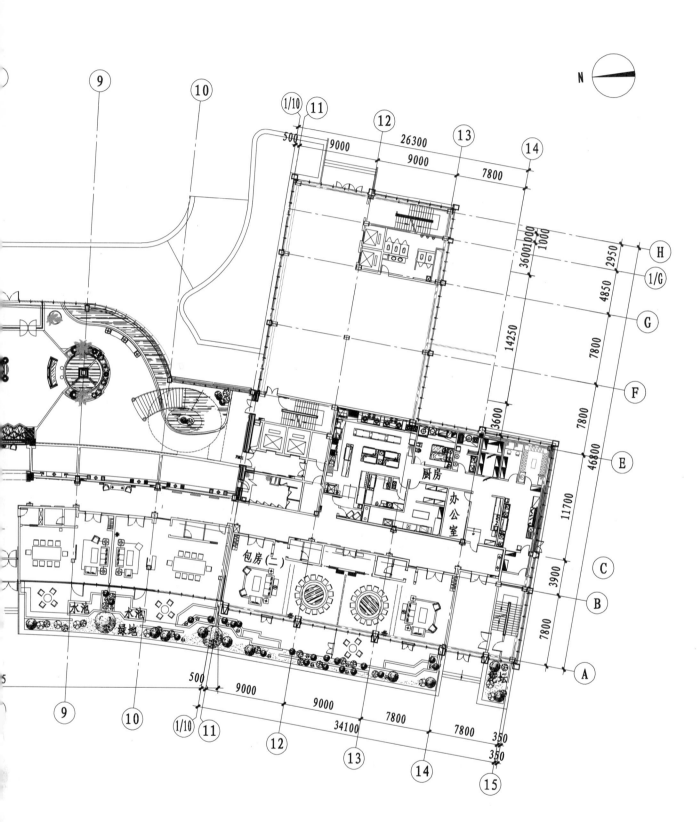

N

9

10

1/10 11

12

13

14

500

9000

26300

9000

7800

1000

3600

3600

1000

2950

H

1/G

4850

14250

G

7800

F

7800

11700

46800

E

3600

厨房

办公室

3900

C

B

7800

包房（二）

水池

水池

绿地

A

9

10

1/10 11

12

13

14

15

500

9000

9000

7800

350

34100

7800

350

图　1：400

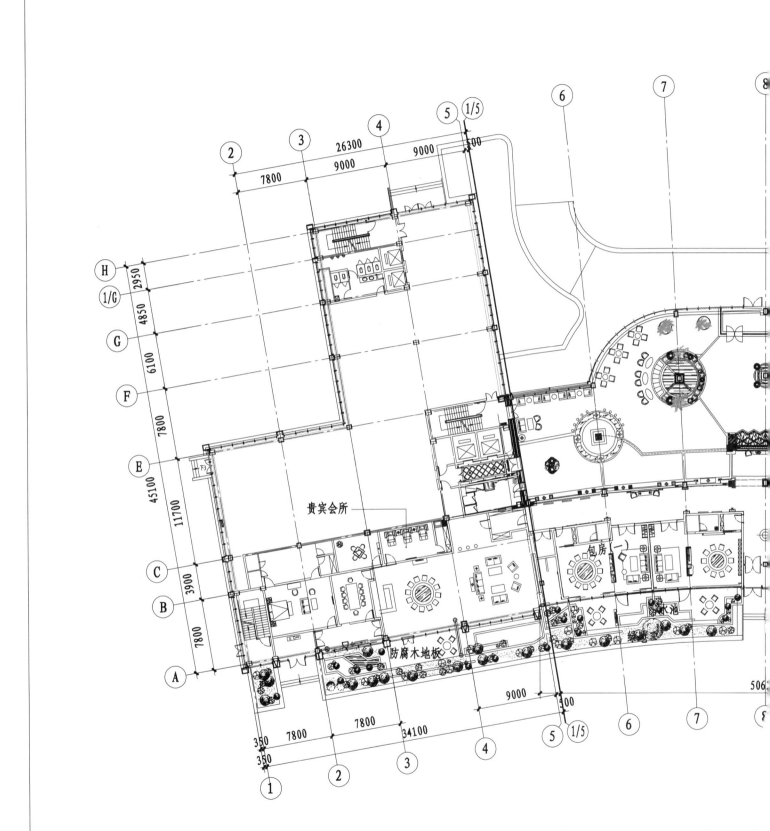

贵宾会所

包房一

水池

防腐木地板

一层平面布

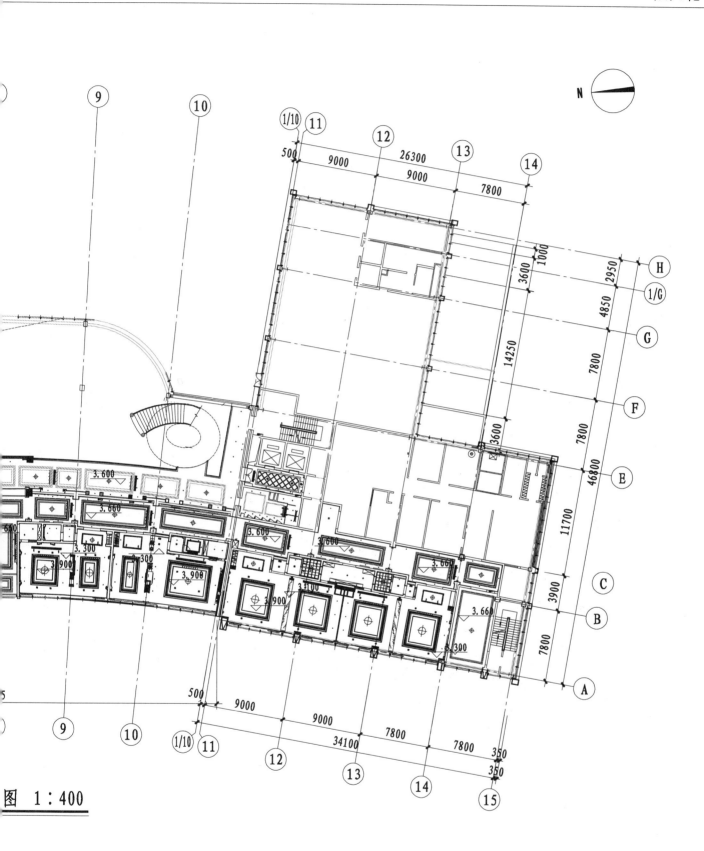

图 1：400

二层平面布置图

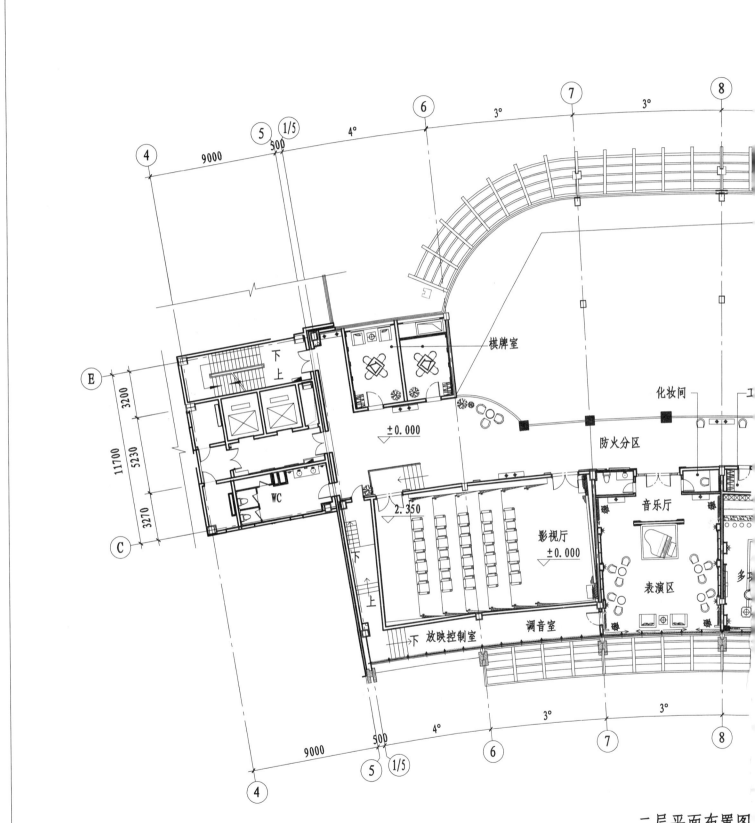

棋牌室

化妆间

防火分区

音乐厅

±0.000

表演区

影视厅
±0.000

调音室

放映控制室

WC

下
上

2.350

下

上

下

多

二层平面布置图

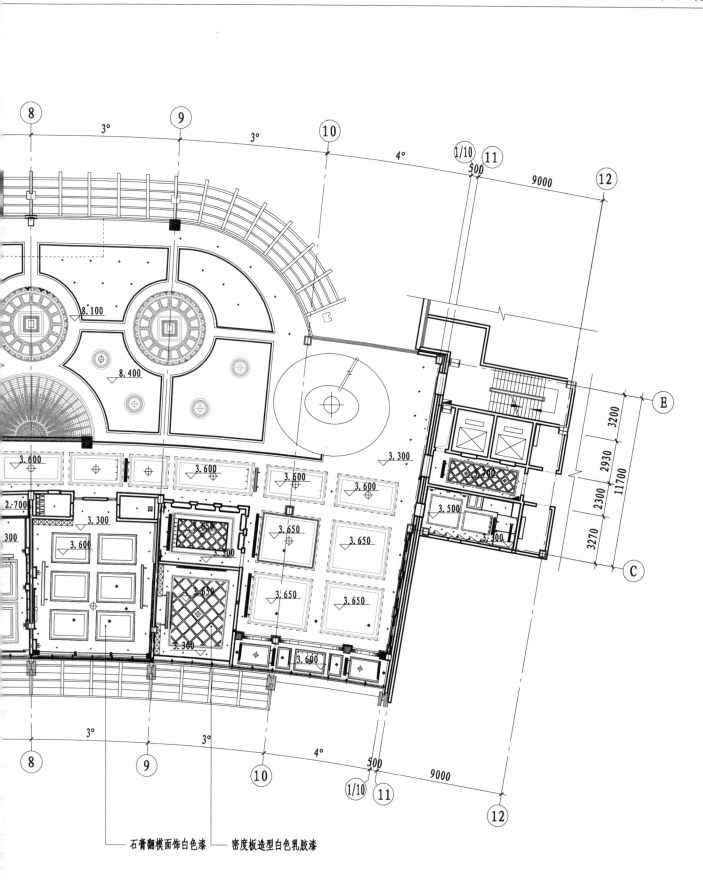

石膏翻模面饰白色漆 —— 密度板造型白色乳胶漆

天花布置图 1:250

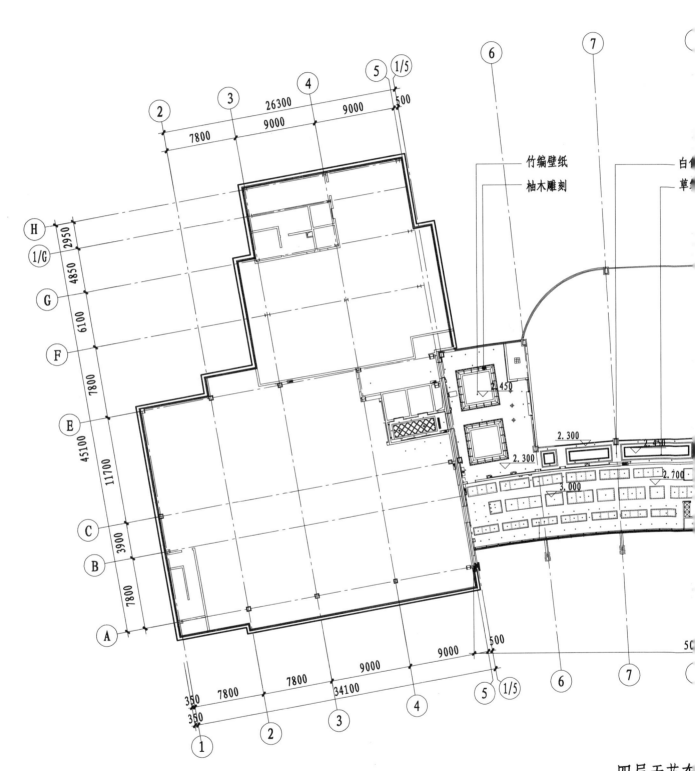

竹编壁纸
柚木雕刻
白色
草编

四层天花布

更衣室

布草间

接待大厅

器械健身房

电梯厅

乒乓球室

储藏室

瑜伽教室

壁球

储藏室

模拟高尔夫

图　1：400

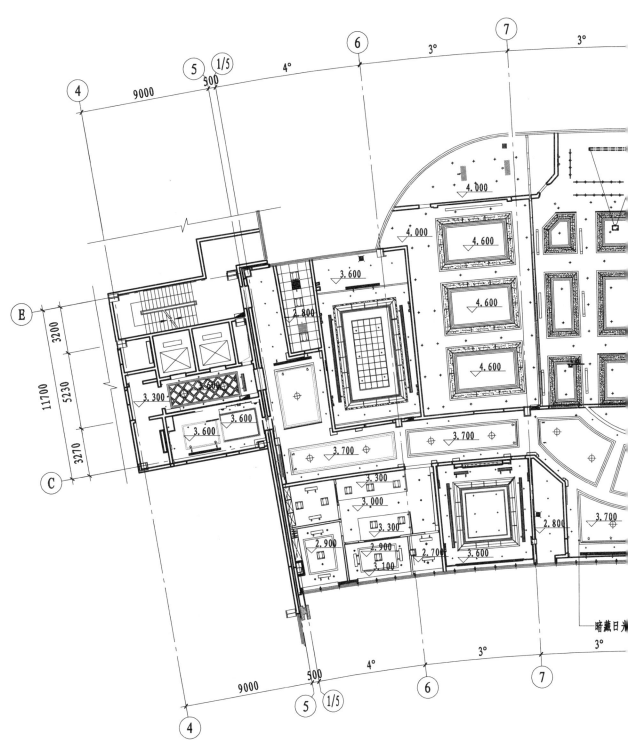

三层天板

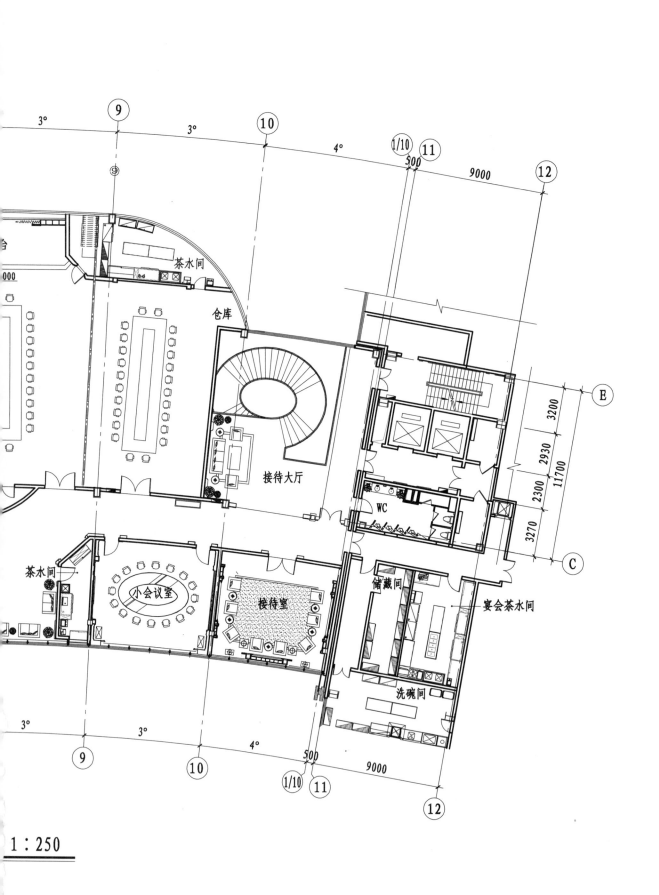

茶水间

仓库

接待大厅

小会议室

茶水间

接待室

储藏间

宴会茶水间

WC

洗碗间

9

10

11

1/10

12

500

9000

3°

3°

4°

E

C

3200

2930

11700

2300

3270

9

10

11

1/10

12

500

9000

3°

3°

4°

1：250

三层平面布置图

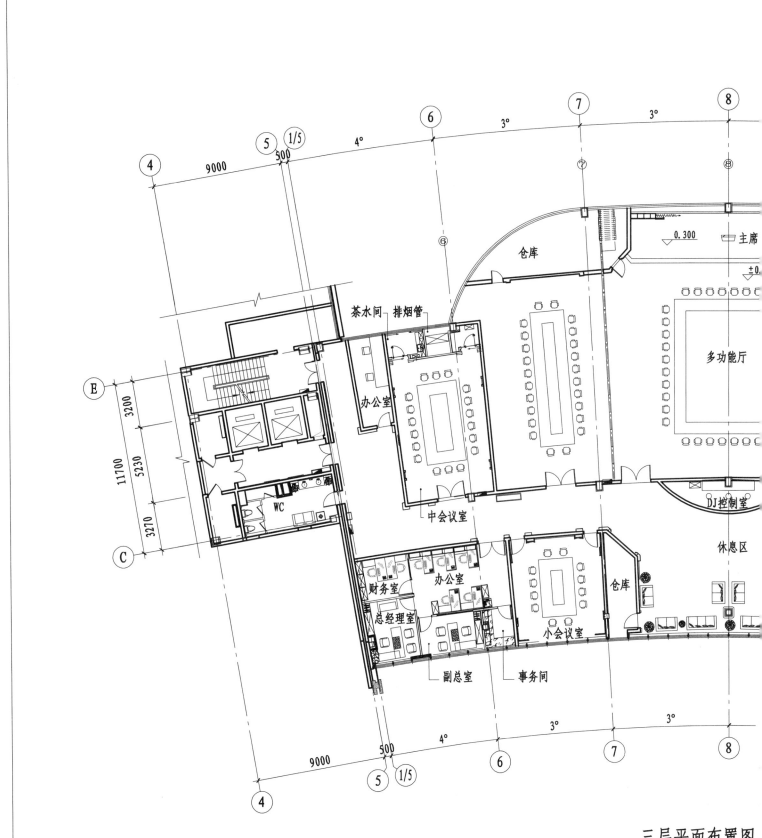

三层平面布置图

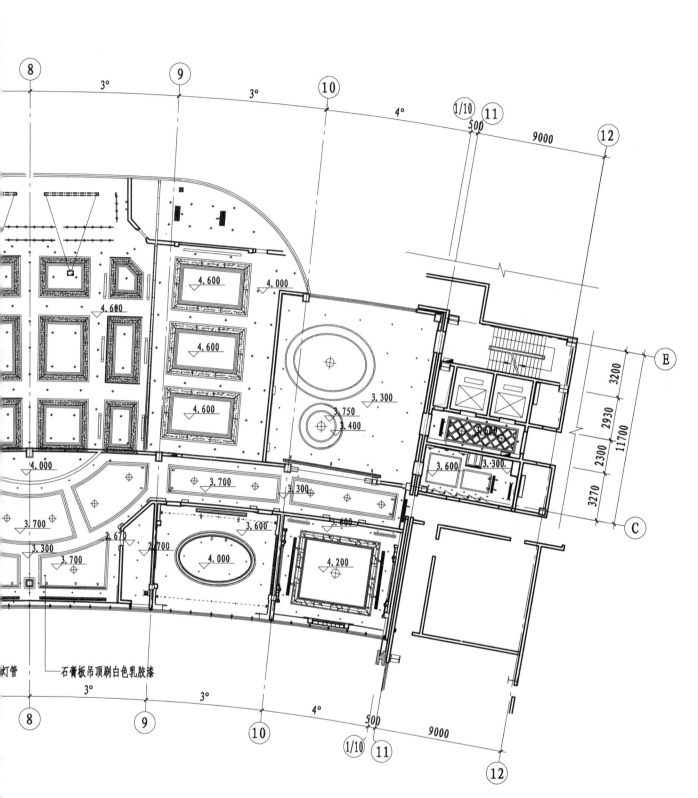

灯管 ── 石膏板吊顶刷白色乳胶漆

花布置图 1:250

四层平面布置图

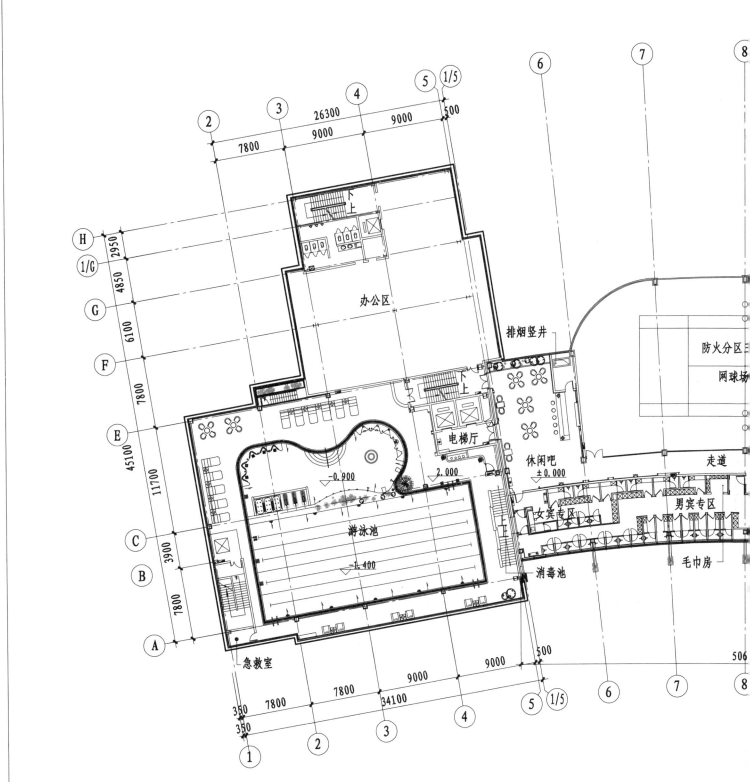

四层平面布

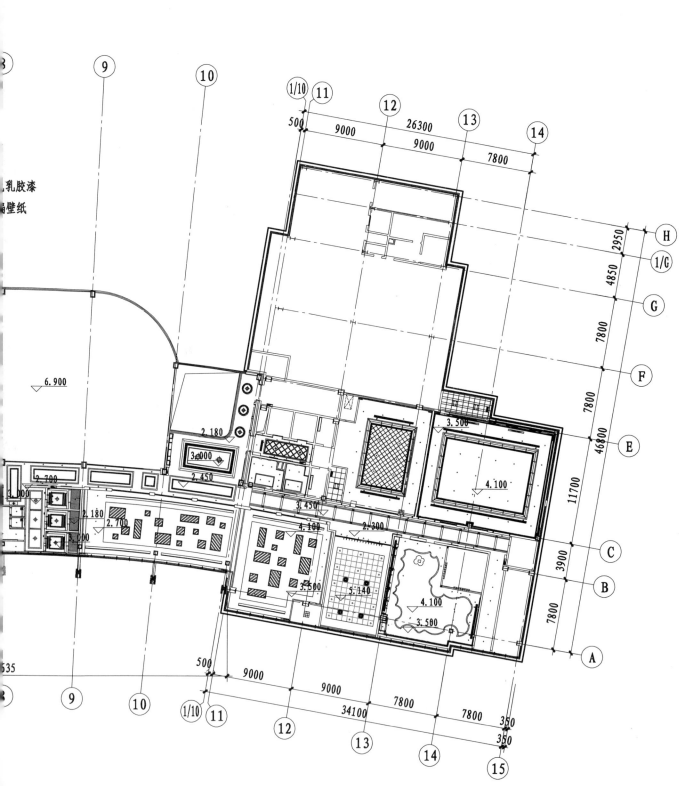

乳胶漆
壁纸

置图 1：400

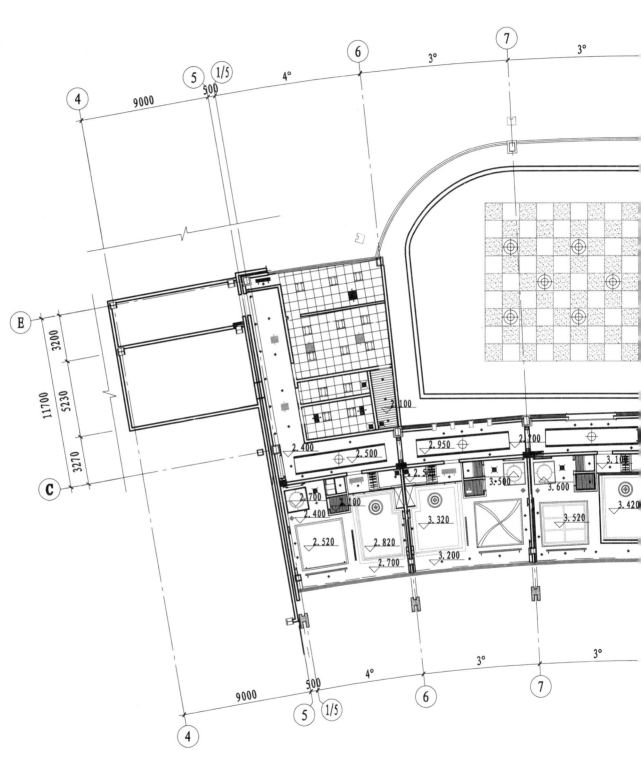

五层天

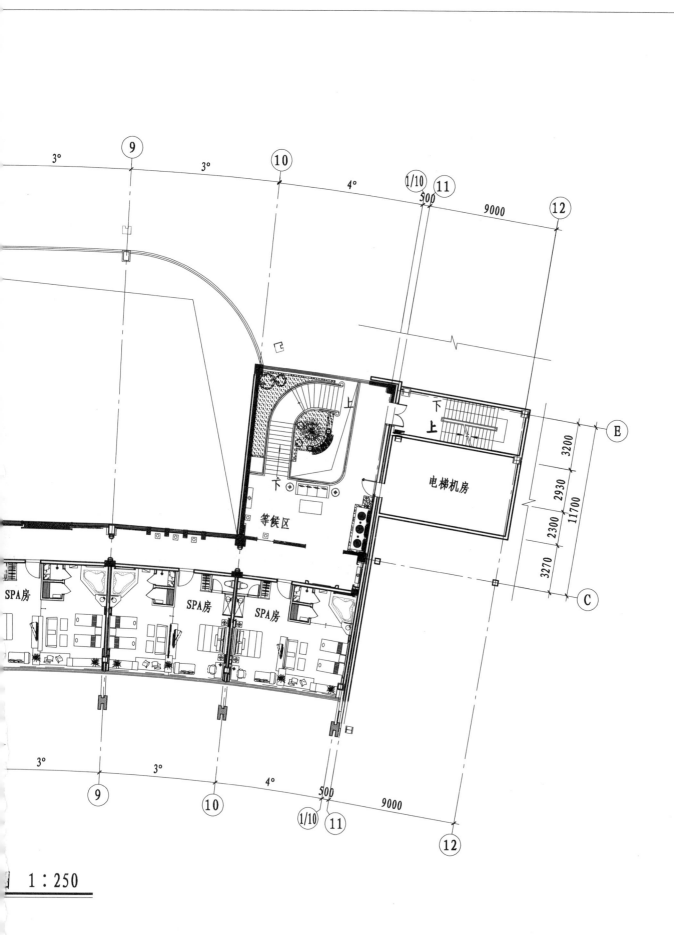

等候区

电梯机房

SPA房

SPA房

SPA房

图 1：250

五层平面布置图

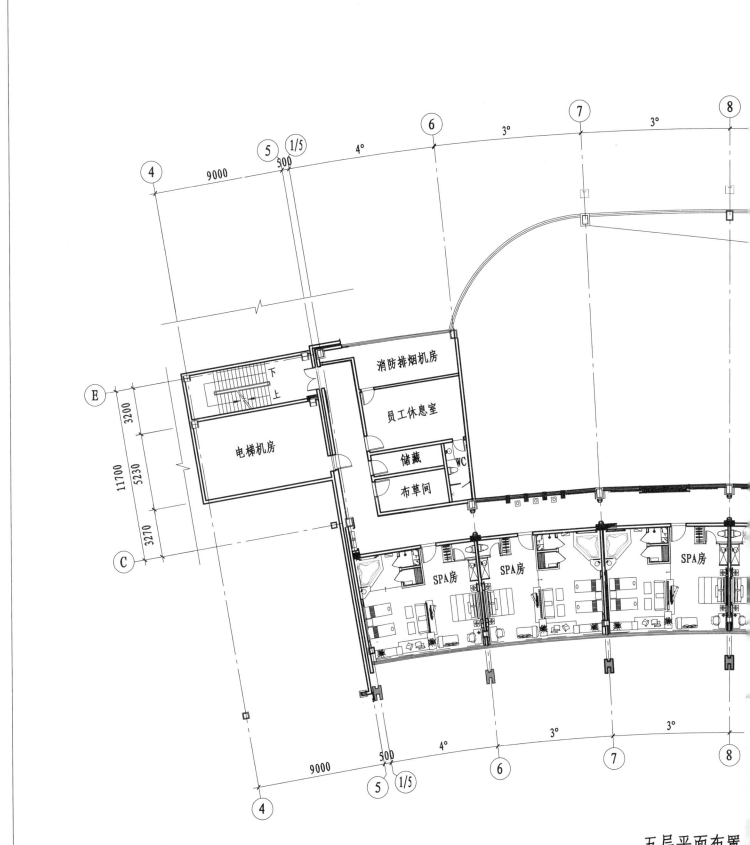

五层平面布置

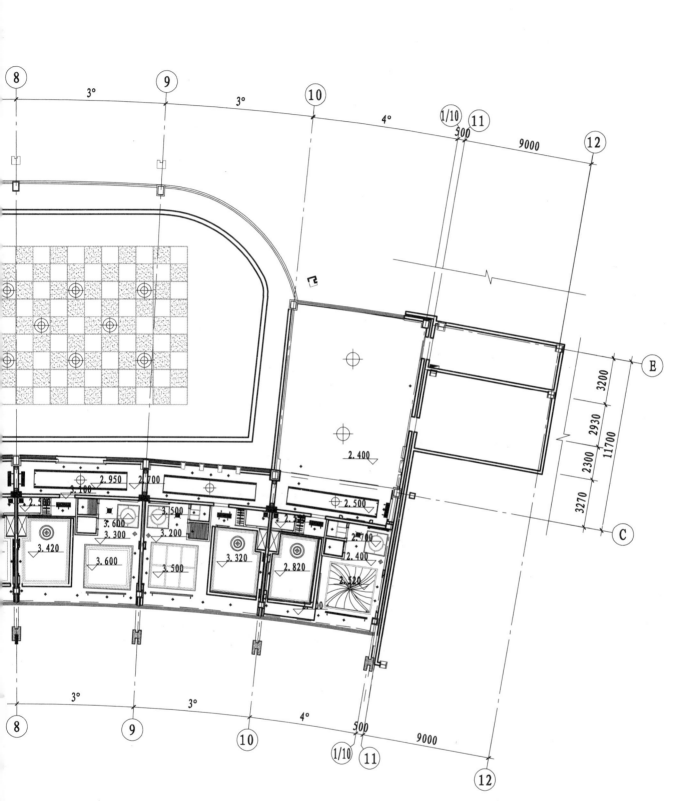

布置图 1:250

一层大堂平面布置图

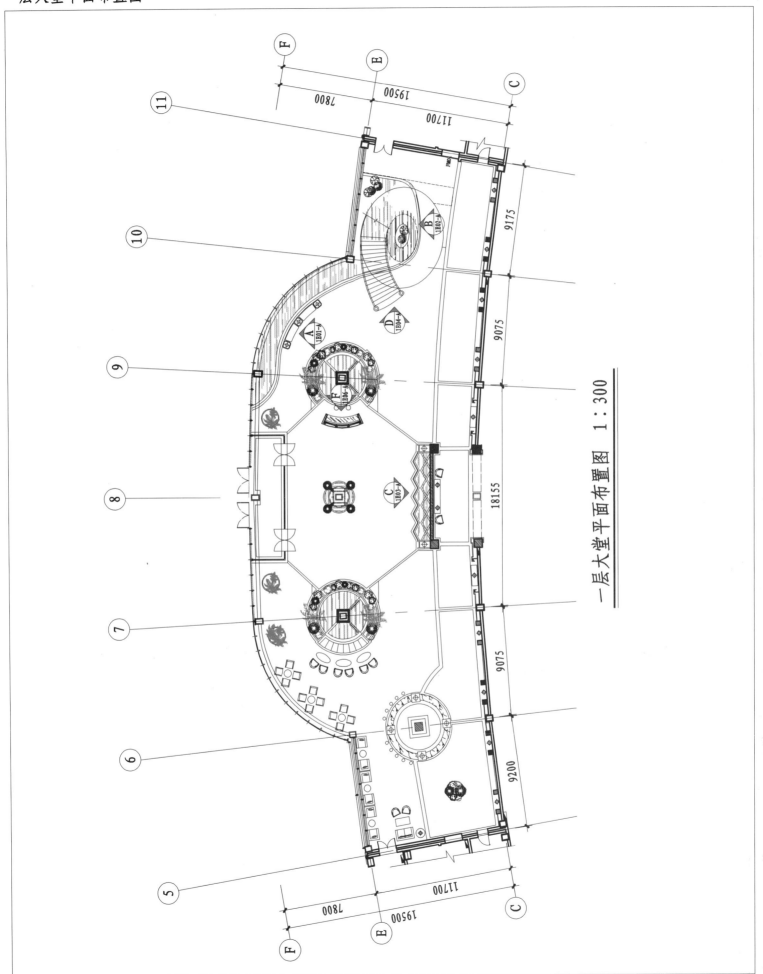

一层大堂平面布置图　1：300

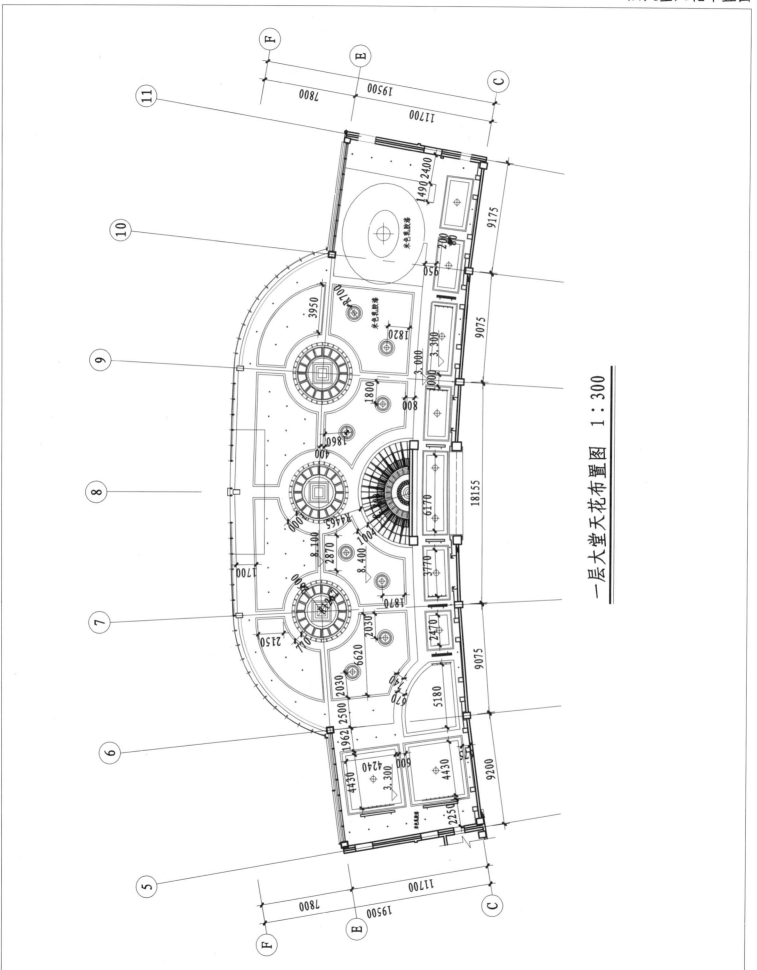

一层大堂天花布置图 1:300

一层大堂A立面图

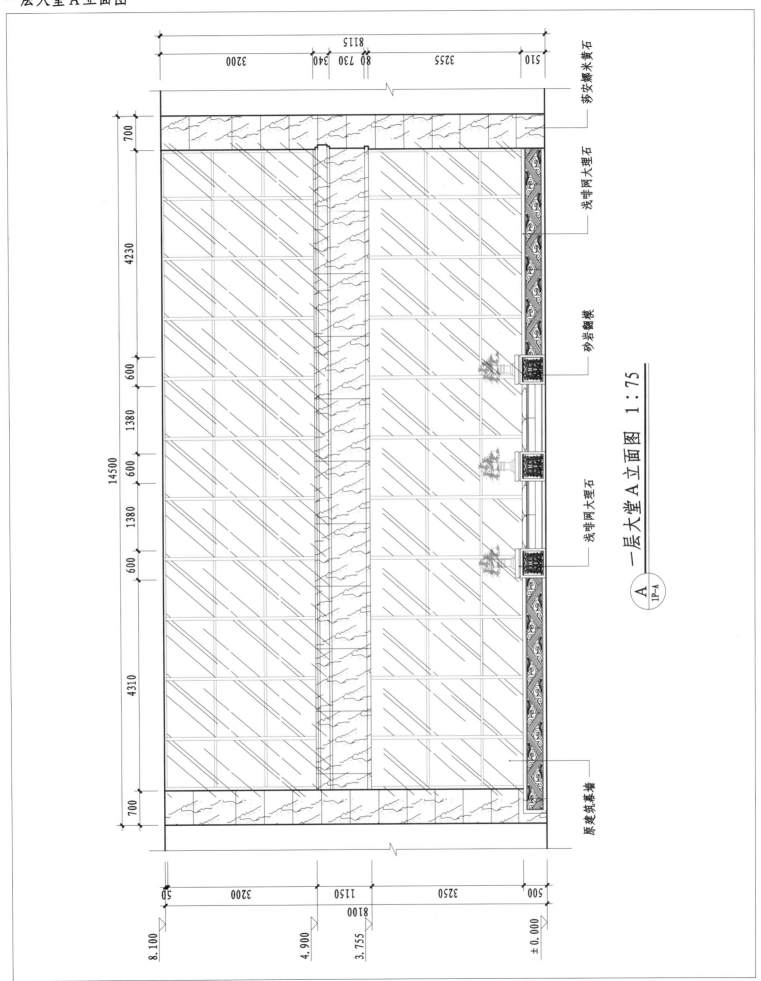

一层大堂A立面图 1：75

$\dfrac{A}{1P\text{-}A}$

莎安娜米黄石

浅咖网大理石

砂岩翻模

浅咖网大理石

原建筑幕墙

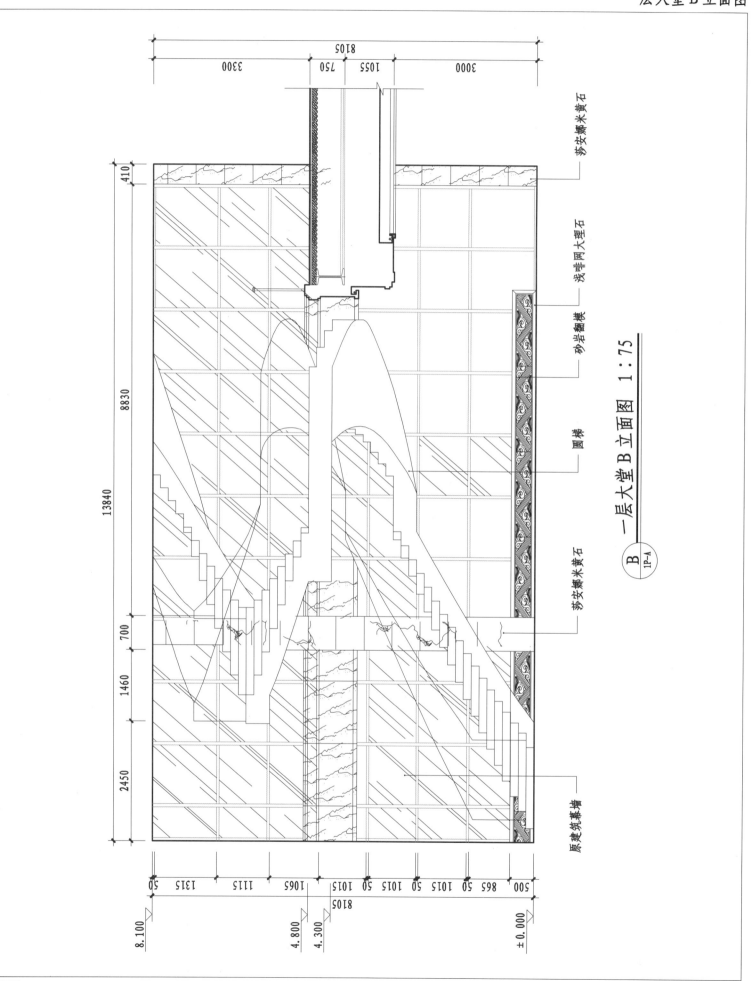

一层大堂 B 立面图 1 : 75

苏安娜米黄石

浅啡网大理石

砂岩壁楼

圆楼

苏安娜米黄石

原建筑竖幕墙

8105

3300 750 1055 3000

410

8830

13840

700

1460

2450

50 865 50 1015 50 1015 50 1015 50 1015
1315 1115 1065 8105

8.100 4.800 4.300 ±0.000

一层大堂C立面图

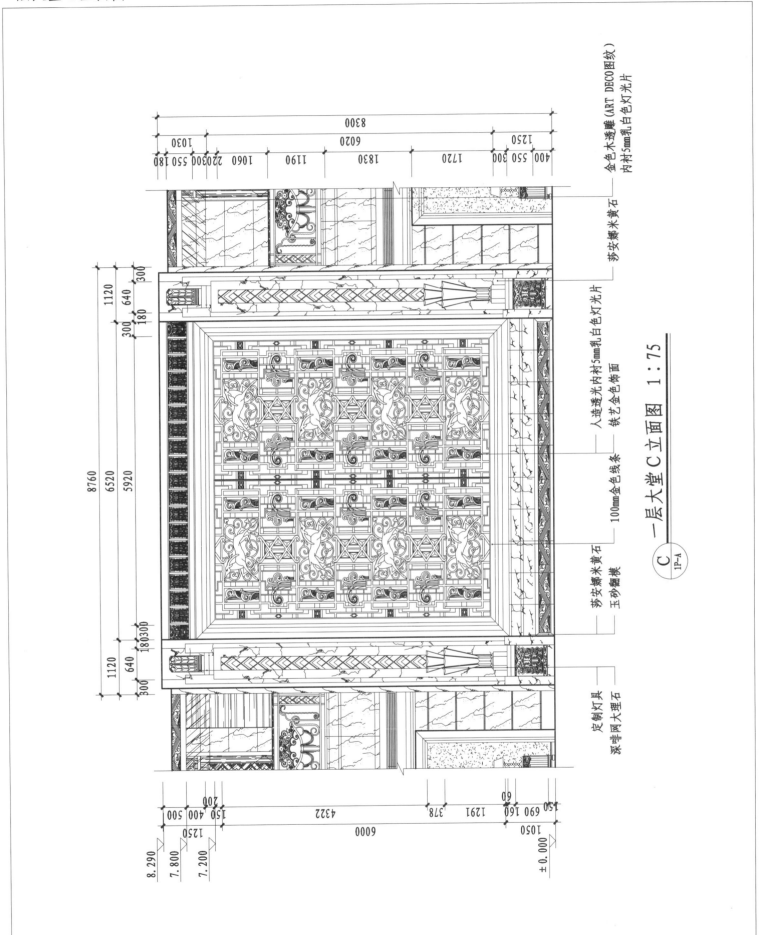

一层大堂C立面图 1：75

见彩图第 219 页

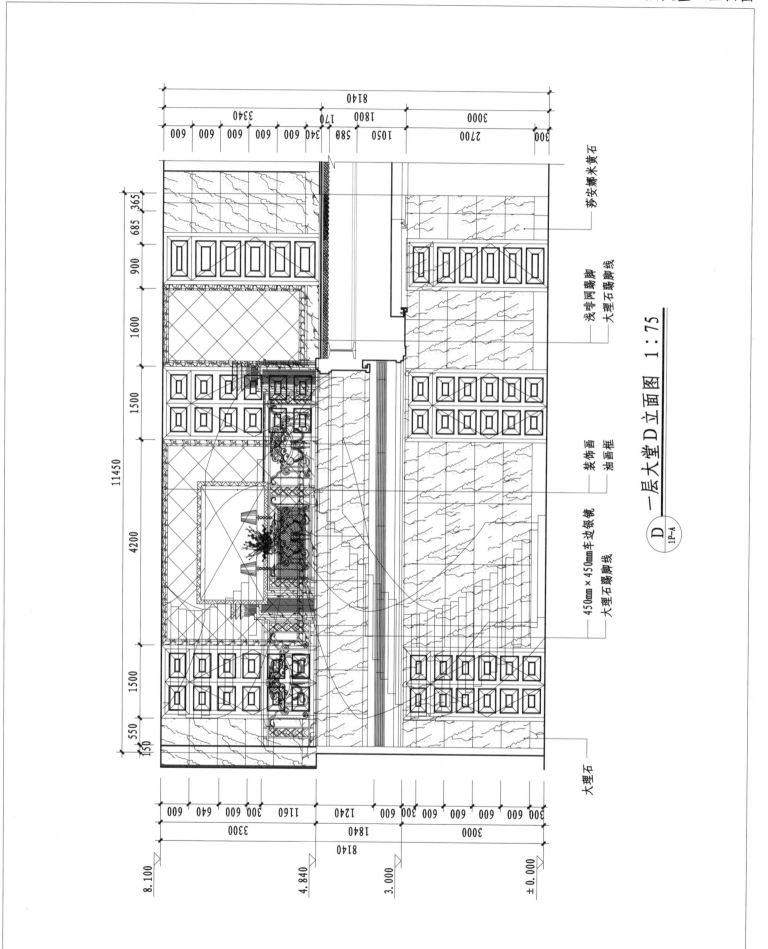

一层大堂D立面图 1：75

D
1P-A

苏安娜米黄石

泼咖网踢脚
大理石踢脚线

装饰画
油画框

450mm×450mm丰边银镜
大理石踢脚线

大理石

一层餐厅包房（一）平面布置图

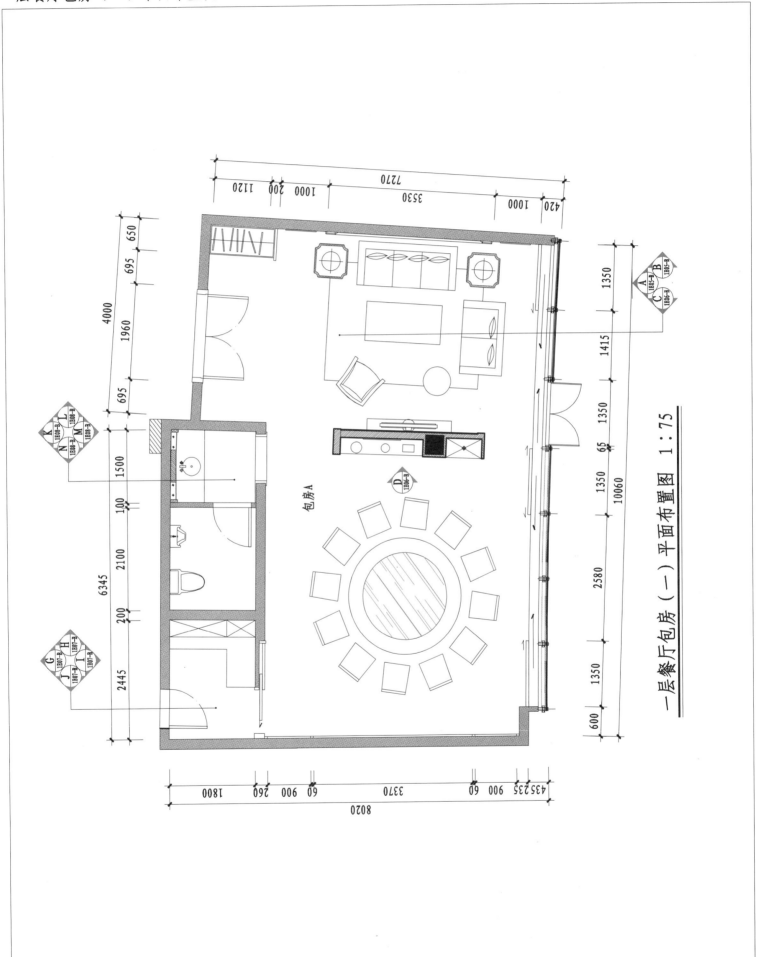

一层餐厅包房（一）平面布置图 1:75

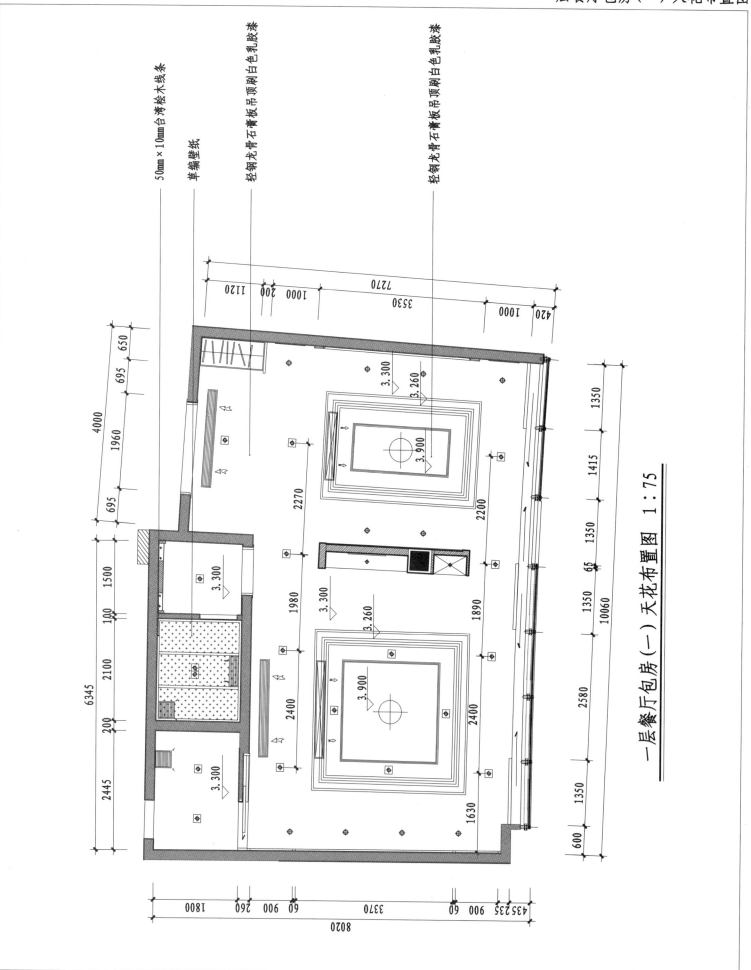

50mm×10mm台湾桧木线条

草编壁纸

轻钢龙骨石膏板吊顶刷白色乳胶漆

轻钢龙骨石膏板吊顶刷白色乳胶漆

一层餐厅包房（一）天花布置图 1：75

一层餐厅包房（一）A、B立面图

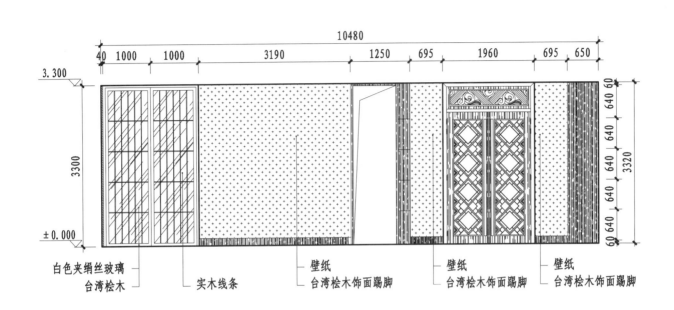

白色夹绢丝玻璃
台湾桧木
实木线条
壁纸
台湾桧木饰面踢脚
壁纸
台湾桧木饰面踢脚
壁纸
台湾桧木饰面踢脚

Ⓐ 一层餐厅包房（一）A立面图 1:75
1P-B

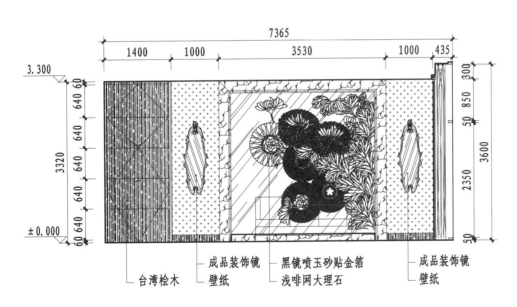

台湾桧木
成品装饰镜
壁纸
黑镜喷玉砂贴金箔
浅啡网大理石
成品装饰镜
壁纸

Ⓑ 一层餐厅包房（一）B立面图 1:75
1P-B

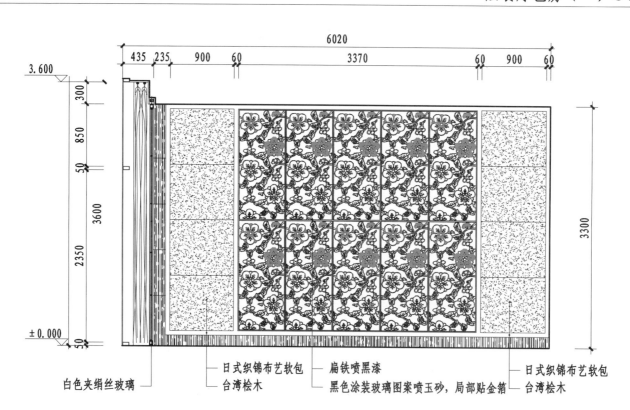

白色夹绢丝玻璃 ── 日式织锦布艺软包 ── 扁铁喷黑漆 ── 日式织锦布艺软包
　　　　　　　　　台湾桧木 ── 黑色涂装玻璃图案喷玉砂，局部贴金箔 ── 台湾桧木

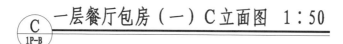

Ⓒ 一层餐厅包房（一）C立面图　1：50
　1P-B

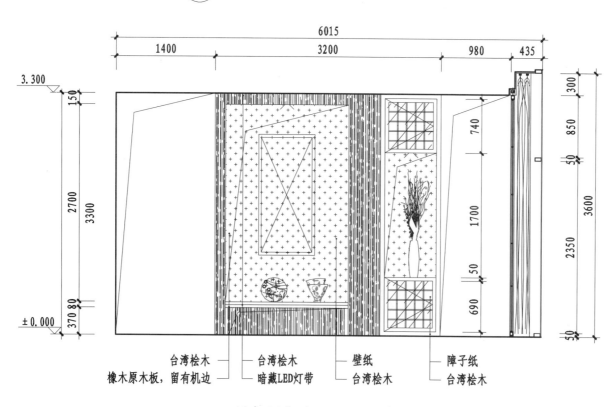

台湾桧木 ── 台湾桧木 ── 壁纸 ── 障子纸
橡木原木板，留有机边 ── 暗藏LED灯带 ── 台湾桧木 ── 台湾桧木

Ⓓ 一层餐厅包房（一）D立面图　1：50
　1P-B

一层餐厅包房（一）准备间G、H、I、J立面图

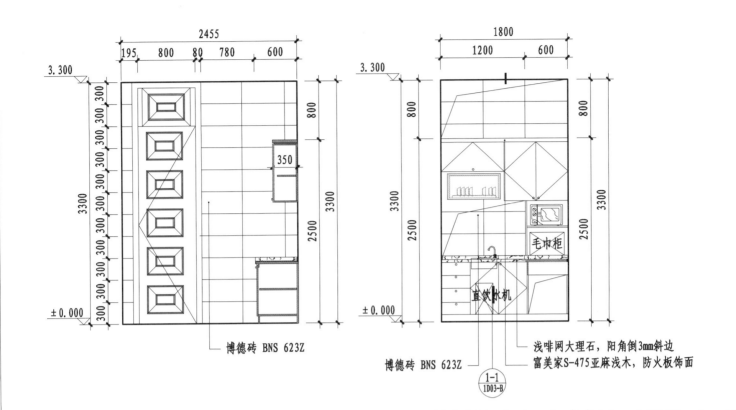

博德砖 BNS 623Z

浅啡网大理石，阳角倒3mm斜边
博德砖 BNS 623Z
富美家S-475亚麻浅木，防火板饰面

毛巾柜

直饮水机

1-1
1D03-B

G
1P-B
一层餐厅包房（一）准备间G立面图 1：50

H
1P-B
一层餐厅包房（一）准备间H立面图 1：50

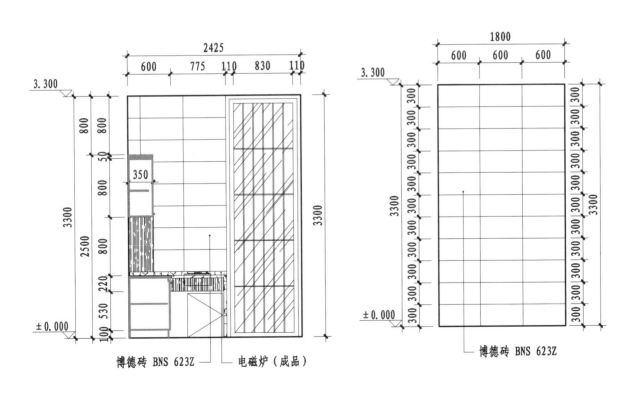

博德砖 BNS 623Z   电磁炉（成品）

博德砖 BNS 623Z

I
1P-B
一层餐厅包房（一）准备间I立面图 1：50

J
1P-B
一层餐厅包房（一）准备间J立面图 1：50

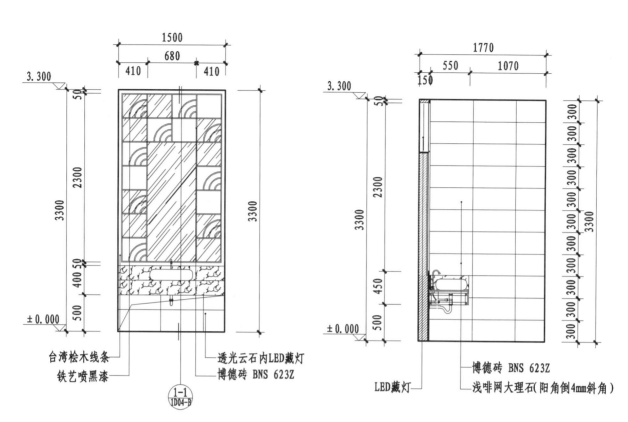

台湾桧木线条
铁艺喷黑漆
透光云石内LED藏灯
博德砖 BNS 623Z

1-1
1D04-B

LED藏灯
博德砖 BNS 623Z
浅啡网大理石（阳角倒4mm斜角）

K / 1P-B 一层餐厅包房（一）卫生间K立面图 1:50
L / 1P-B 一层餐厅包房（一）卫生间L立面图 1:50

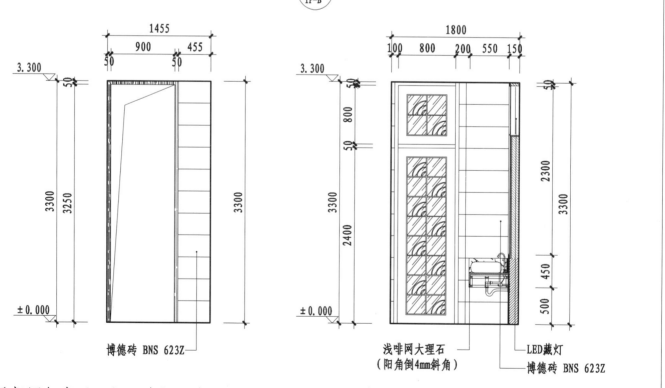

博德砖 BNS 623Z

浅啡网大理石
（阳角倒4mm斜角）
LED藏灯
博德砖 BNS 623Z

M / 1P-B 一层餐厅包房（一）卫生间M立面图 1:50
N / 1P-B 一层餐厅包房（一）卫生间N立面图 1:50

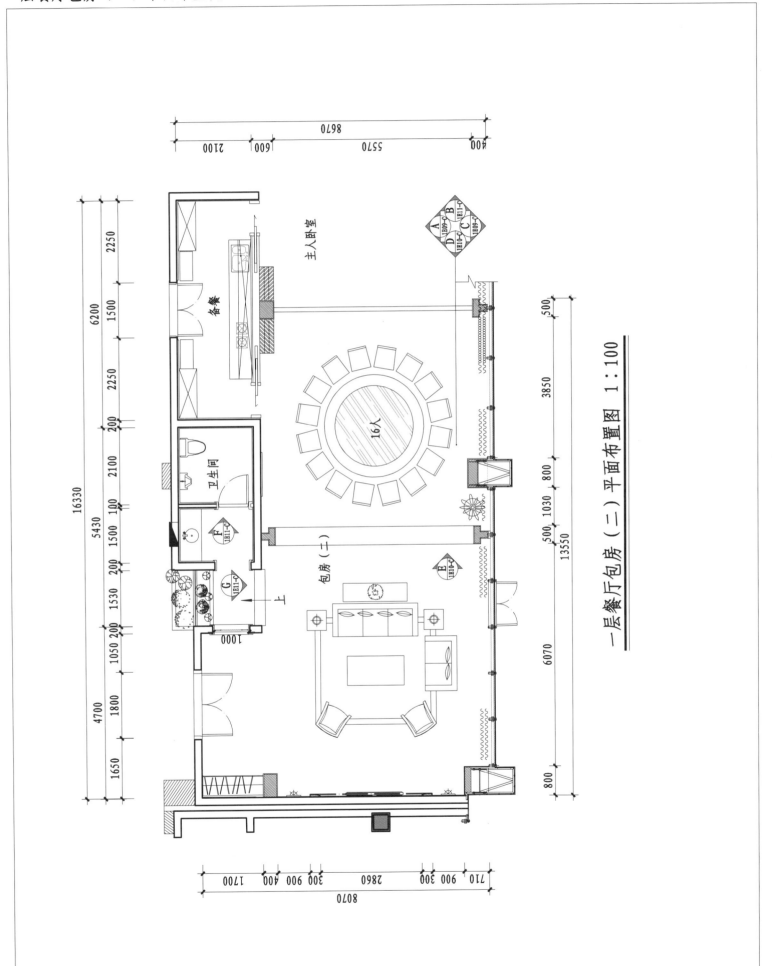

一层餐厅包房（二）平面布置图 1：100

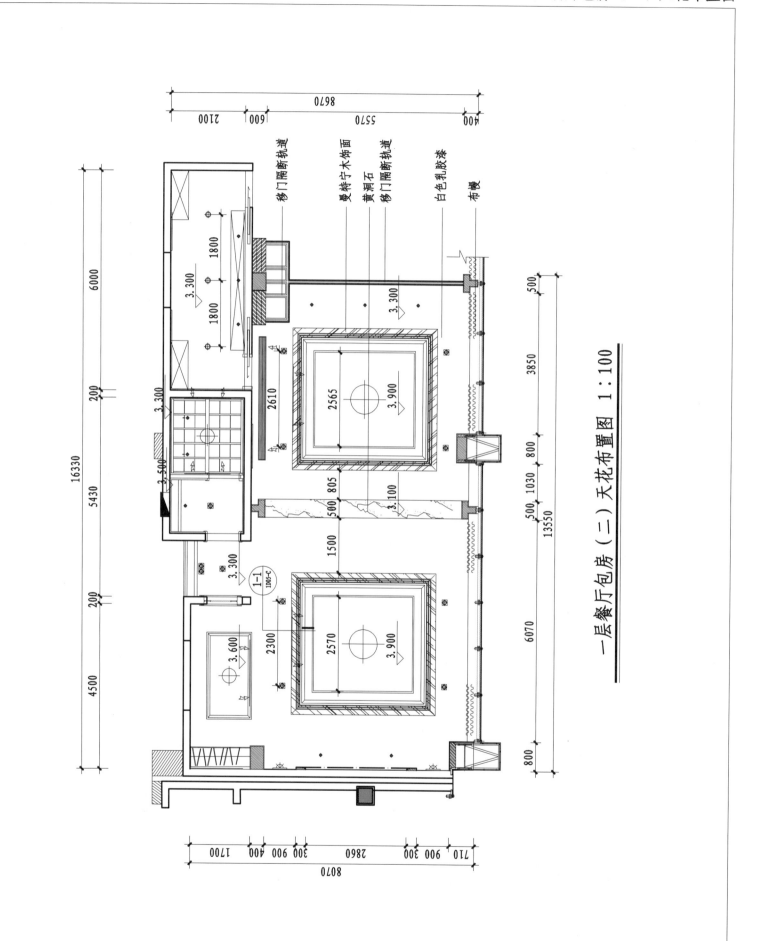

一层餐厅包房（二）天花布置图 1:100

一层餐厅包房（二）A、C立面图

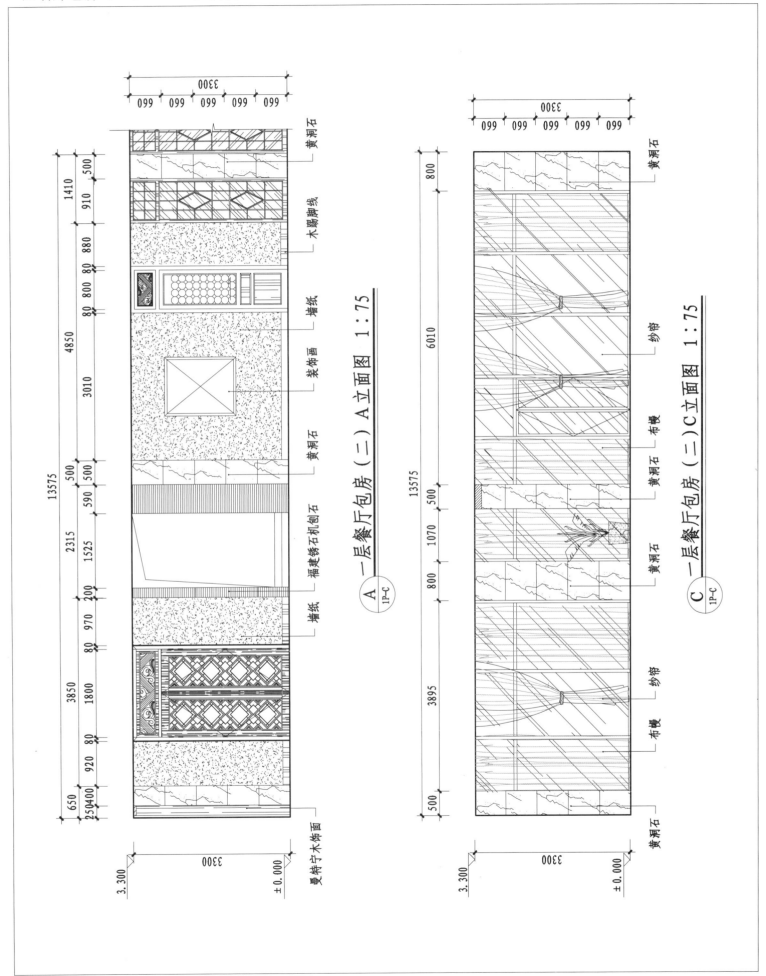

一层餐厅包房（二）A立面图 1：75

一层餐厅包房（二）C立面图 1：75

黄洞石
木踢脚线
墙纸
装饰画
黄洞石
福建镂石机刨石
墙纸
曼特宁木饰面

黄洞石
纱帘
布幔
黄洞石
黄洞石
纱帘
布幔
黄洞石

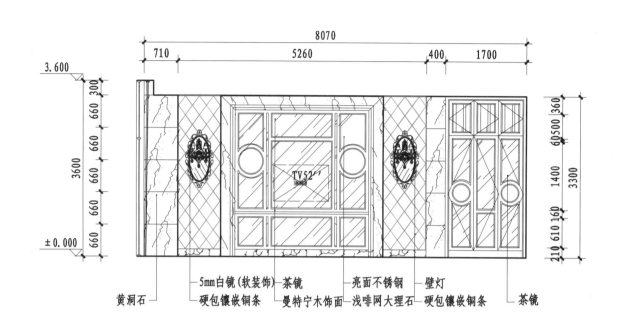

黄洞石 — 5mm白镜(软装饰) — 茶镜 — 亮面不锈钢 — 壁灯 — 茶镜
— 硬包镶嵌铜条 — 曼特宁木饰面 — 浅啡网大理石 — 硬包镶嵌铜条

D 一层餐厅包房（二）D立面图 1:75
1P-C

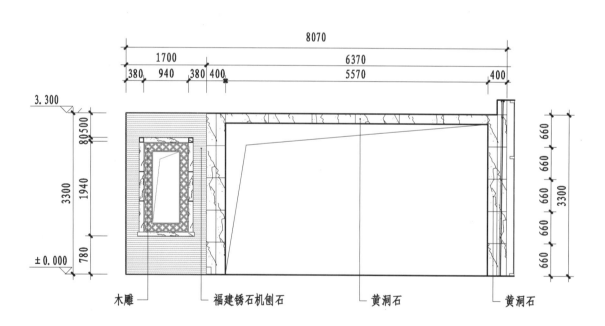

木雕 — 福建锈石机刨石 — 黄洞石 — 黄洞石

E 一层餐厅包房（二）E立面图 1:75
1P-C

一层餐厅包房（二）B、F、G立面图

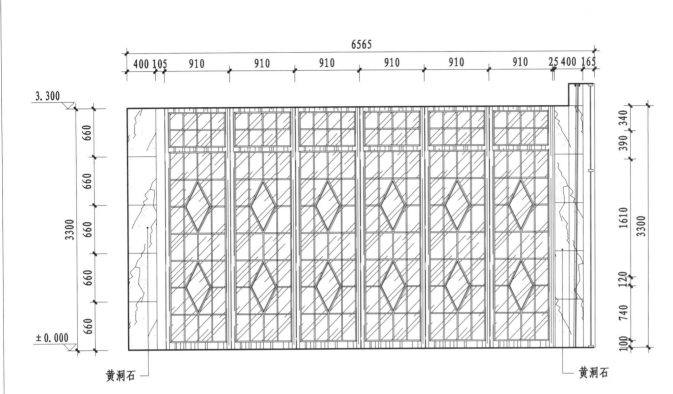

黄洞石

黄洞石

B 一层餐厅包房（二）B立面图 1：50
1P-C

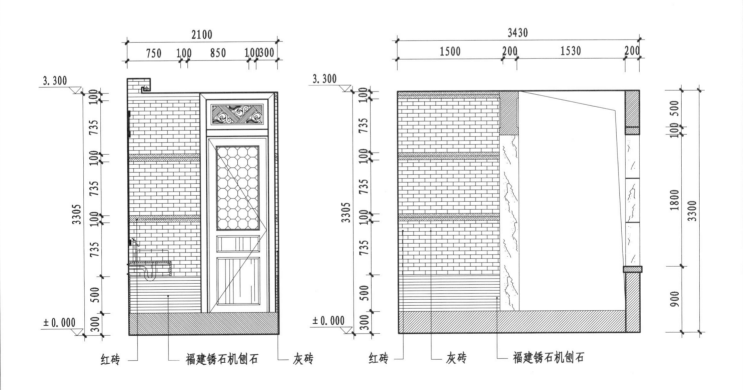

红砖   福建锈石机刨石   灰砖

红砖   灰砖   福建锈石机刨石

F 一层餐厅包房（二）F立面图 1：50
1P-C

G 一层餐厅包房（二）G立面图 1：50
1P-C

见彩图第220页

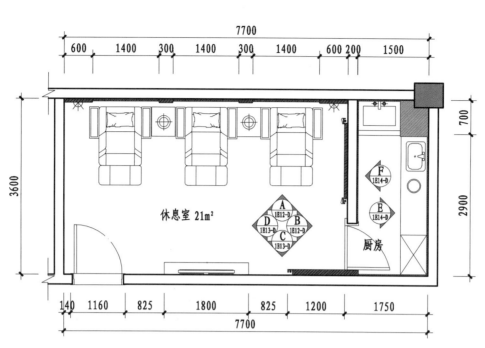

一层贵宾会所休息室平面布置图　1：75

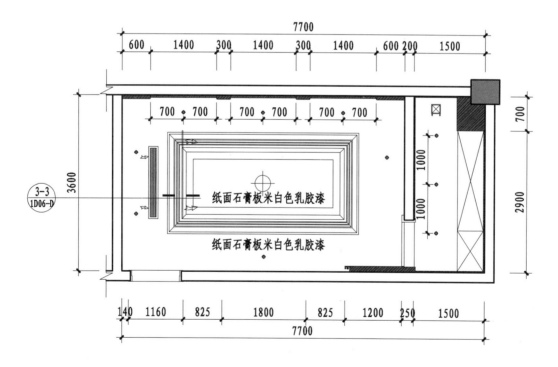

一层贵宾会所休息室天花布置图　1：75

一层贵宾会所休息室A、B立面图

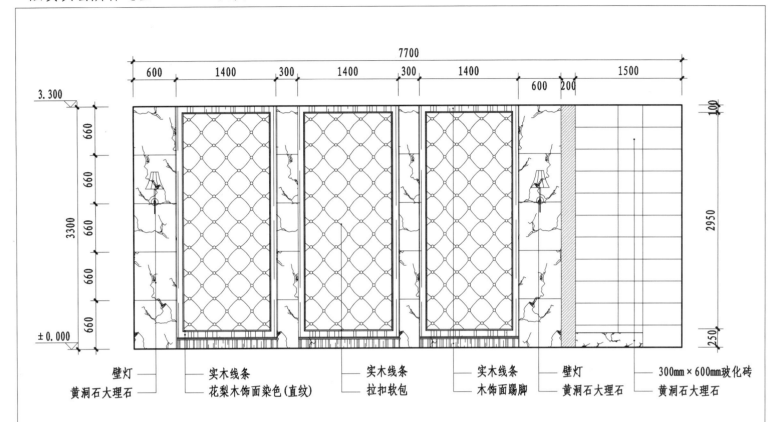

壁灯 — 黄洞石大理石 | 实木线条 — 花梨木饰面染色(直纹) | 实木线条 — 拉扣软包 | 实木线条 — 木饰面踢脚 | 壁灯 — 黄洞石大理石 | 300mm×600mm玻化砖 — 黄洞石大理石

A 一层贵宾会所休息室A立面图 1：50
1PC-D

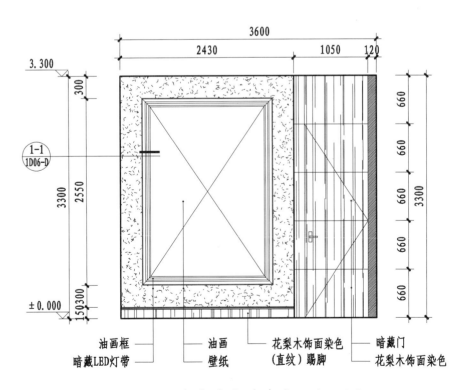

油画框 — 暗藏LED灯带 | 油画 — 壁纸 | 花梨木饰面染色 (直纹)踢脚 | 暗藏门 — 花梨木饰面染色

B 一层贵宾会所休息室B立面图 1：50
1PC-D

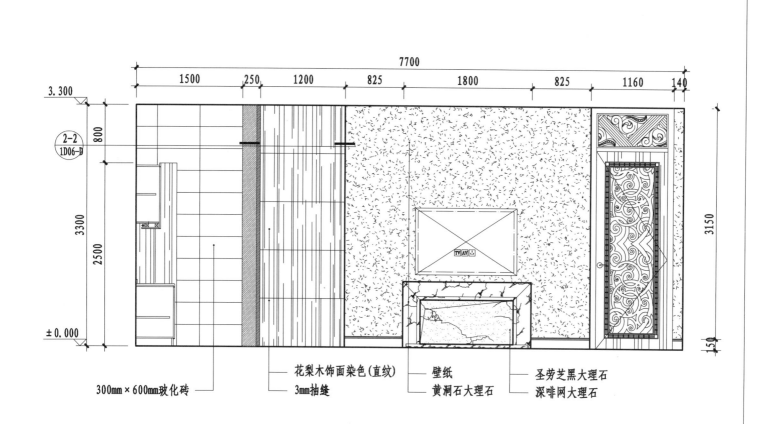

300mm×600mm玻化砖
花梨木饰面染色(直纹)
3mm抽缝
壁纸
黄洞石大理石
圣劳芝黑大理石
深啡网大理石

Ⓒ 一层贵宾会所休息室C立面图　1∶50
1PC-D

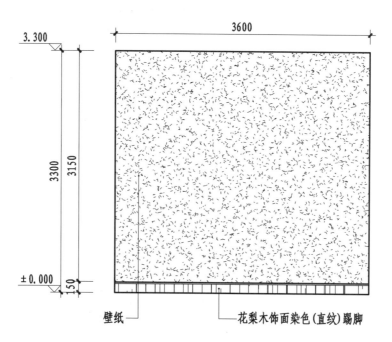

壁纸
花梨木饰面染色(直纹)踢脚

Ⓓ 一层贵宾会所休息室D立面图　1∶50
1PC-D

一层贵宾会所休息室E、F立面图

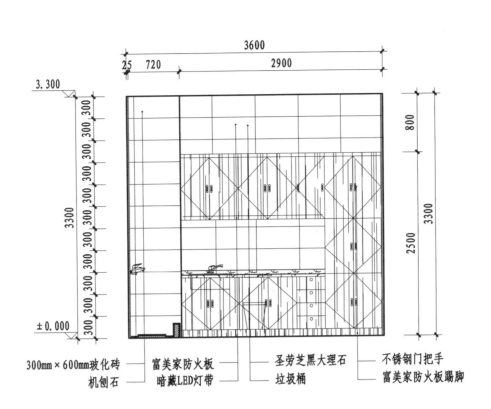

300mm×600mm玻化砖 —— 富美家防火板 —— 圣劳芝黑大理石 —— 不锈钢门把手
机刨石 —— 暗藏LED灯带 —— 垃圾桶 —— 富美家防火板踢脚

Ｅ 一层贵宾会所休息室E立面图 1∶50
1PC-D

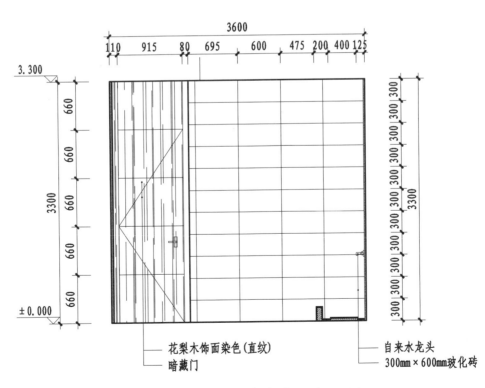

花梨木饰面染色(直纹) —— 自来水龙头
暗藏门 —— 300mm×600mm玻化砖

Ｆ 一层贵宾会所休息室F立面图 1∶50
1PC-D

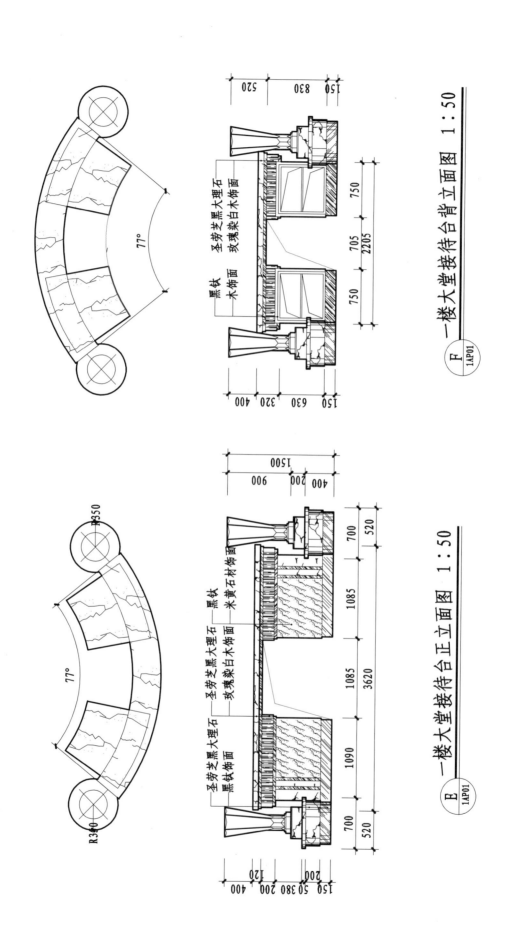

一楼大堂接待台背立面图 1:50

F
1AP01

一楼大堂接待台正立面图 1:50

E
1AP01

一楼大堂接待台剖面图

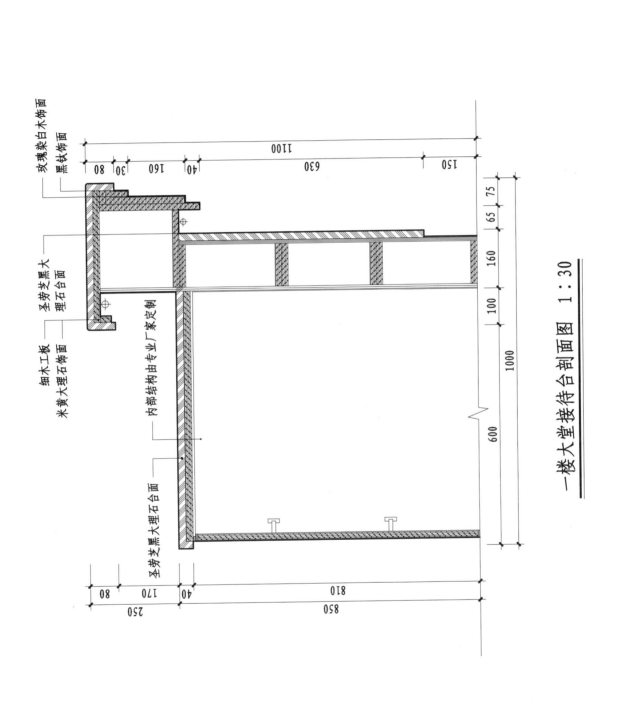

玫瑰染白木饰面
黑钛饰面
圣劳支黑大理石台面
细木工板
米黄大理石饰面
内部结构由专业厂家定制
圣劳支黑大理石台面

1100
80 80 30 160 40 630 150
75 65 160 100 1000 600
80 170 40 810
250 850

一楼大堂接待台剖面图 1：30

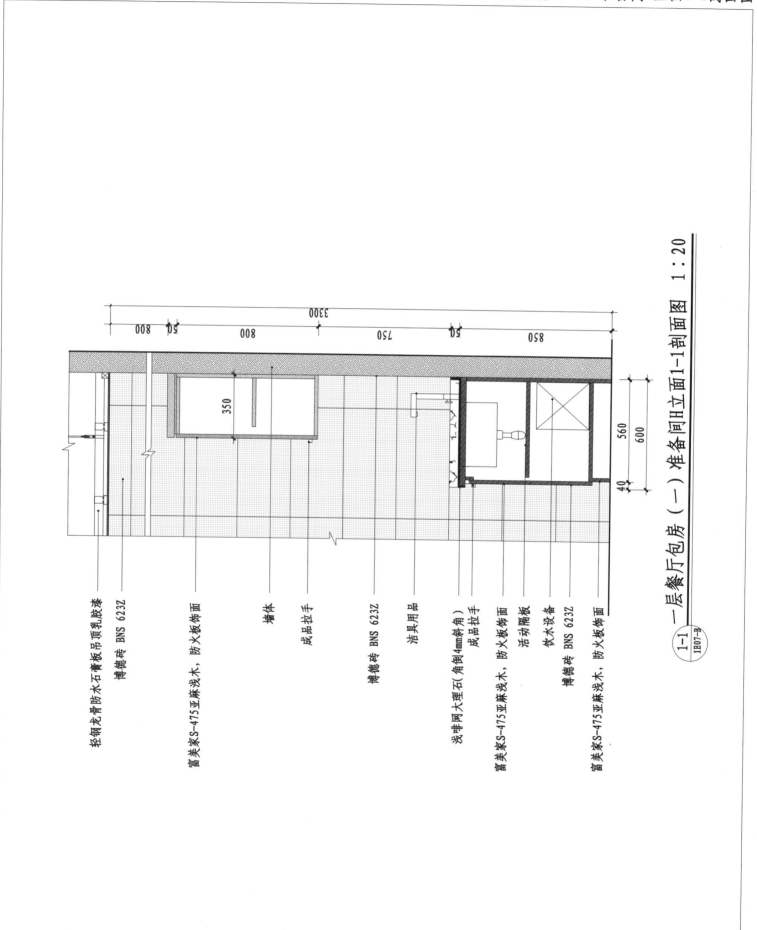

一层餐厅包房（一）准备间H立面1-1剖面图 1：20

轻钢龙骨防水石膏板吊顶乳胶漆

博德砖 BNS 623Z

富美家S-475亚麻浅木，防火板饰面

墙体

成品拉手

博德砖 BNS 623Z

洁具用品

浅咖网大理石(角倒4mm斜角)

成品拉手

富美家S-475亚麻浅木，防火板饰面

活动隔板

饮水设备

博德砖 BNS 623Z

富美家S-475亚麻浅木，防火板饰面

1-1
1D07-B

一层餐厅包房（一）卫生间K立面1-1剖面图、卫生间洗手台详图

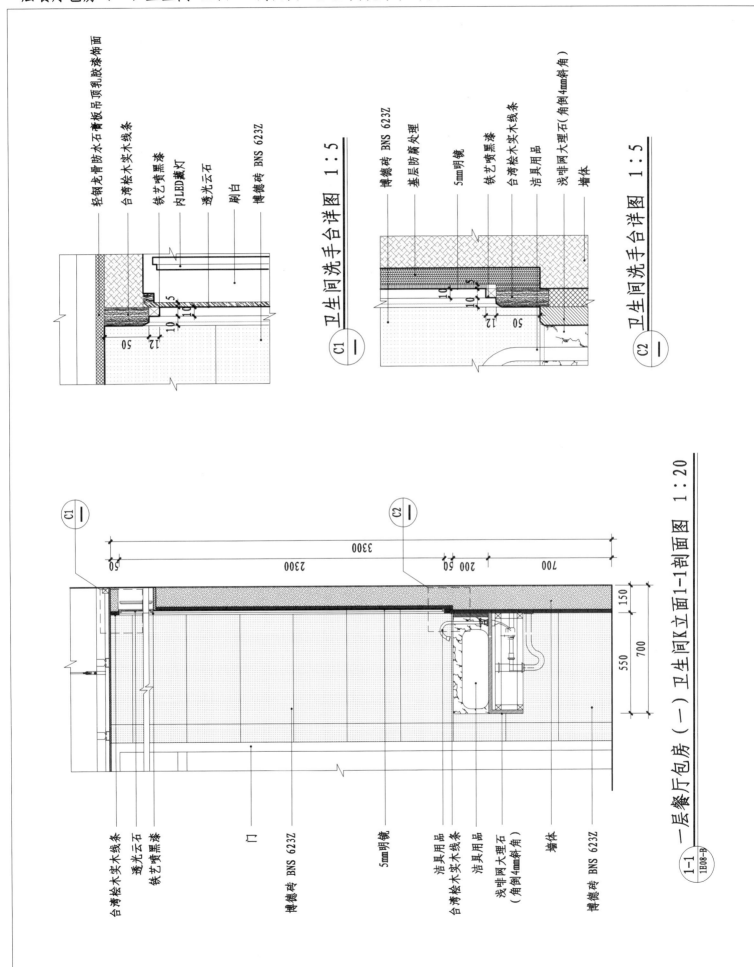

轻钢龙骨防水石膏板吊顶乳胶漆饰面
台湾桧木实木线条
铁艺喷黑漆
内LED藏灯
透光云石
刷白
博德砖 BNS 623Z

卫生间洗手台详图 1:5
博德砖 BNS 623Z
基层防腐处理
5mm明镜
铁艺喷黑漆
台湾桧木实木线条
洁具用品
浅咖网大理石（角倒4mm斜角）
墙体

卫生间洗手台详图 1:5
C1

C2

台湾桧木实木线条
透光云石
铁艺喷黑漆
门
博德砖 BNS 623Z
5mm明镜
洁具用品
台湾桧木实木线条
洁具用品
浅咖网大理石（角倒4mm斜角）
墙体
博德砖 BNS 623Z

一层餐厅包房（一）卫生间K立面1-1剖面图 1:20

1-1
1B08-B

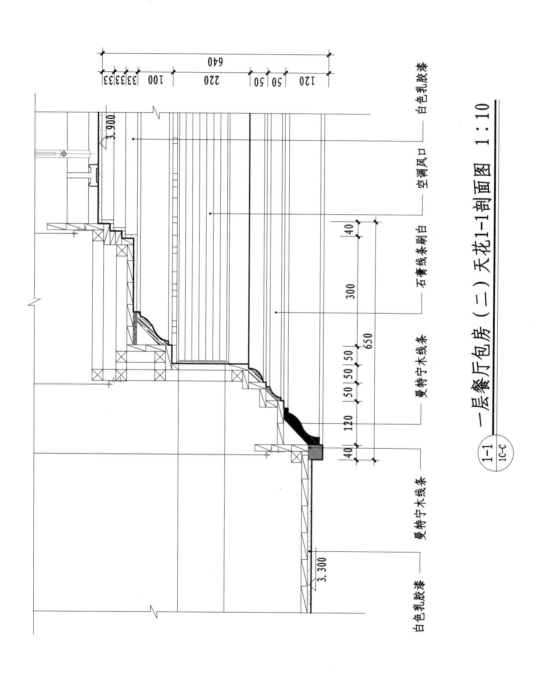

一层餐厅包房（二）天花1-1剖面图 1：10

1-1
1C-C

白色乳胶漆
空调风口
石膏线条刷白
曼特宁木线条
曼特宁木线条
白色乳胶漆

3.900
3.300

640
33 33 33 | 100 | 220 | 50 50 | 120

40
300
650
50 50 50
120
40

一层贵宾会所休息室B立面1-1、C立面2-2、天花3-3剖面图

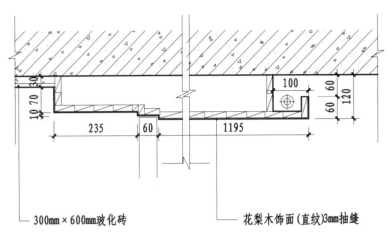

300mm×600mm玻化砖　　花梨木饰面(直纹)3mm抽缝

2-2
1E13-D　一层贵宾会所休息室C立面2-2剖面图　1：10

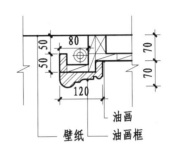

油画

壁纸　　油画框

1-1
1E12-D　一层贵宾会所休息室B立面1-1剖面图　1：10

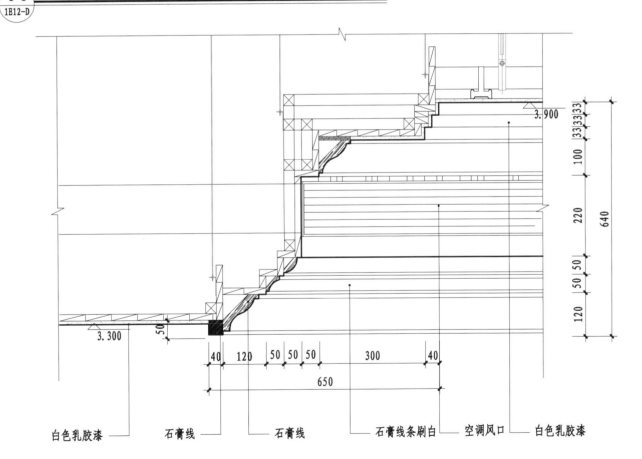

白色乳胶漆　　石膏线　　石膏线　　石膏线条刷白　　空调风口　　白色乳胶漆

3-3
1PC-D　一层贵宾会所休息室天花3-3剖面图　1：10

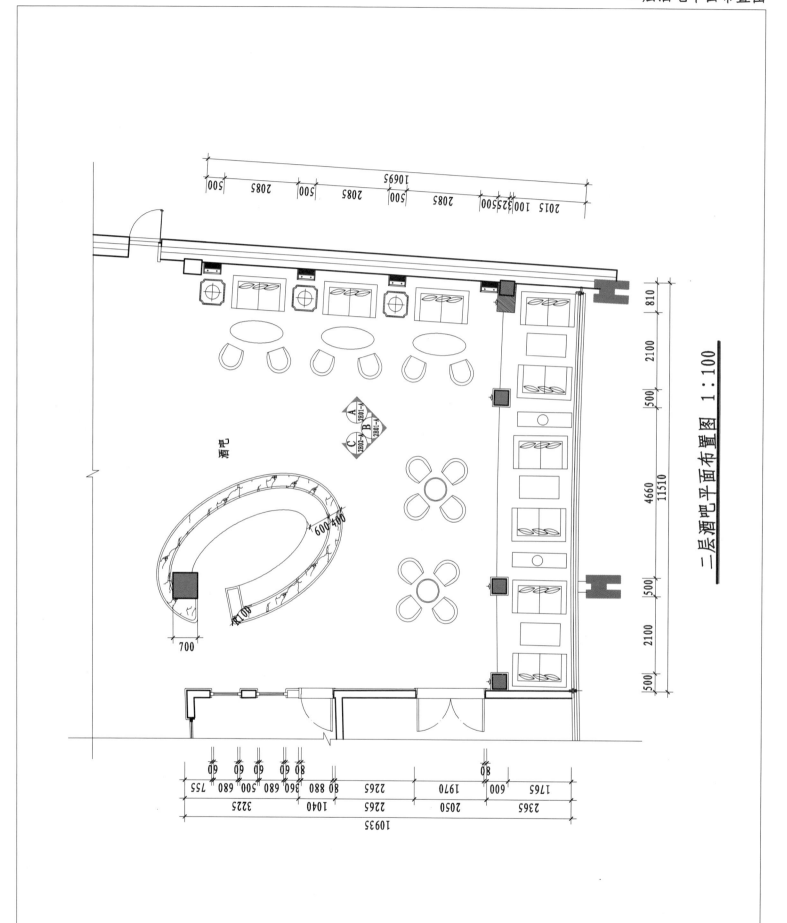

二层酒吧平面布置图 1：100

酒吧

见彩图第 221 页

二层酒吧天花布置图

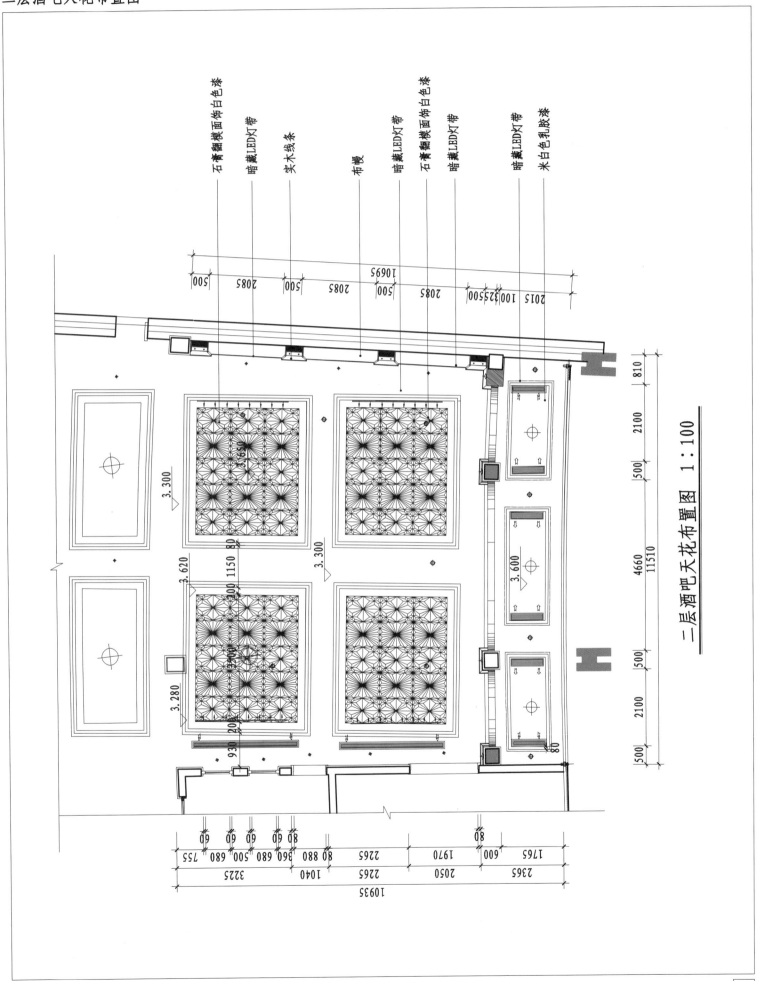

石膏飘横面饰白色漆
暗藏LED灯带
实木线条
布幔
暗藏LED灯带
石膏飘横面饰白色漆
暗藏LED灯带
暗藏LED灯带
米白色乳胶漆

二层酒吧天花布置图 1：100

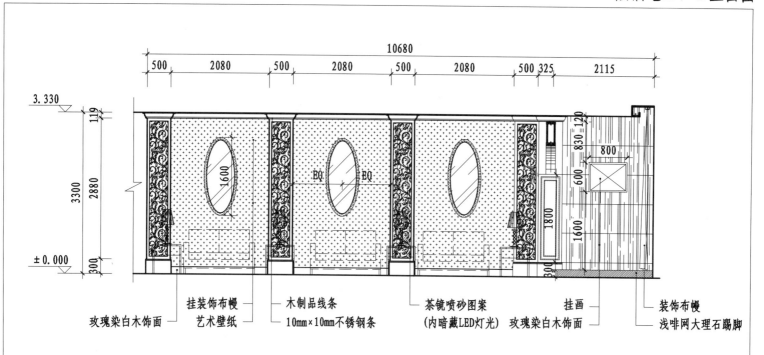

玫瑰染白木饰面 — 挂装饰布幔 艺术壁纸 — 木制品线条 10mm×10mm不锈钢条 — 茶镜喷砂图案（内暗藏LED灯光） 玫瑰染白木饰面 — 挂画 — 装饰布幔 浅啡网大理石踢脚

Ⓐ 二层酒吧A立面图 1：75
2P-A

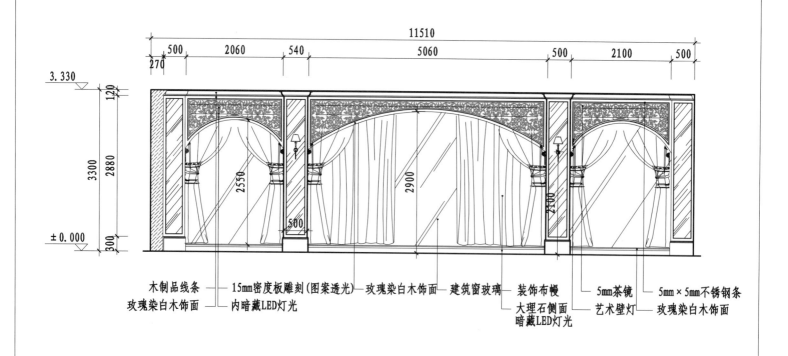

木制品线条 玫瑰染白木饰面 — 15mm密度板雕刻（图案透光） 内暗藏LED灯光 — 玫瑰染白木饰面 — 建筑窗玻璃 — 装饰布幔 大理石侧面 暗藏LED灯光 — 5mm茶镜 艺术壁灯 — 5mm×5mm不锈钢条 玫瑰染白木饰面

Ⓑ 二层酒吧B立面图 1：75
2P-A

二层酒吧C立面图

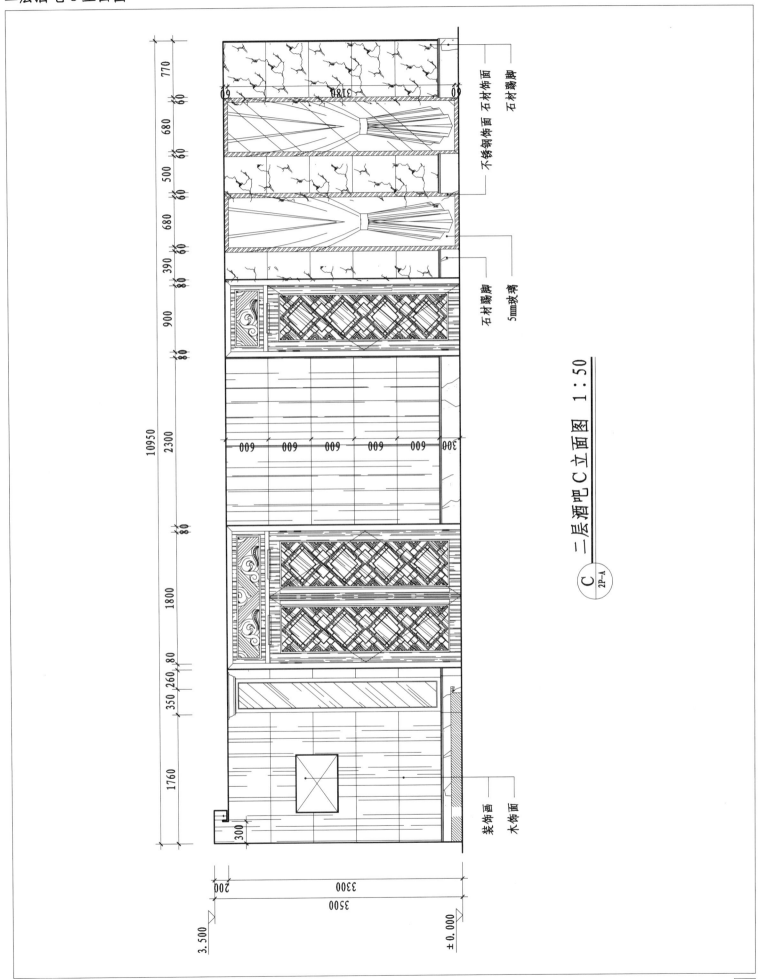

不锈钢饰面 石材饰面
石材踢脚

石材踢脚
5mm玻璃

二层酒吧C立面图 1:50

C
2P-A

装饰画
木饰面

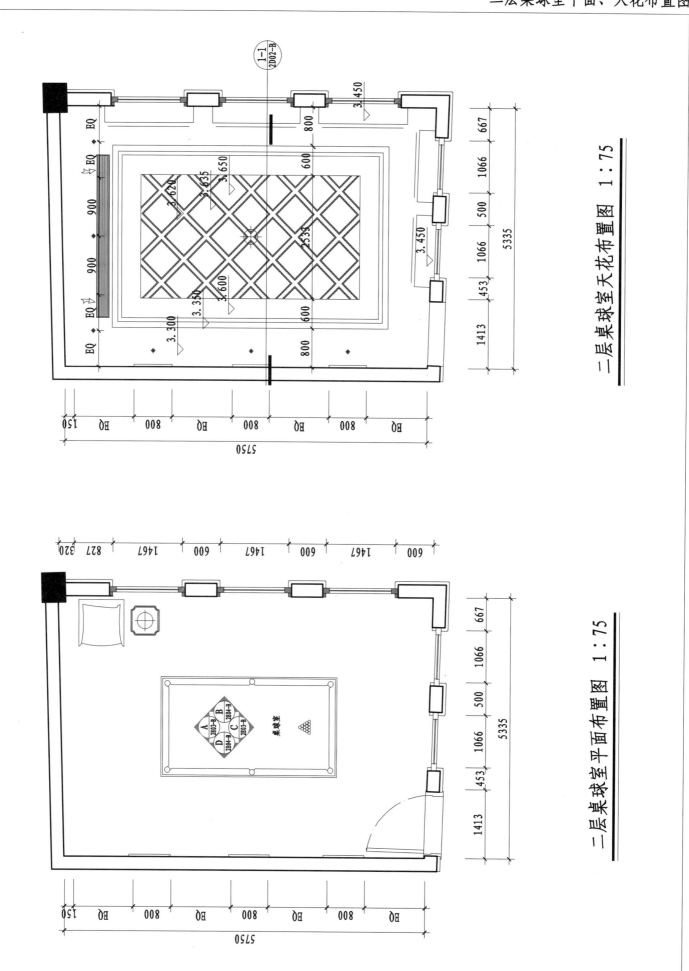

二层桌球室天花布置图 1：75

二层桌球室平面布置图 1：75

二层桌球室A、C立面图

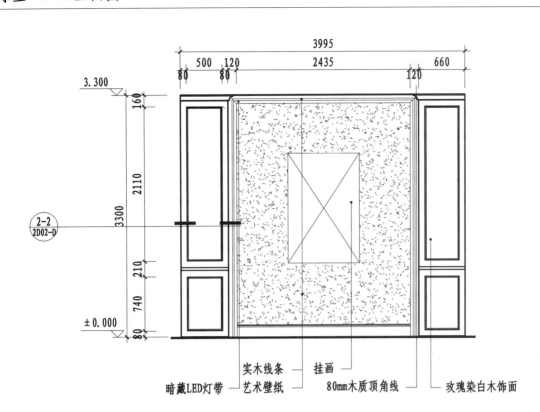

二层桌球室A立面图 1:50

暗藏LED灯带　实木线条　挂画　80mm木质顶角线　玫瑰染白木饰面　艺术壁纸

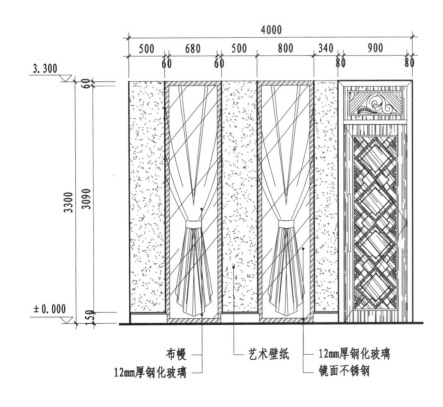

二层桌球室C立面图 1:50

布幔　艺术壁纸　12mm厚钢化玻璃　12mm厚钢化玻璃　镜面不锈钢

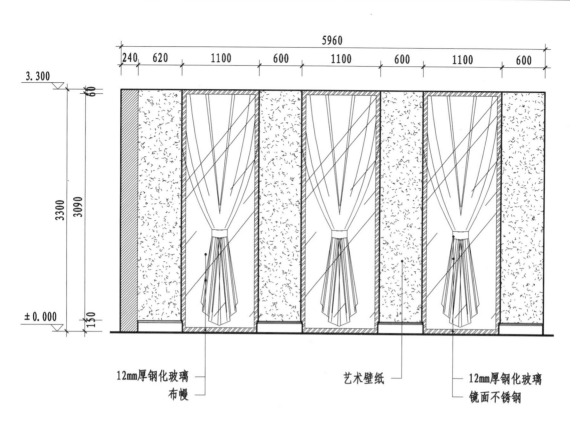

12mm厚钢化玻璃
布幔
艺术壁纸
12mm厚钢化玻璃
镜面不锈钢

Ⓑ 二层桌球室B立面图 1：50
2PC-B

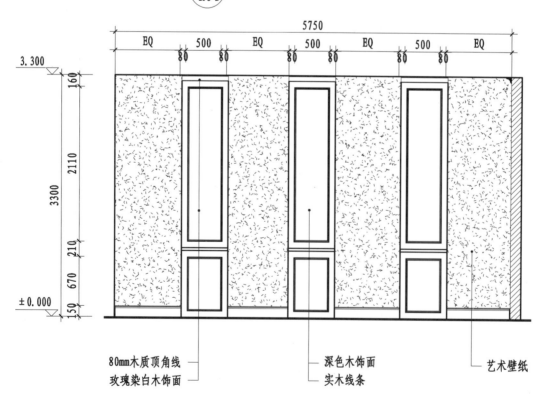

80mm木质顶角线
玫瑰染白木饰面
深色木饰面
实木线条
艺术壁纸

Ⓓ 二层桌球室D立面图 1：50
2PC-B

二层影视厅平面布置图

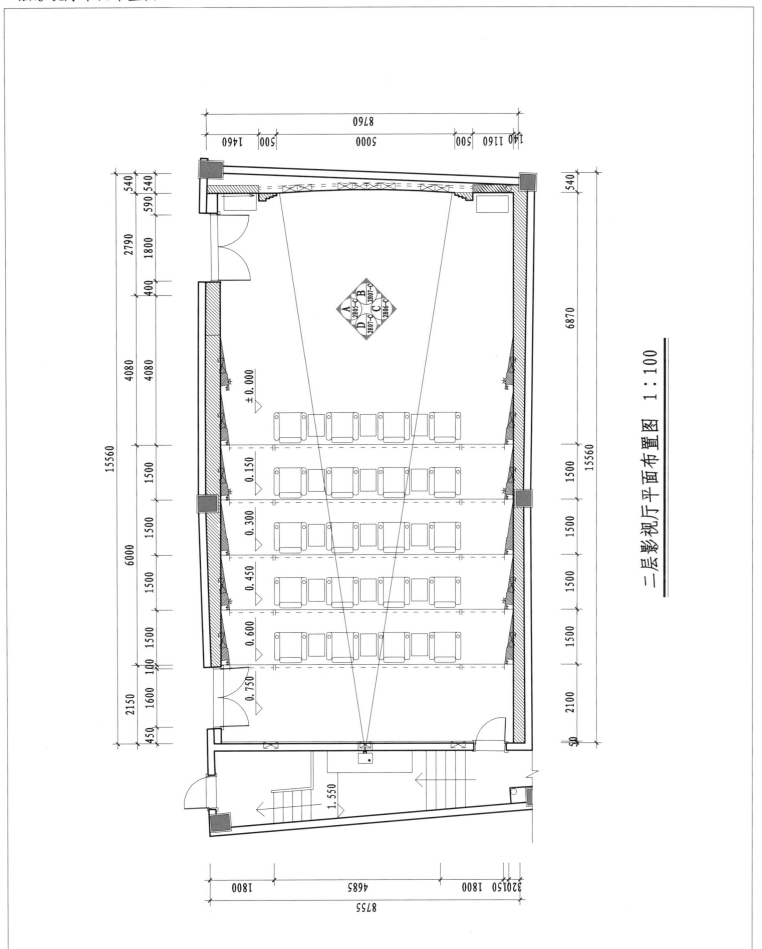

二层影视厅平面布置图 1∶100

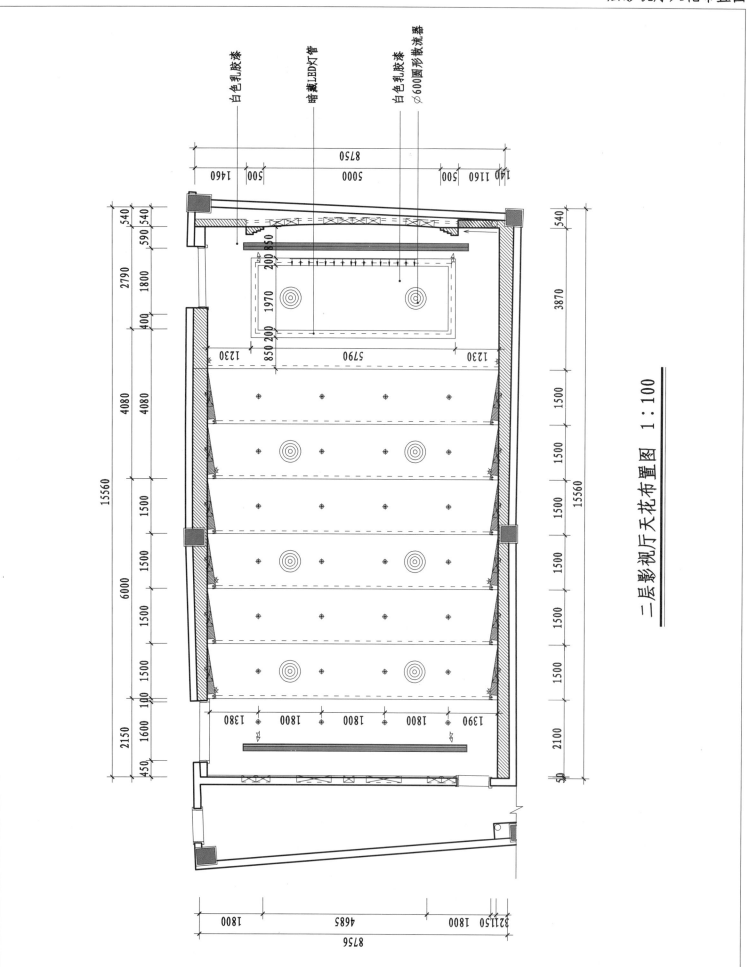

二层影视厅天花布置图 1：100

白色乳胶漆

暗藏LED灯管

白色乳胶漆

∅600圆形散流器

二层影视厅A立面图

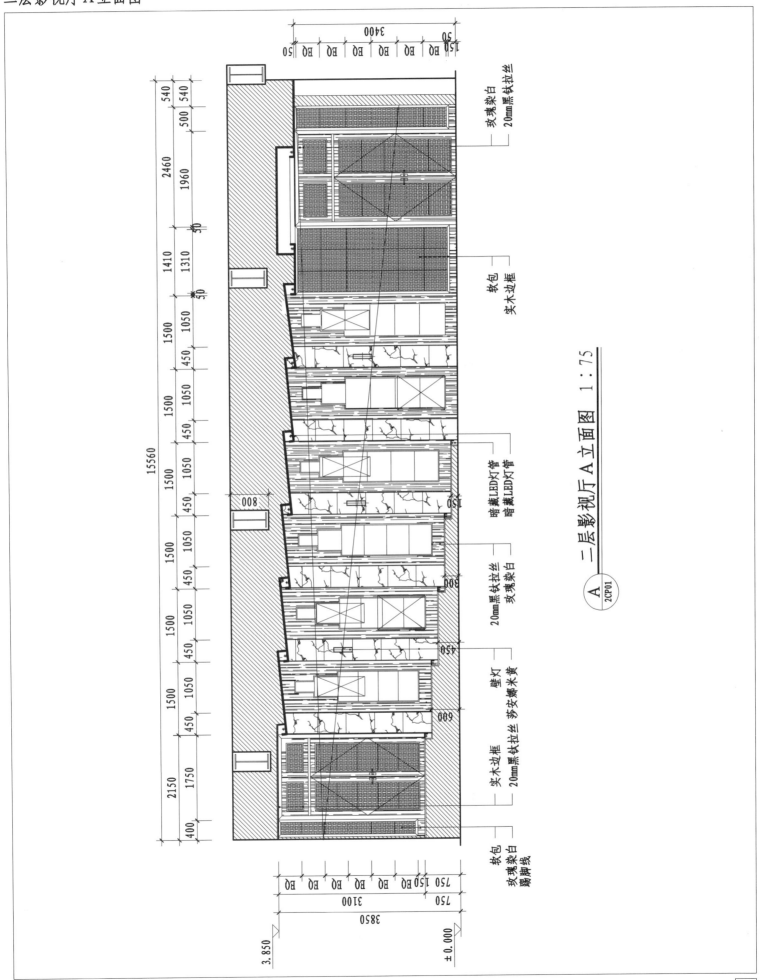

二层影视厅A立面图 1：75

A
2CP01

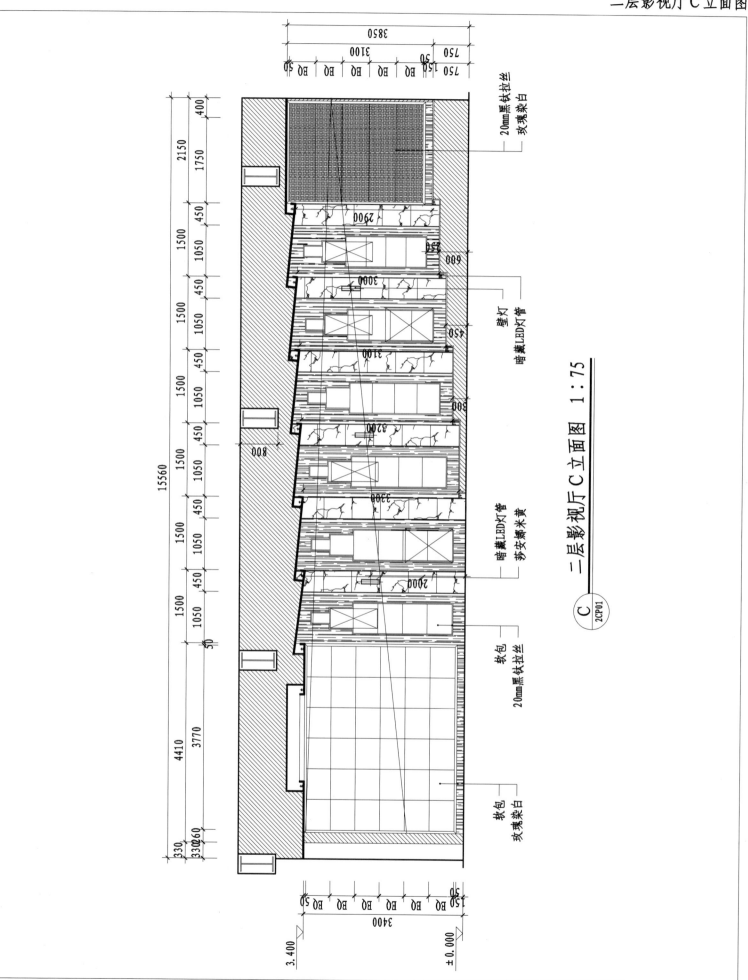

二层影视厅C立面图 1：75

C
2CP01

20mm黑钛拉丝
玫瑰染白

壁灯

暗藏LED灯管

暗藏LED灯管
莎安娜米黄

软包

20mm黑钛拉丝

软包
玫瑰染白

二层影视厅B、D立面图

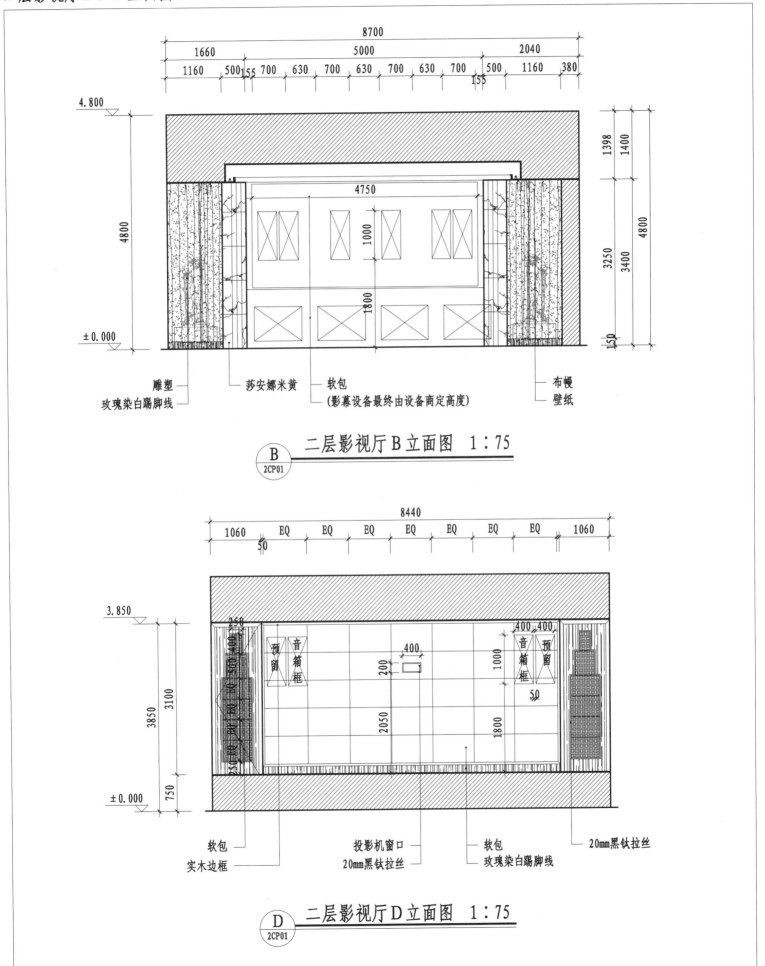

雕塑
玫瑰染白踢脚线

莎安娜米黄

软包
（影幕设备最终由设备商定高度）

布幔
壁纸

B
2CP01
二层影视厅B立面图 1:75

软包
实木边框

投影机窗口
20mm黑钛拉丝

软包
玫瑰染白踢脚线

20mm黑钛拉丝

D
2CP01
二层影视厅D立面图 1:75

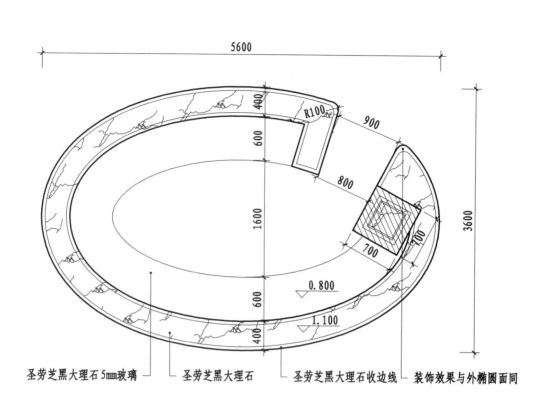

圣劳芝黑大理石5mm玻璃　　圣劳芝黑大理石　　圣劳芝黑大理石收边线　　装饰效果与外椭圆面同

二层酒吧吧台平面图　1：50

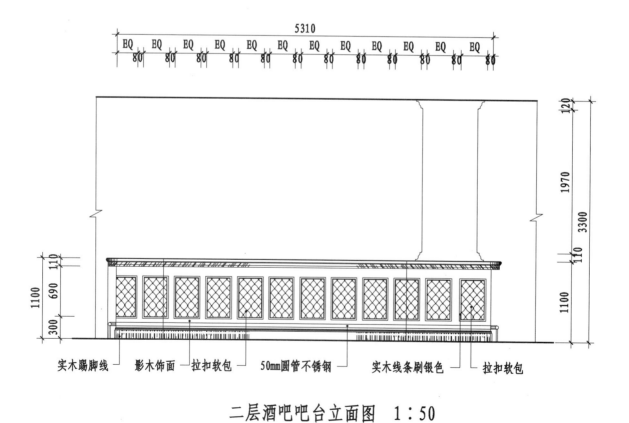

实木踢脚线　　影木饰面　　拉扣软包　　50mm圆管不锈钢　　实木线条刷银色　　拉扣软包

二层酒吧吧台立面图　1：50

二层桌球室天花1-1、A立面2-2剖面图

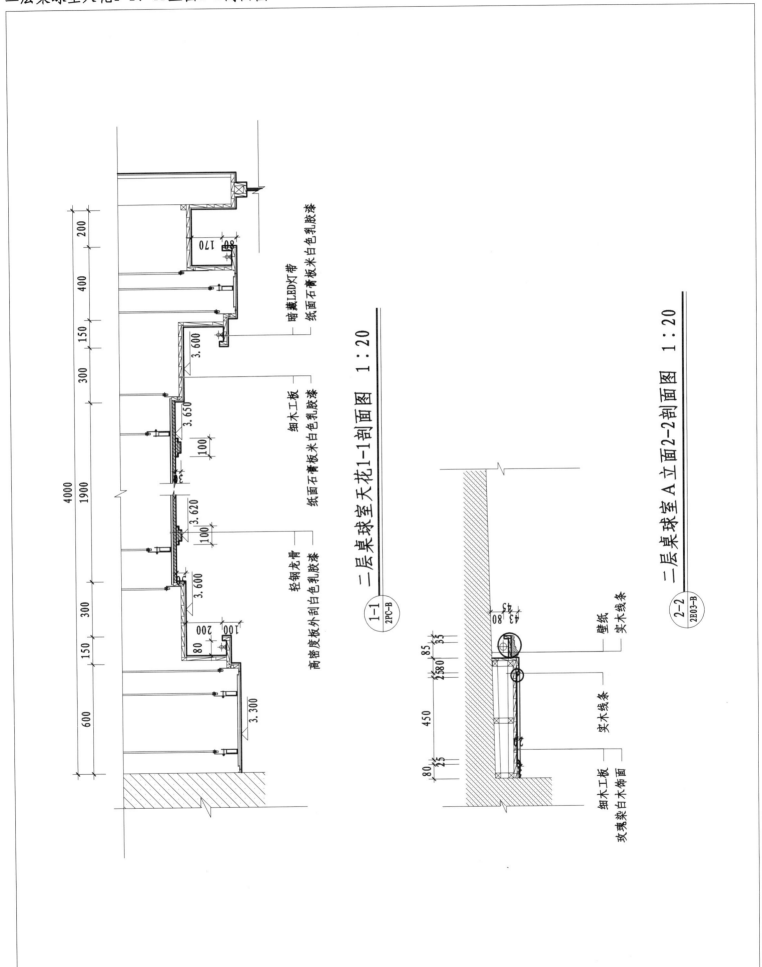

暗藏LED灯带
纸面石膏板米白色乳胶漆

细木工板
纸面石膏板米白色乳胶漆

轻钢龙骨
高密度板外刮白色乳胶漆

二层桌球室天花1-1剖面图 1：20

1-1
2PC-B

壁纸
实木线条

实木线条

细木工板
玫瑰染白木饰面

二层桌球室A立面2-2剖面图 1：20

2-2
2B03-B

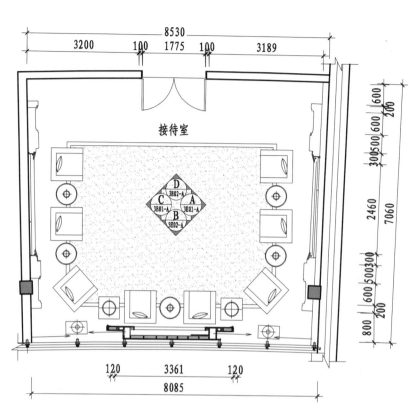

三层接待室平面布置图 1：100

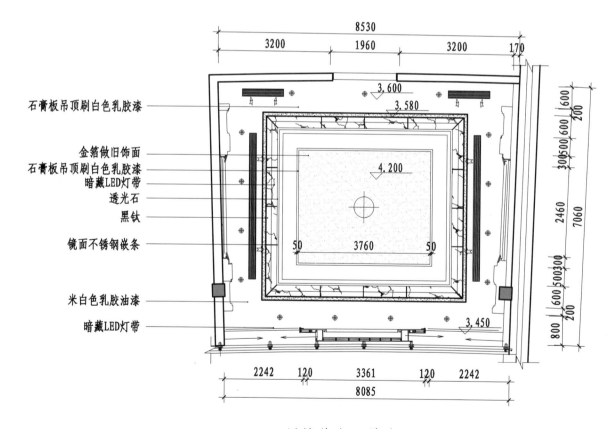

石膏板吊顶刷白色乳胶漆

金箔做旧饰面
石膏板吊顶刷白色乳胶漆
暗藏LED灯带
透光石
黑钛

镜面不锈钢嵌条

米白色乳胶油漆
暗藏LED灯带

三层接待室天花布置图 1：100

三层接待室A、C立面图

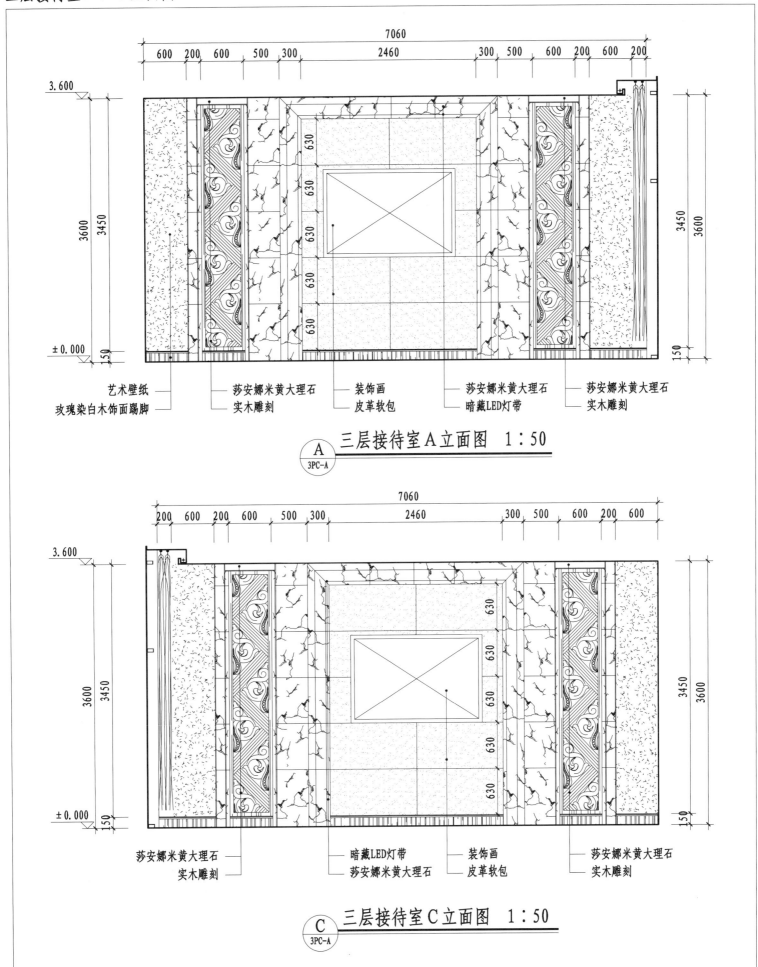

艺术壁纸 —————
玫瑰染白木饰面踢脚 —————
莎安娜米黄大理石 —————
实木雕刻 —————
装饰画 —————
皮革软包 —————
莎安娜米黄大理石 —————
暗藏LED灯带 —————
莎安娜米黄大理石 —————
实木雕刻 —————

Ⓐ 三层接待室A立面图 1:50
3PC-A

莎安娜米黄大理石 —————
实木雕刻 —————
暗藏LED灯带 —————
莎安娜米黄大理石 —————
装饰画 —————
皮革软包 —————
莎安娜米黄大理石 —————
实木雕刻 —————

Ⓒ 三层接待室C立面图 1:50
3PC-A

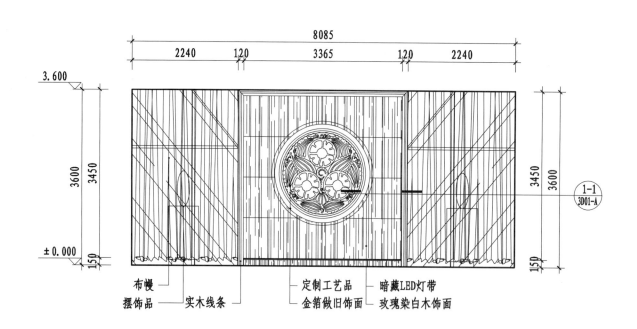

布幔
摆饰品 ── 实木线条
定制工艺品 ── 暗藏LED灯带
金箔做旧饰面 ── 玫瑰染白木饰面

1-1
3D01-A

B 三层接待室B立面图 1:75
3PC-A

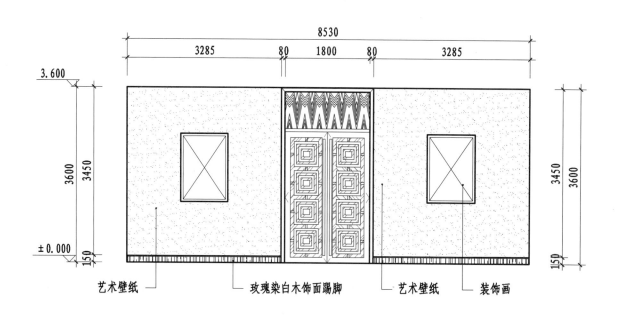

艺术壁纸
玫瑰染白木饰面踢脚 ── 艺术壁纸 ── 装饰画

D 三层接待室D立面图 1:75
3PC-A

三层中会议室平面、天花布置图

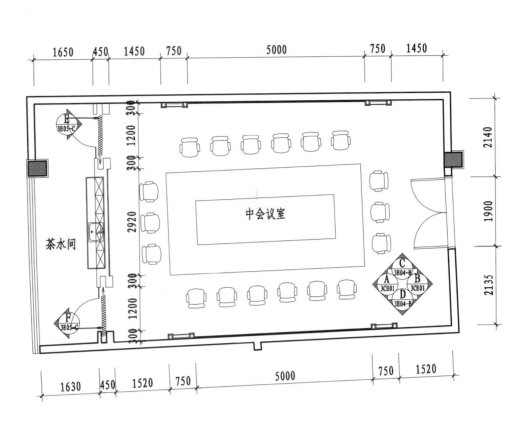

三层中会议室平面布置图　1:100

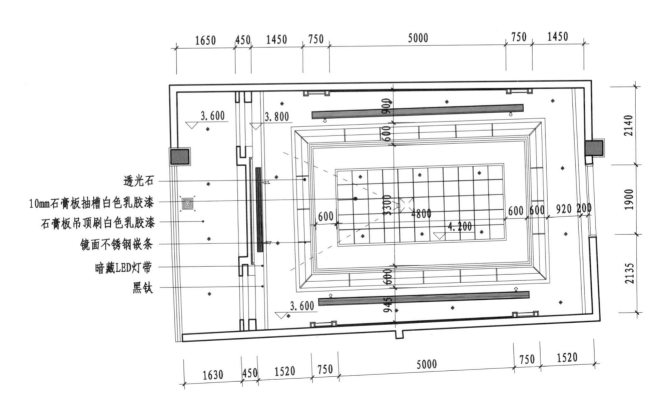

三层中会议室天花布置图　1:100

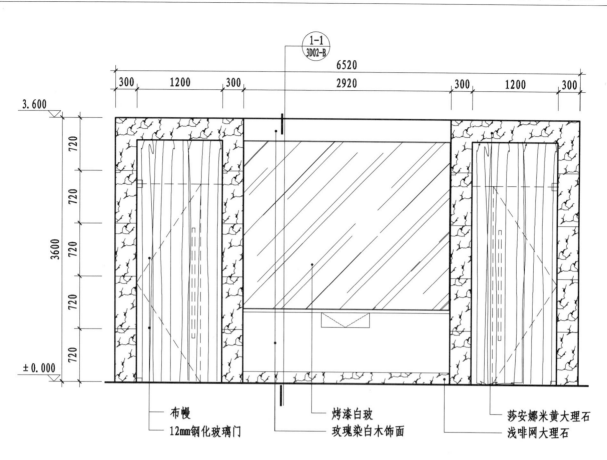

布幔
12mm钢化玻璃门
烤漆白玻
玫瑰染白木饰面
莎安娜米黄大理石
浅啡网大理石

Ⓐ 三层中会议室A立面图　1:50
3PC-B

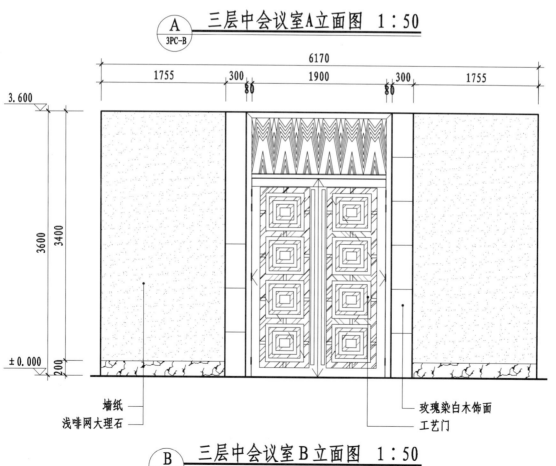

墙纸
浅啡网大理石
玫瑰染白木饰面
工艺门

Ⓑ 三层中会议室B立面图　1:50
3PC-B

三层中会议室C、D立面图

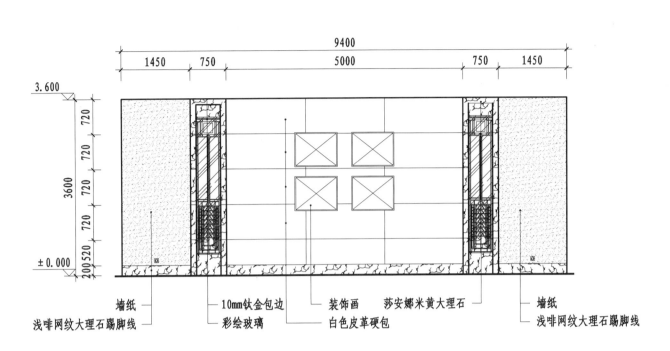

墙纸　　　　　　　　10mm钛金包边　　　装饰画　　莎安娜米黄大理石　　墙纸
浅啡网纹大理石踢脚线　　彩绘玻璃　　　　白色皮革硬包　　　　　浅啡网纹大理石踢脚线

C　三层中会议室C立面图　1：75
3PC-B

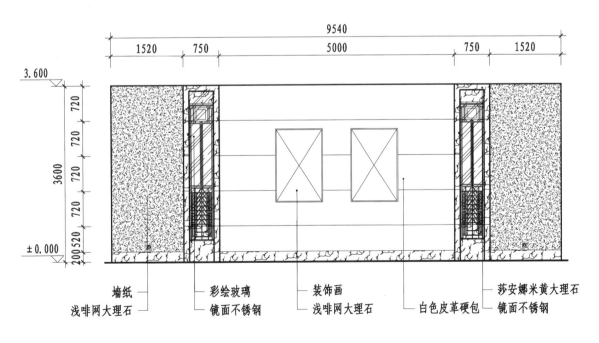

墙纸　　　　　　　彩绘玻璃　　　　装饰画　　　　白色皮革硬包　　莎安娜米黄大理石
浅啡网大理石　　　镜面不锈钢　　　浅啡网大理石　　　　　　　镜面不锈钢

D　三层中会议室D立面图　1：75
3PC-B

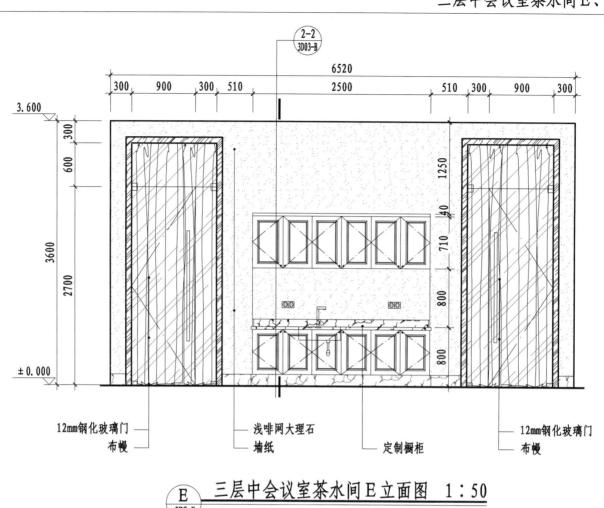

$$\underset{\underset{3PC-B}{E}}{\bigcirc}$$ 三层中会议室茶水间E立面图 1:50

12mm钢化玻璃门
布幔

浅啡网大理石
墙纸

定制橱柜

12mm钢化玻璃门
布幔

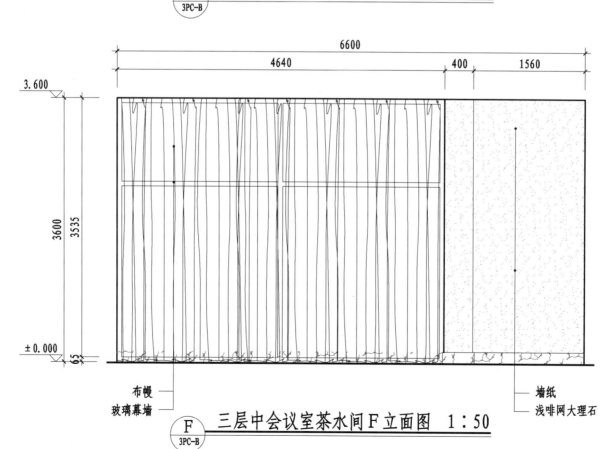

$$\underset{\underset{3PC-B}{F}}{\bigcirc}$$ 三层中会议室茶水间F立面图 1:50

布幔
玻璃幕墙

墙纸
浅啡网大理石

三层小会议室平面、天花布置图

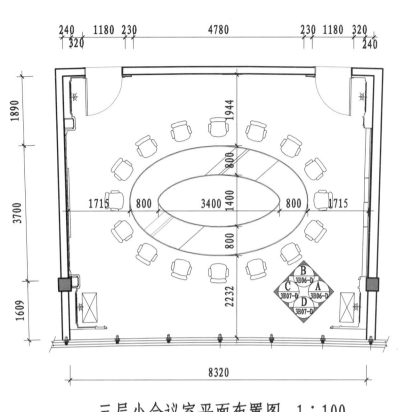

三层小会议室平面布置图 1：100

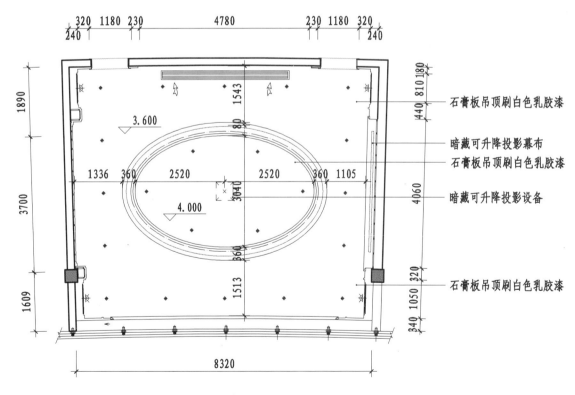

石膏板吊顶刷白色乳胶漆

暗藏可升降投影幕布

石膏板吊顶刷白色乳胶漆

暗藏可升降投影设备

石膏板吊顶刷白色乳胶漆

三层小会议室天花布置图 1：100

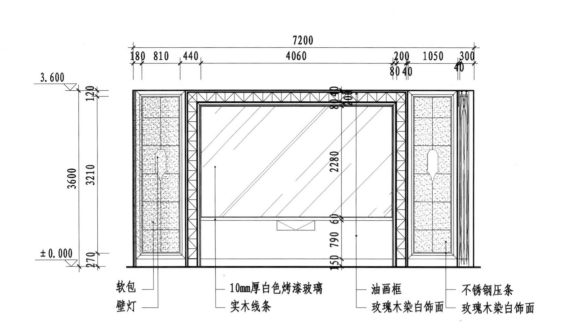

软包
壁灯
10mm厚白色烤漆玻璃
实木线条
油画框
玫瑰木染白饰面
不锈钢压条
玫瑰木染白饰面

A 三层小会议室A立面图 1:75
3PC-D

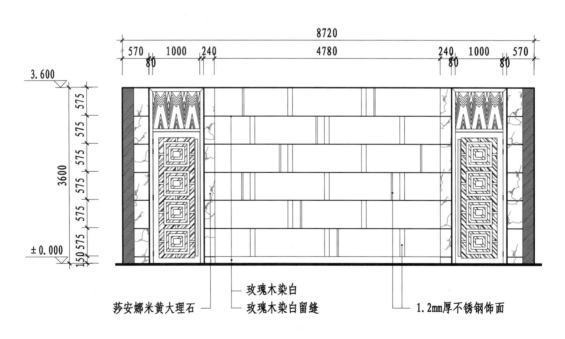

莎安娜米黄大理石
玫瑰木染白
玫瑰木染白留缝
1.2mm厚不锈钢饰面

B 三层小会议室B立面图 1:75
3PC-D

三层小会议室C、D立面图

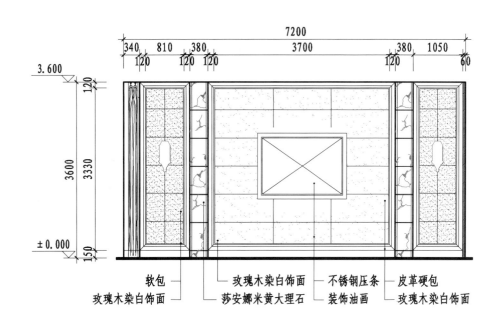

软包
玫瑰木染白饰面

玫瑰木染白饰面
莎安娜米黄大理石

不锈钢压条
装饰油画

皮革硬包
玫瑰木染白饰面

C 三层小会议室C立面图　1：75
3PC-D

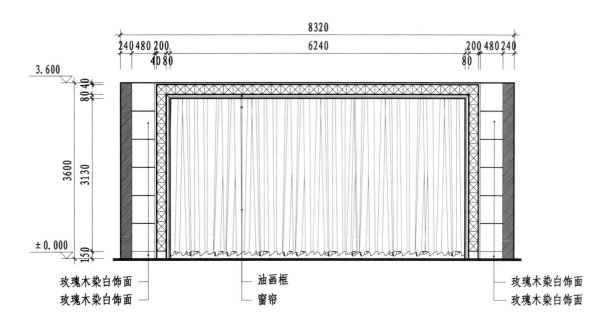

玫瑰木染白饰面
玫瑰木染白饰面

油画框
窗帘

玫瑰木染白饰面
玫瑰木染白饰面

D 三层小会议室D立面图　1：75
3PC-D

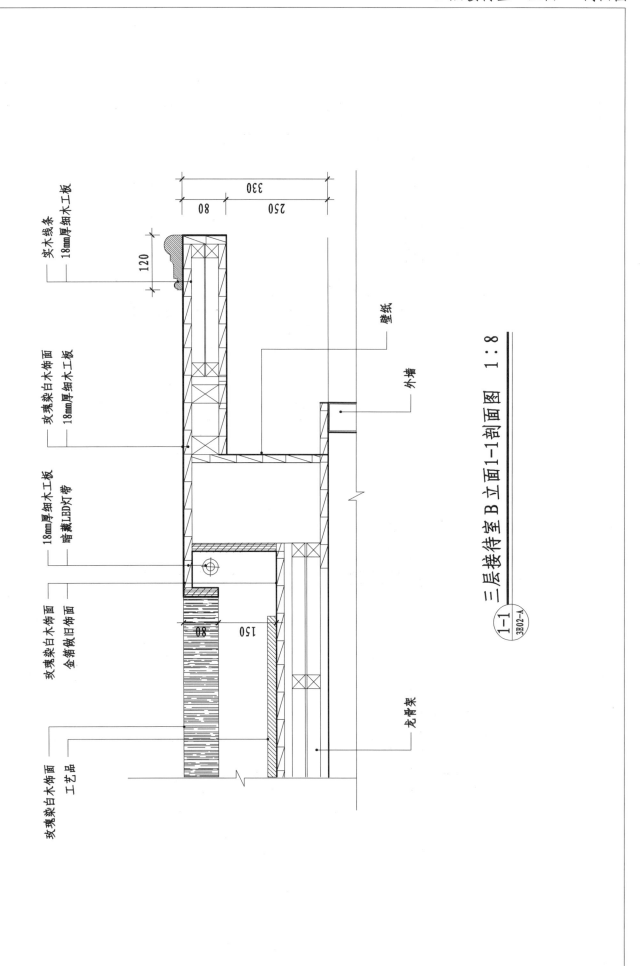

实木线条
18mm厚细木工板

120

330

80

250

玫瑰染白木饰面
18mm厚细木工板

18mm厚细木工板
暗藏LED灯带

玫瑰染白木饰面
金箔做旧饰面

80

150

玫瑰染白木饰面
工艺品

壁纸

外墙

龙骨架

三层接待室 B 立面1-1剖面图 1：8

1-1
3B02-A

三层中会议室A立面1-1剖面图

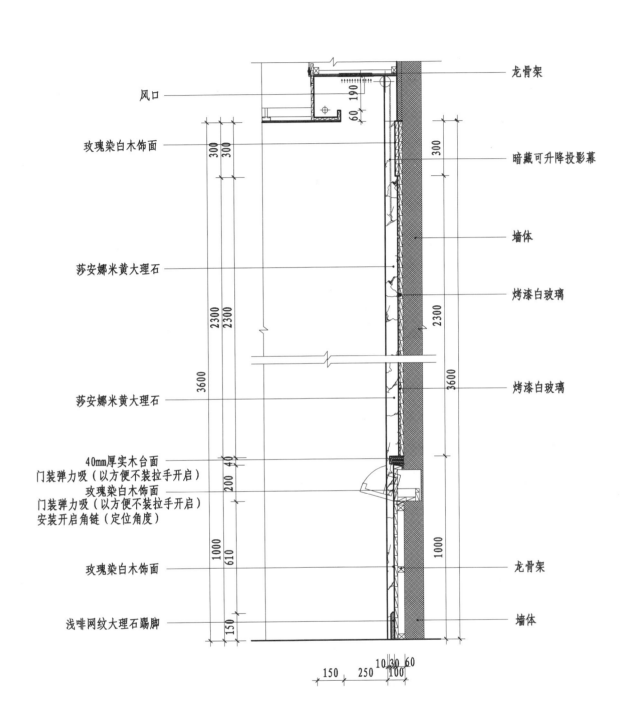

风口

玫瑰染白木饰面

莎安娜米黄大理石

莎安娜米黄大理石

40mm厚实木台面
门装弹力吸（以方便不装拉手开启）
玫瑰染白木饰面
门装弹力吸（以方便不装拉手开启）
安装开启角链（定位角度）

玫瑰染白木饰面

浅啡网纹大理石踢脚

龙骨架

暗藏可升降投影幕

墙体

烤漆白玻璃

烤漆白玻璃

龙骨架

墙体

三层中会议室A立面1-1剖面图　1：20

1-1
3E03-B

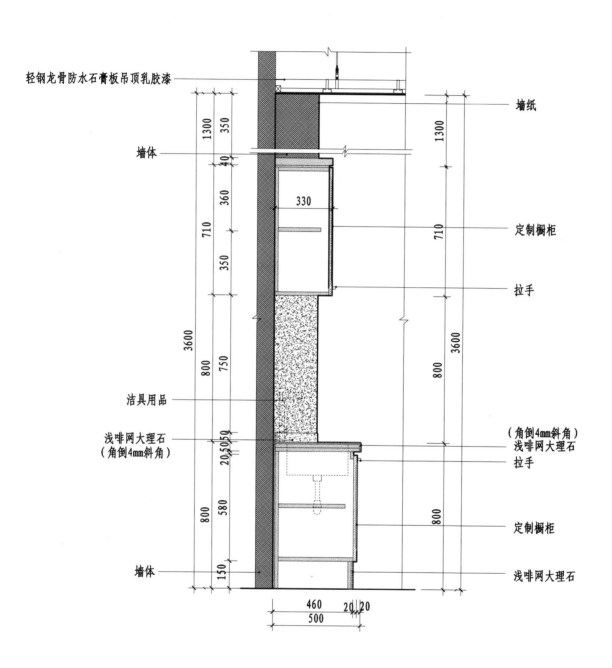

轻钢龙骨防水石膏板吊顶乳胶漆

墙体

洁具用品

浅啡网大理石
（角倒4mm斜角）

墙体

墙纸

定制橱柜

拉手

（角倒4mm斜角）
浅啡网大理石
拉手

定制橱柜

浅啡网大理石

1300
350
40
360
710
350
3600
800
750
20 50 50
20 50
800
580
150

1300
710
330
3600
800
800

460
20 20
500

2-2
3E05-C
三层中会议室茶水间E立面2-2剖面图 1：20

四层网球场平面布置图

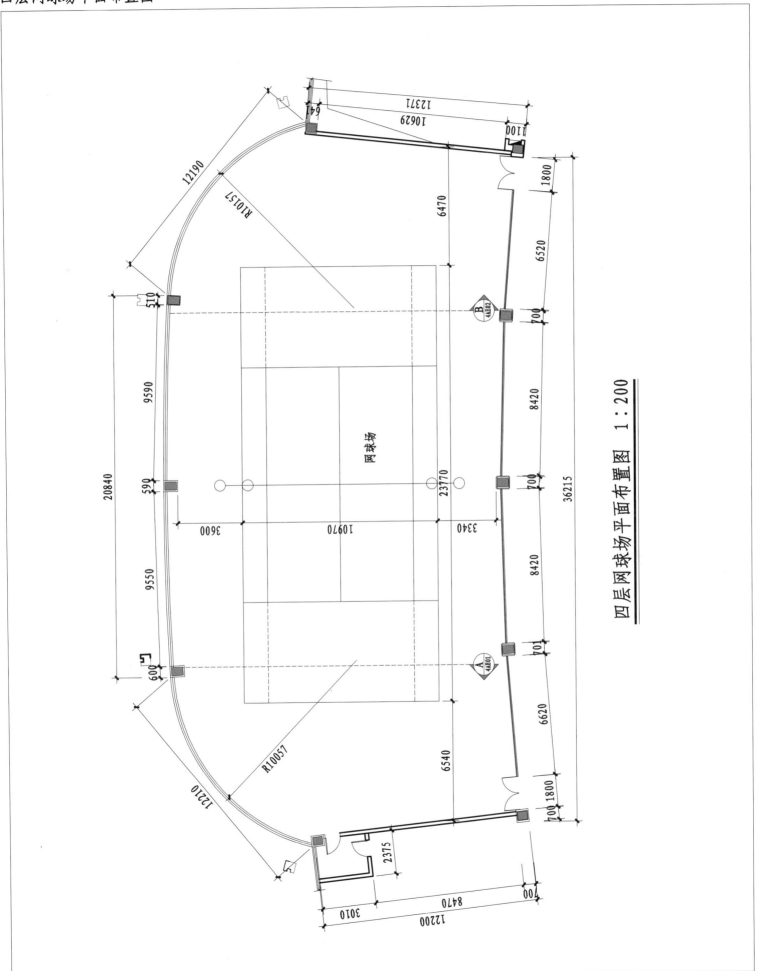

四层网球场平面布置图 1：200

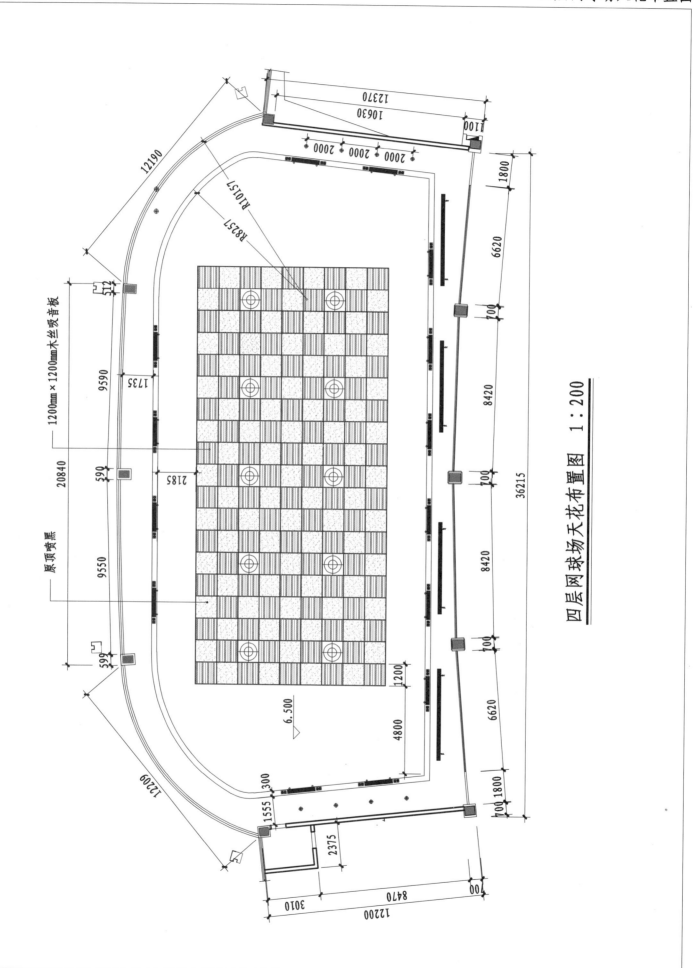

四层网球场天花布置图 1：200

四层网球场A立面图

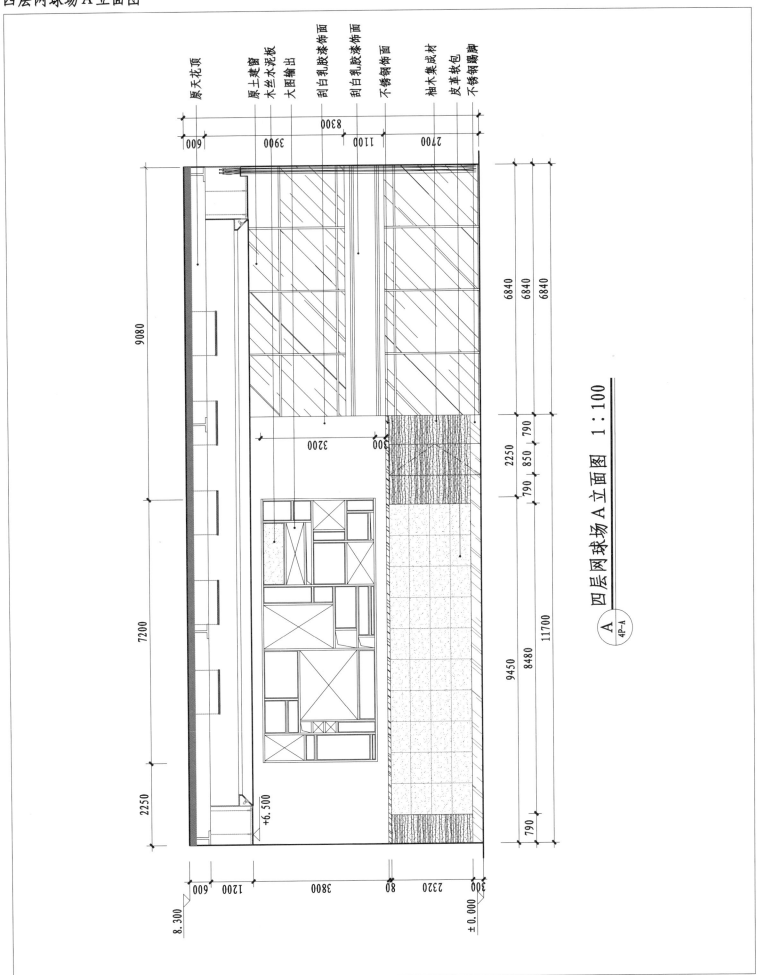

原天花顶
原土建窗
木丝木泥板
大图输出
刮白乳胶漆饰面
刮白乳胶漆饰面
不锈钢饰面
柚木集成材
皮革块包
不锈钢踢脚

四层网球场A立面图 1:100

A
4P-A

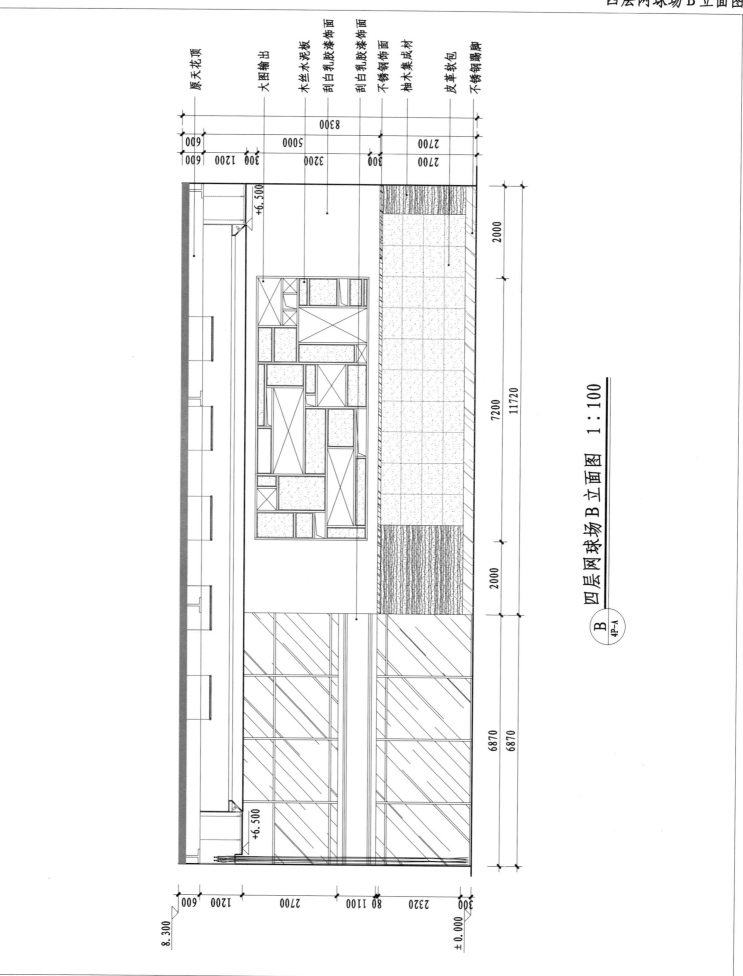

原天花顶　大图输出　木丝水泥板　刮白乳胶漆饰面　刮白乳胶漆饰面　不锈钢饰面　柚木集成材　皮革软包　不锈钢踢脚

四层网球场B立面图　1:100

B
4P-A

四层乒乓球室、瑜伽室平面布置图

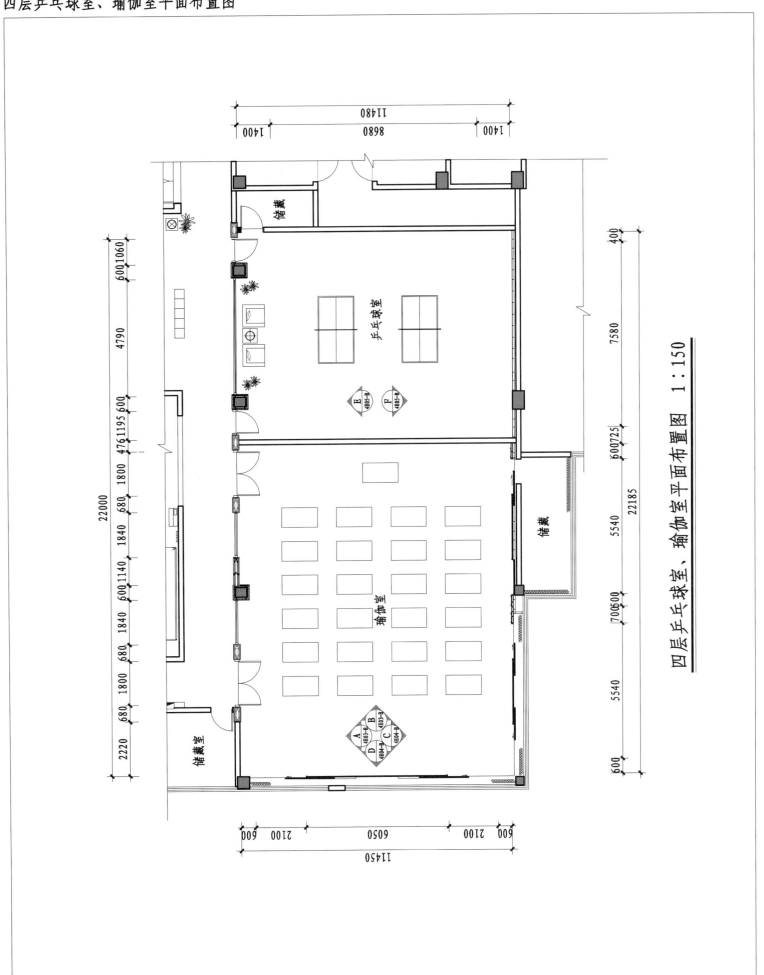

四层乒乓球室、瑜伽室平面布置图 1：150

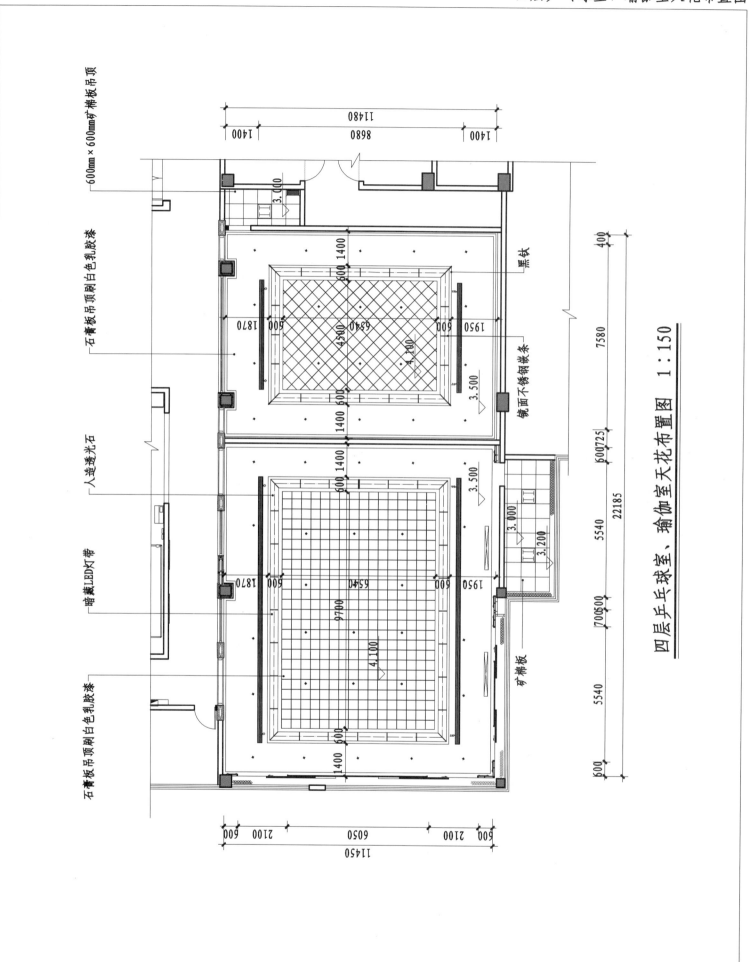

四层乒乓球室、瑜伽室天花布置图 1:150

四层瑜伽室A、B立面图

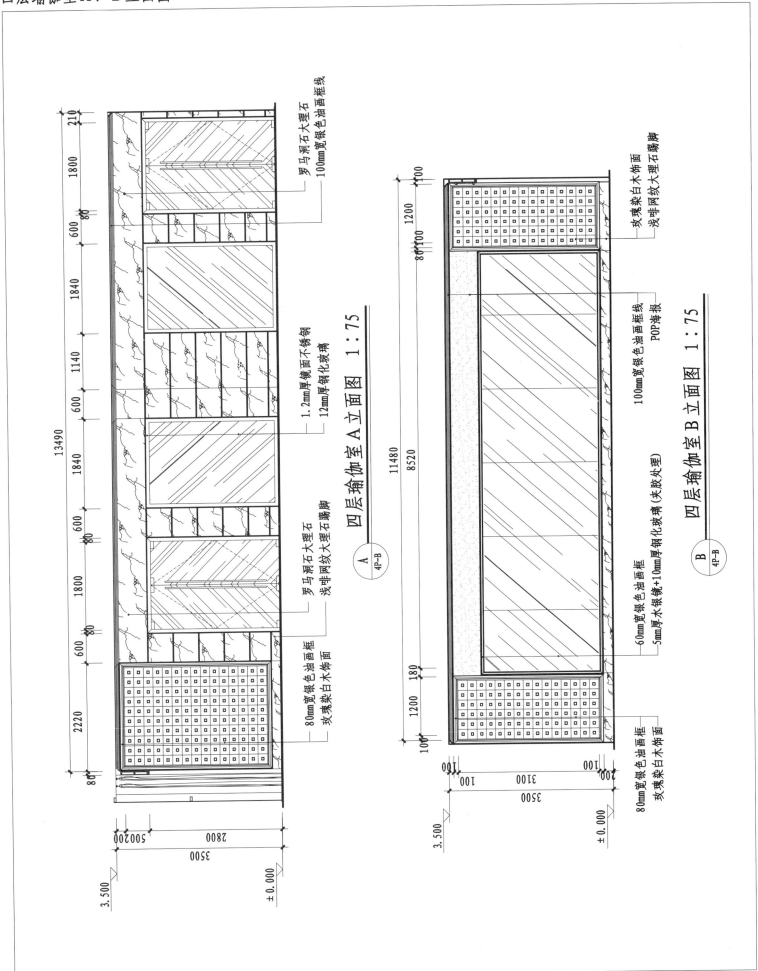

四层瑜伽室A立面图 1：75

罗马洞石大理石
100mm宽银色油画框框线

1.2mm厚镜面不锈钢
12mm厚钢化玻璃

罗马洞石大理石
泼啡网纹大理石踢脚

80mm宽银色油画框
玫瑰染白木饰面

四层瑜伽室B立面图 1：75

玫瑰染白木饰面
泼啡网纹大理石踢脚

100mm宽银色油画框框线
POP海报

60mm宽银色油画框
5mm厚水银镜+10mm厚钢化玻璃（夹胶处理）

80mm宽银色油画框
玫瑰染白木饰面

A
4P-B

B
4P-B

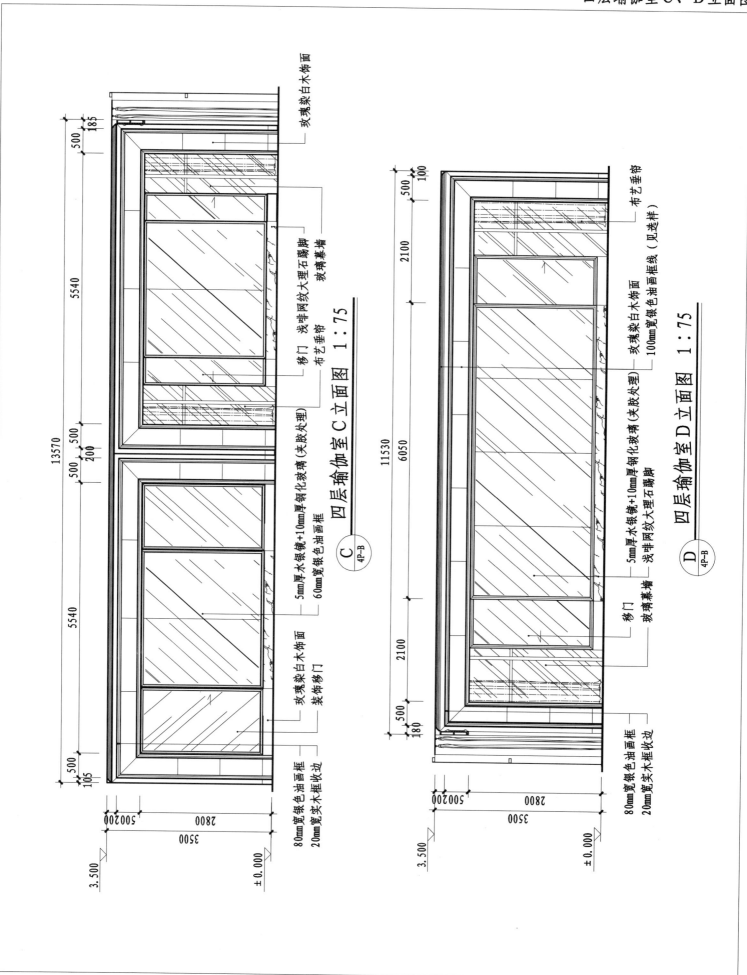

四层瑜伽室C立面图 1:75

C
4P-B

四层瑜伽室D立面图 1:75

D
4P-B

四层乒乓球室E、F立面图

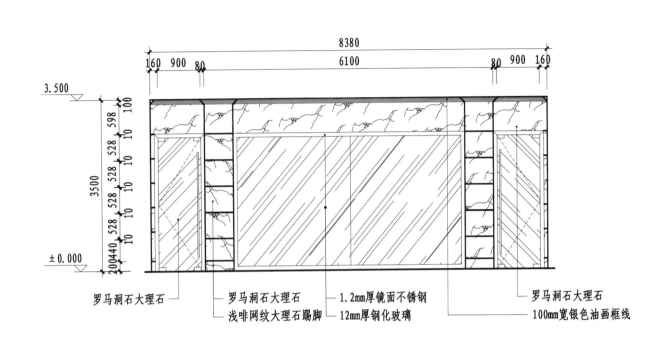

罗马洞石大理石

罗马洞石大理石
浅啡网纹大理石踢脚

1.2mm厚镜面不锈钢
12mm厚钢化玻璃

罗马洞石大理石
100mm宽银色油画框线

E / 4P-B **四层乒乓球室E立面图 1：75**

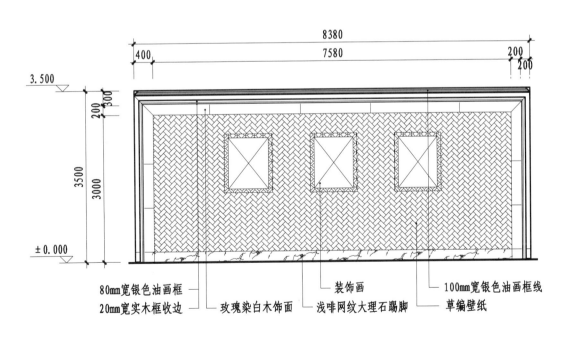

80mm宽银色油画框
20mm宽实木框收边

玫瑰染白木饰面

装饰画
浅啡网纹大理石踢脚

100mm宽银色油画框线
草编壁纸

F / 4P-B **四层乒乓球室F立面图 1：75**

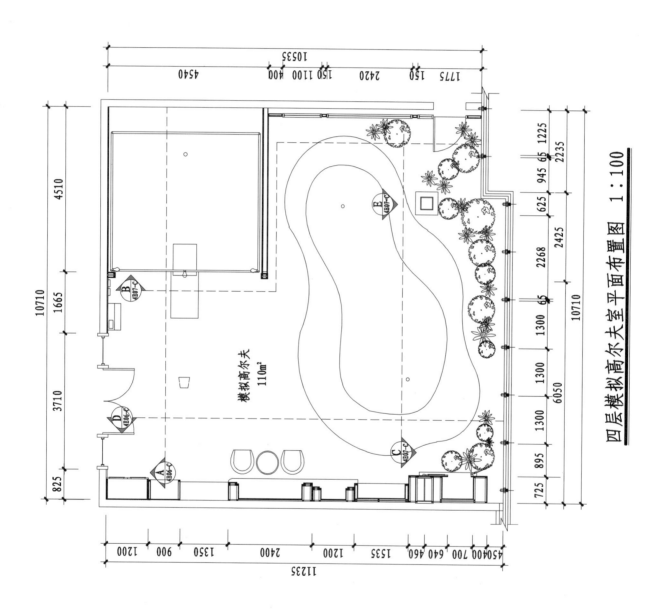

四层模拟高尔夫室平面布置图 1：100

模拟高尔夫
110㎡

四层模拟高尔夫室天花布置图

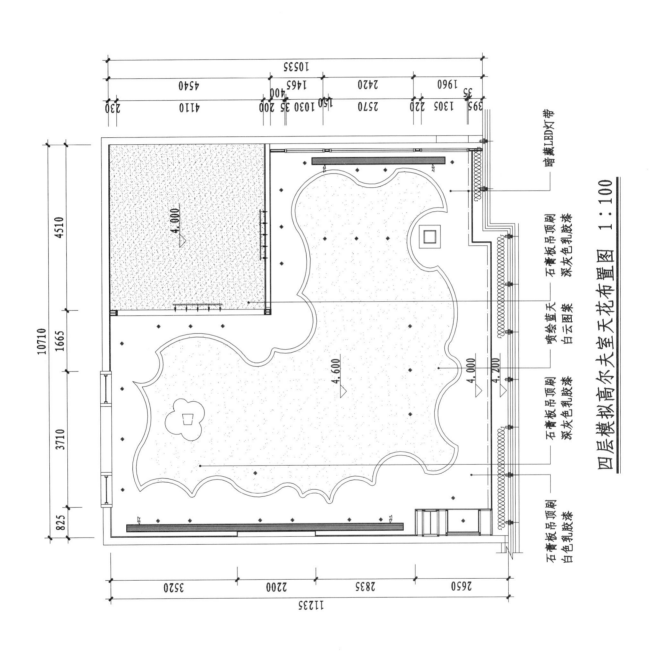

四层模拟高尔夫室天花布置图 1：100

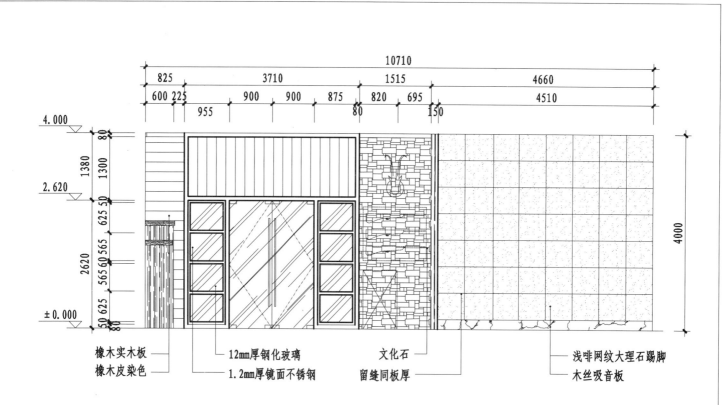

橡木实木板
橡木皮染色
12mm厚钢化玻璃
1.2mm厚镜面不锈钢
文化石
留缝同板厚
浅啡网纹大理石踢脚
木丝吸音板

A 四层模拟高尔夫室 A 立面图　1：75
4P-C

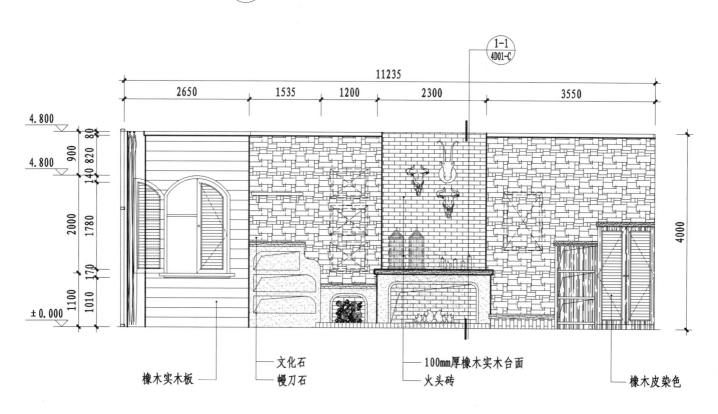

1-1
4D01-C

橡木实木板
文化石
幔刀石
100mm厚橡木实木台面
火头砖
橡木皮染色

D 四层模拟高尔夫室 D 立面图　1：75
4CP01

四层模拟高尔夫室B、C立面图，E柱子立面图

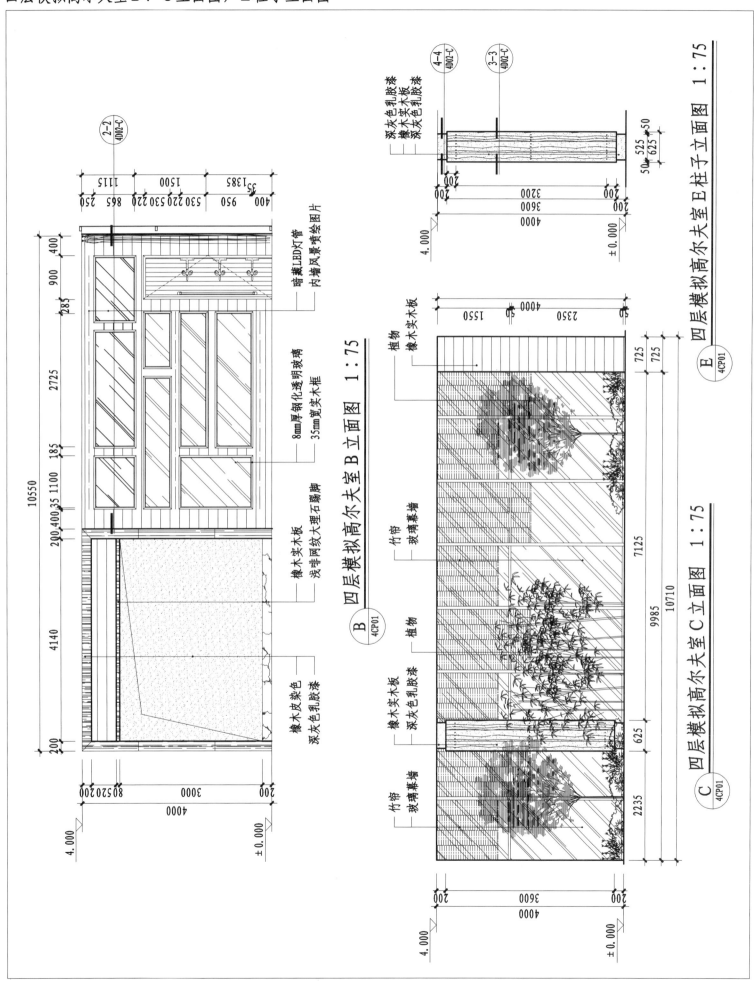

四层模拟高尔夫室B立面图 1:75

四层模拟高尔夫室C立面图 1:75

四层模拟高尔夫室E柱子立面图 1:75

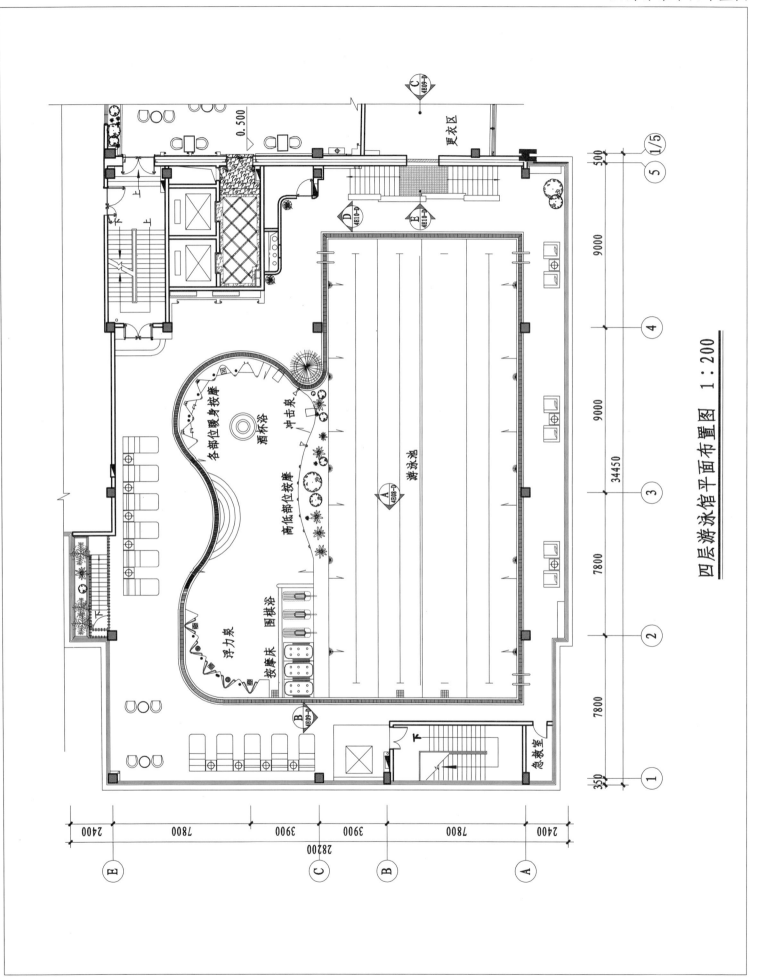

四层游泳馆平面布置图 1：200

四层游泳馆天花布置图

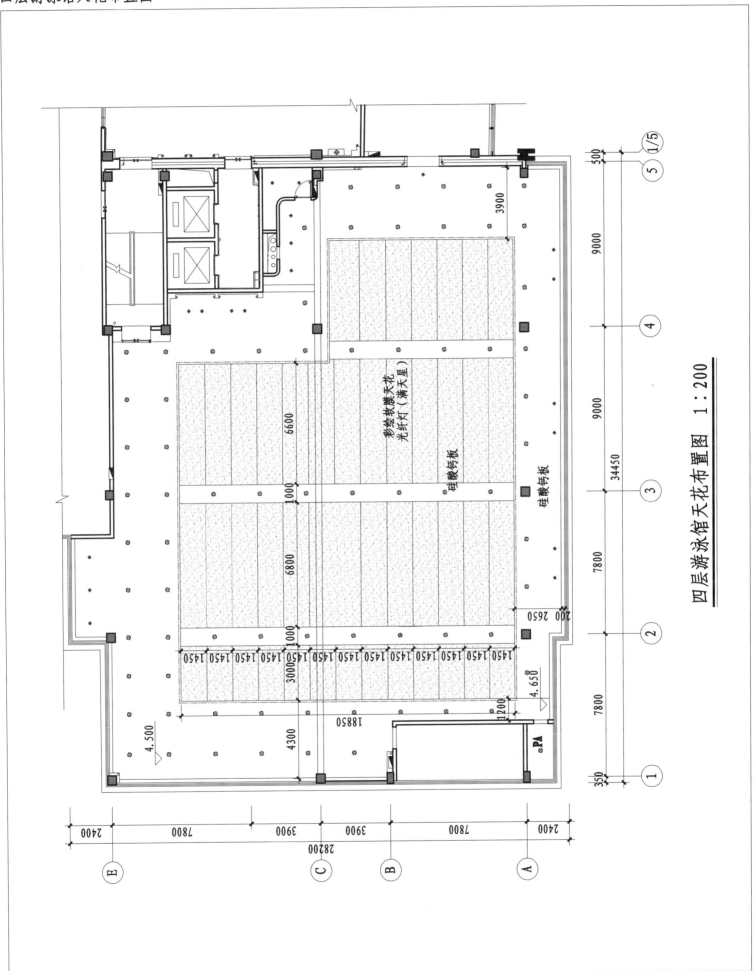

四层游泳馆天花布置图 1：200

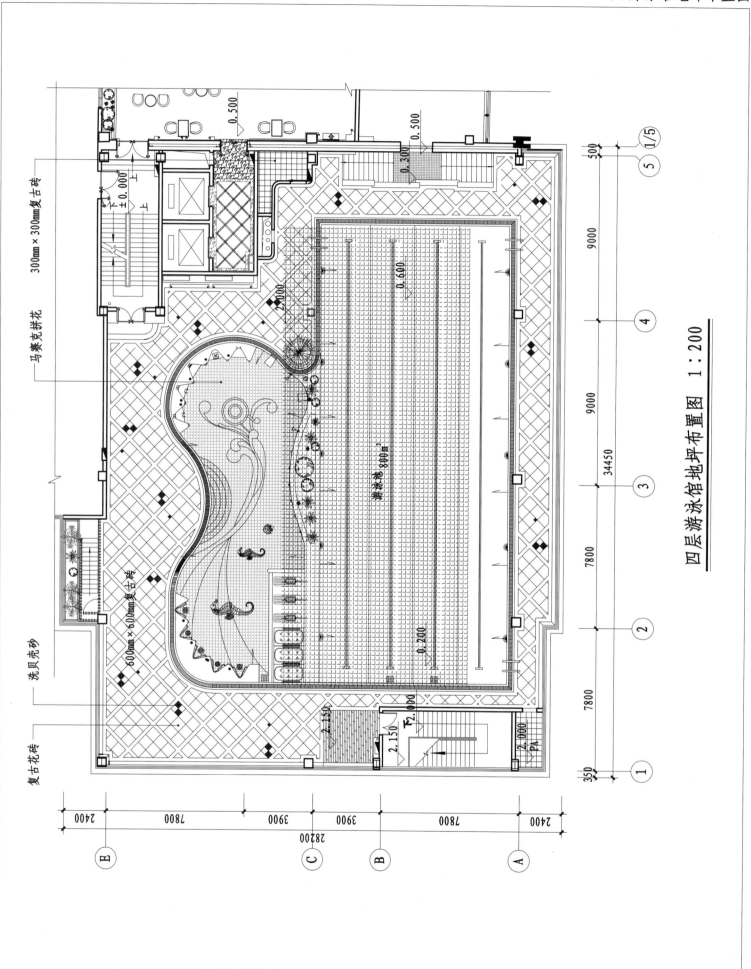

四层游泳馆地坪布置图 1：200

游泳池 800㎡

300mm×300mm复古砖

马赛克拼花

600mm×600mm复古砖

洗贝壳砂

复古花砖

图 号 **4E08-D**

四层游泳馆A立面图

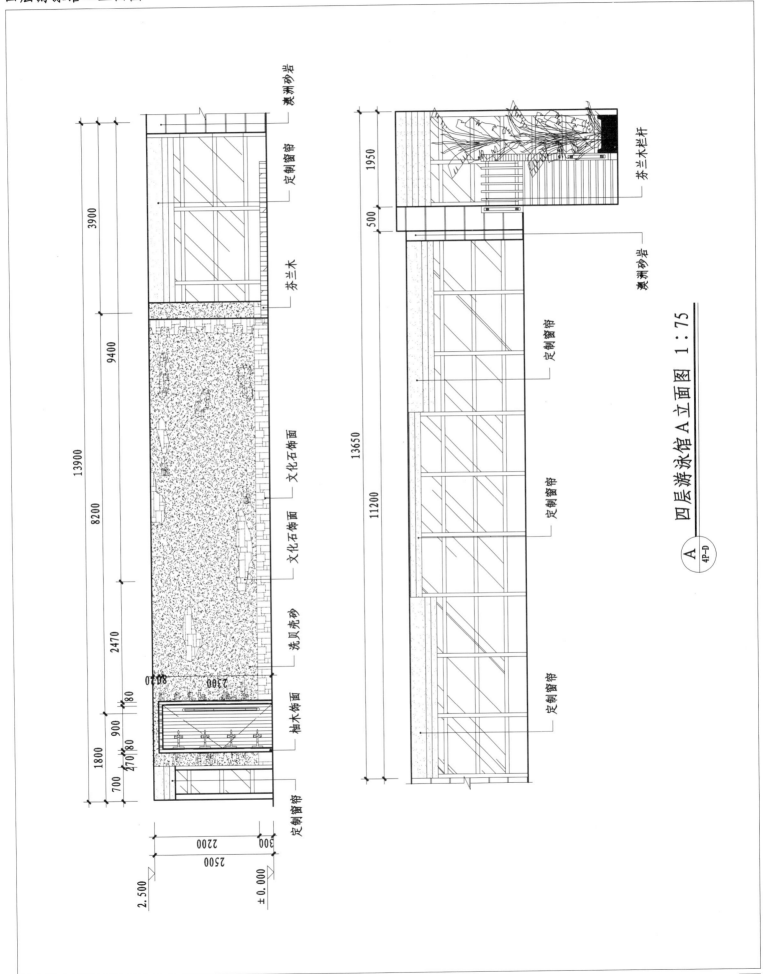

澳洲砂岩

定制窗帘

芬兰木

文化石饰面

文化石饰面

洗贝壳砂

柚木饰面

定制窗帘

3900

9400

13900

8200

2470

8020

2300

900

1800

270 80

700

180

2200

2500

300

2.500

±0.000

芬兰木栏杆

澳洲砂岩

定制窗帘

定制窗帘

定制窗帘

定制窗帘

1950

500

13650

11200

四层游泳馆A立面图 1:75

A
4P-D

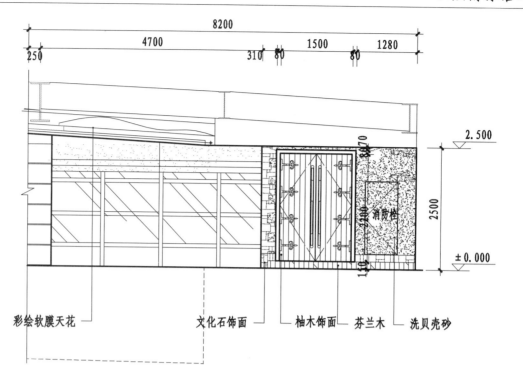

彩绘软膜天花　　　文化石饰面　　柚木饰面　　芬兰木　　洗贝壳砂

Ⓑ 四层游泳馆B立面图　1：75
4P-D

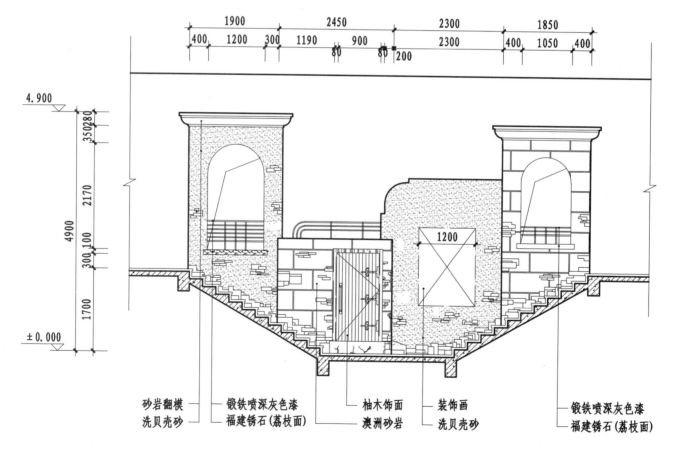

砂岩翻模　　　锻铁喷深灰色漆　　　　柚木饰面　　装饰画　　　　　锻铁喷深灰色漆
洗贝壳砂　　　福建锈石(荔枝面)　　　澳洲砂岩　　洗贝壳砂　　　　福建锈石(荔枝面)

Ⓒ 四层游泳馆C立面图　1：75
4P-D

四层游泳馆D、E立面图

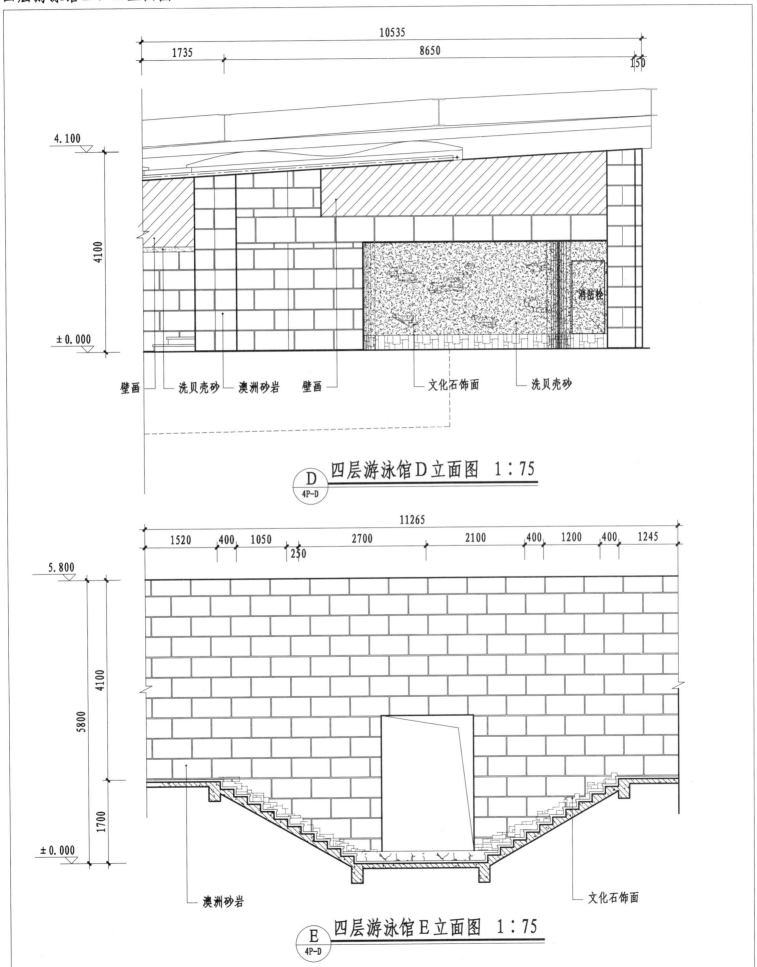

四层游泳馆D立面图 1：75

四层游泳馆E立面图 1：75

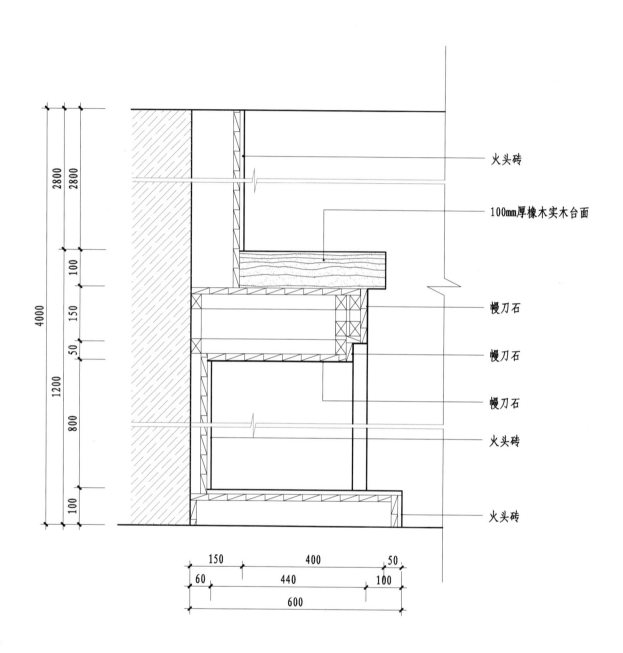

火头砖

100mm厚橡木实木台面

慢刀石

慢刀石

慢刀石

火头砖

火头砖

四层模拟高尔夫室D立面1-1剖面图 1:10

1-1
4E06-C

四层模拟高尔夫室B立面2-2、E立面3-3、E立面4-4剖面图

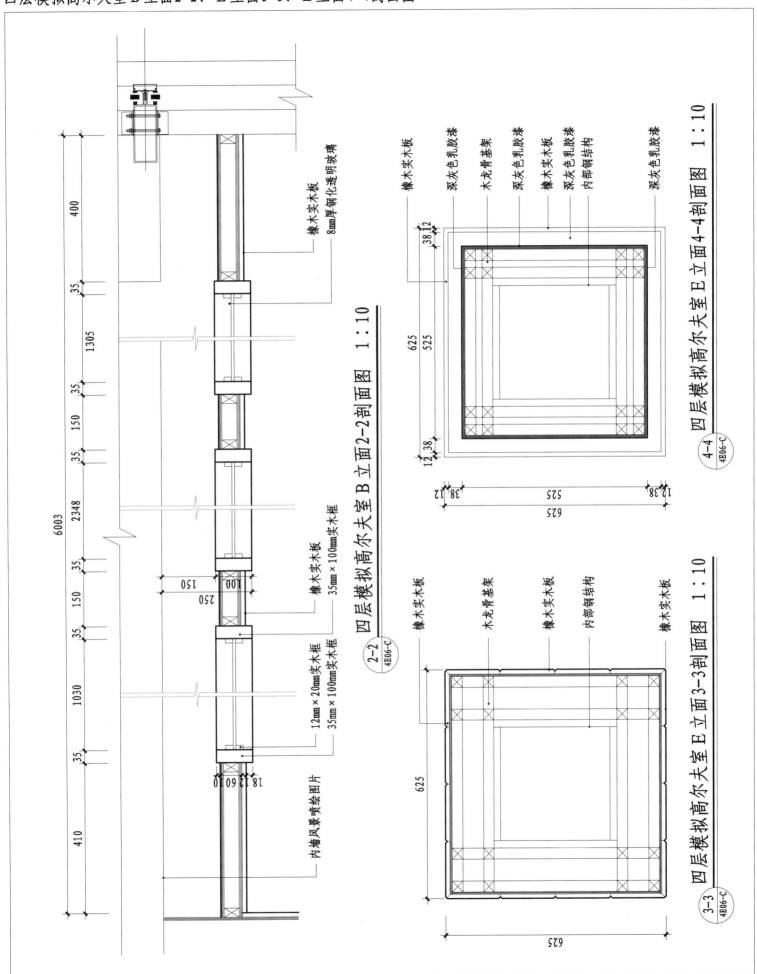

四层模拟高尔夫室B立面2-2剖面图 1：10

2-2
4E06-C

橡木实木板
8mm厚钢化透明玻璃
橡木实木板
35mm×100mm实木框
12mm×20mm实木框
35mm×100mm实木框
内墙风景喷绘图片

6003
400 35 1305 35 150 35 2348 35 150 35 1030 35 410
150 100
250
18 12 60 10
38 12

四层模拟高尔夫室E立面4-4剖面图 1：10

4-4
4E06-C

橡木实木板
深灰色乳胶漆
木龙骨基架
深灰色乳胶漆
橡木实木板
深灰色乳胶漆
内部钢结构
深灰色乳胶漆

38 12
625 525
12 38
12 38 525 625

四层模拟高尔夫室E立面3-3剖面图 1：10

3-3
4E06-C

橡木实木板
木龙骨基架
橡木实木板
内部钢结构
橡木实木板

625
625

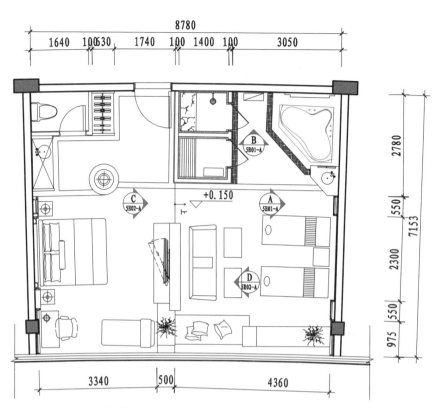

五层简欧SPA房平面布置图 1:100

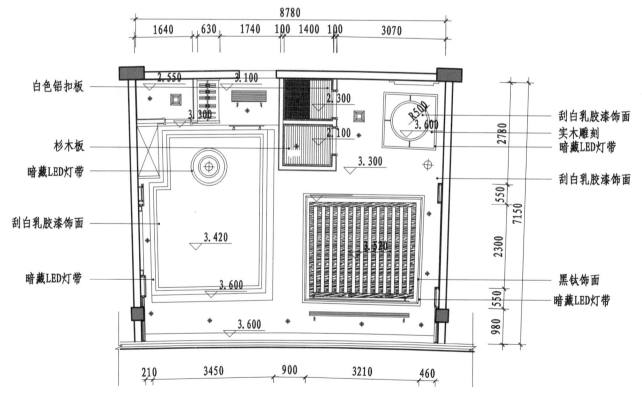

白色铝扣板
杉木板
暗藏LED灯带
刮白乳胶漆饰面
暗藏LED灯带

刮白乳胶漆饰面
实木雕刻
暗藏LED灯带
刮白乳胶漆饰面
黑钛饰面
暗藏LED灯带

五层简欧SPA房天花布置图 1:100

五层简欧SPA房A、B立面图

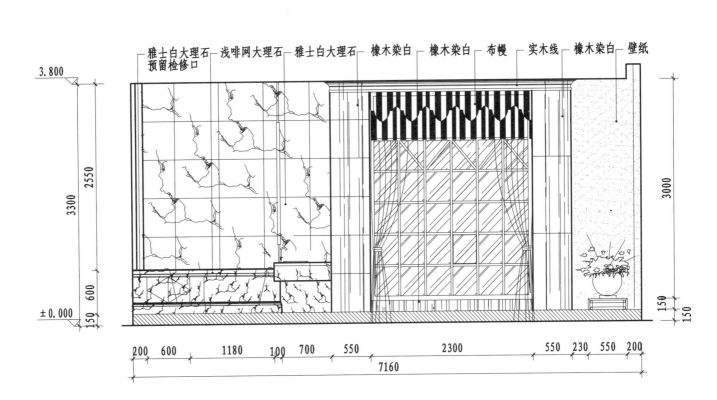

雅士白大理石预留检修口　浅啡网大理石　雅士白大理石　橡木染白　橡木染白　布幔　实木线　橡木染白　壁纸

3.800

3300　2550　600　150

±0.000

3000　150　150

200　600　1180　100　700　550　2300　550　230　550　200

7160

Ⓐ 五层简欧SPA房A立面图　1：50
5PC-A

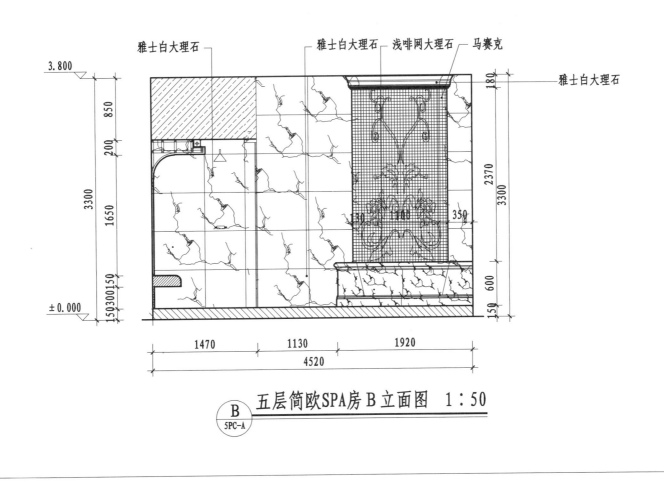

雅士白大理石　　　　　雅士白大理石　浅啡网大理石　马赛克

雅士白大理石

3.800

3300　850　200　1650　150 300 150

±0.000

180　2370　3300　600　150

1470　1130　1920

4520

Ⓑ 五层简欧SPA房B立面图　1：50
5PC-A

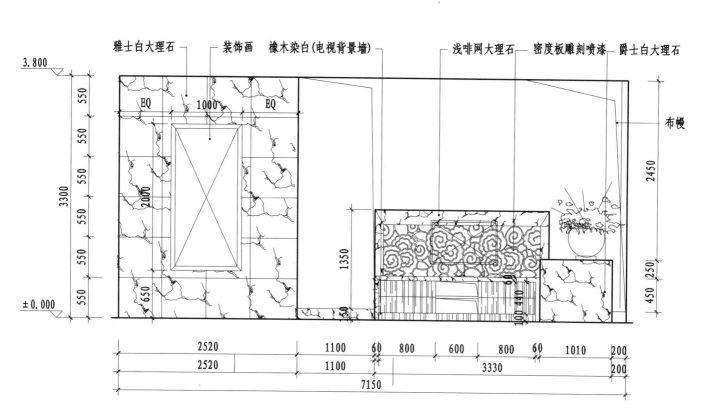

雅士白大理石　装饰画　橡木染白(电视背景墙)　　浅咖网大理石　密度板雕刻喷漆　爵士白大理石

布幔

C 五层简欧SPA房C立面图　1:50
5PC-A

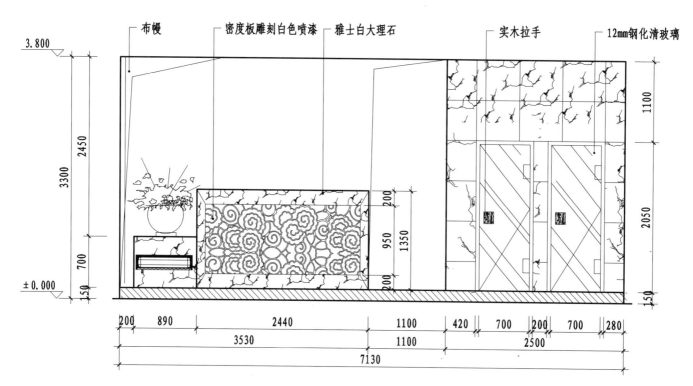

布幔　密度板雕刻白色喷漆　雅士白大理石　　实木拉手　12mm钢化清玻璃

D 五层简欧SPA房D立面图　1:50
5PC-A

五层日式SPA房平面、天花布置图

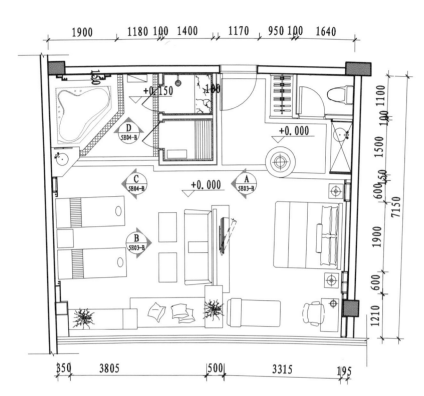

五层日式SPA房平面布置图   1:100

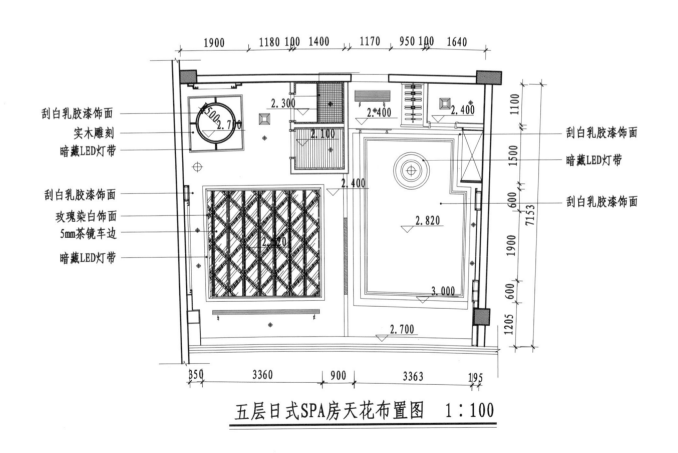

刮白乳胶漆饰面
实木雕刻
暗藏LED灯带

刮白乳胶漆饰面
玫瑰染白饰面
5mm茶镜车边
暗藏LED灯带

刮白乳胶漆饰面

暗藏LED灯带

刮白乳胶漆饰面

五层日式SPA房天花布置图   1:100

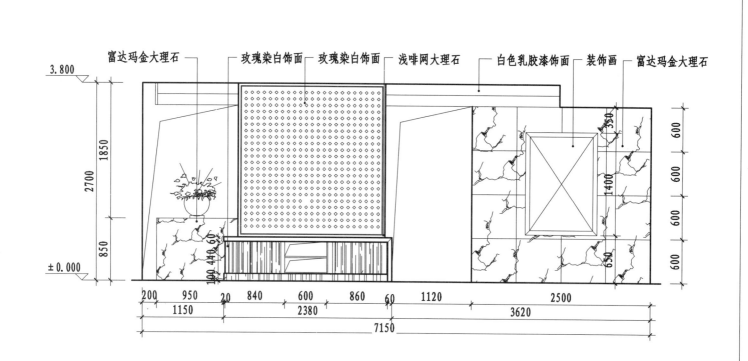

富达玛金大理石　玫瑰染白饰面　玫瑰染白饰面　浅啡网大理石　白色乳胶漆饰面　装饰画　富达玛金大理石

Ⓐ 五层日式SPA房A立面图　1：50
5PC-B

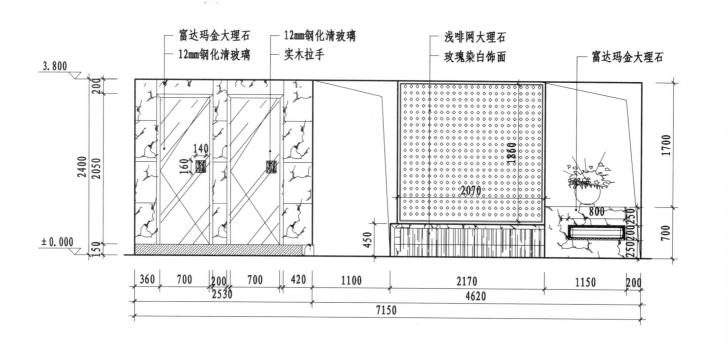

富达玛金大理石　12mm钢化清玻璃　浅啡网大理石　富达玛金大理石
12mm钢化清玻璃　实木拉手　玫瑰染白饰面

Ⓑ 五层日式SPA房B立面图　1：50
5PC-B

五层日式SPA房C、D立面图

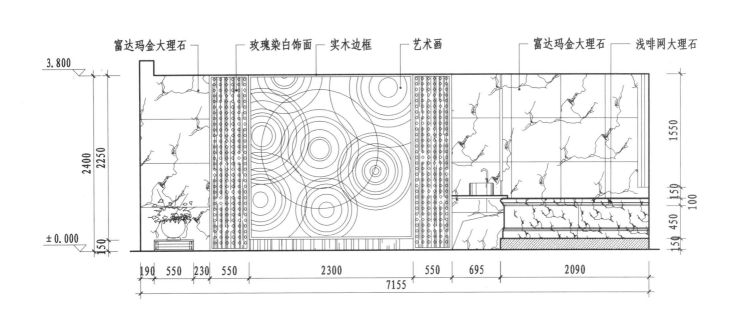

富达玛金大理石　玫瑰染白饰面　实木边框　艺术画　富达玛金大理石　浅啡网大理石

3.800

2400　2250

±0.000　150

1550

150
100

150　450

190　550　230　550　2300　550　695　2090

7155

Ⓒ 五层日式SPA房C立面图　1:50
5PC-B

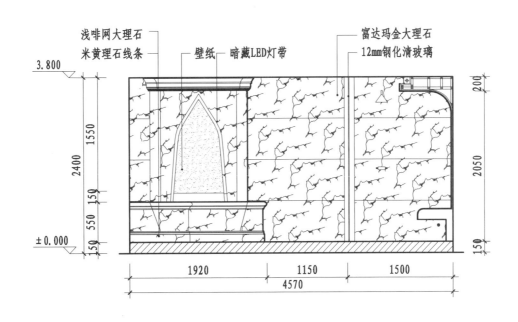

浅啡网大理石　富达玛金大理石
米黄理石线条　壁纸　暗藏LED灯带　12mm钢化清玻璃

3.800

1550

2400

150

550

±0.000

150

200

2050

150

1920　1150　1500

4570

Ⓓ 五层日式SPA房D立面图　1:50
5PC-B

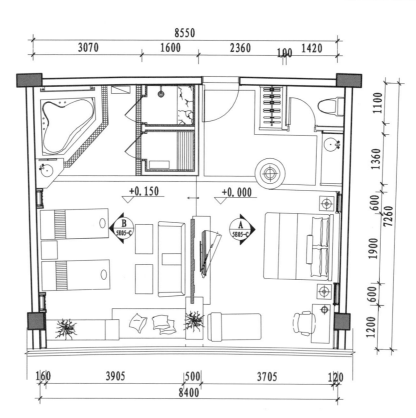

五层中式SPA房平面布置图　1：100

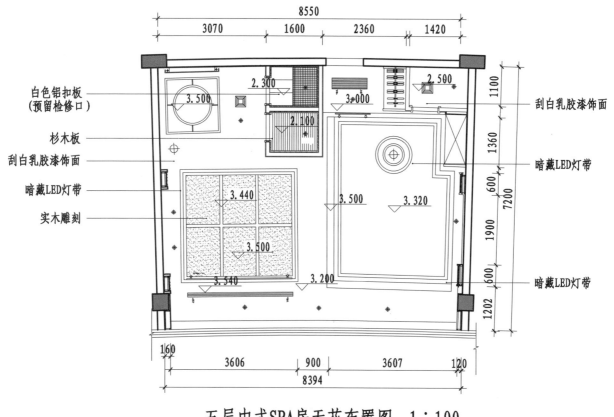

白色铝扣板
（预留检修口）

杉木板

刮白乳胶漆饰面

暗藏LED灯带

实木雕刻

刮白乳胶漆饰面

暗藏LED灯带

暗藏LED灯带

五层中式SPA房天花布置图　1：100

五层中式SPA房A、B立面图

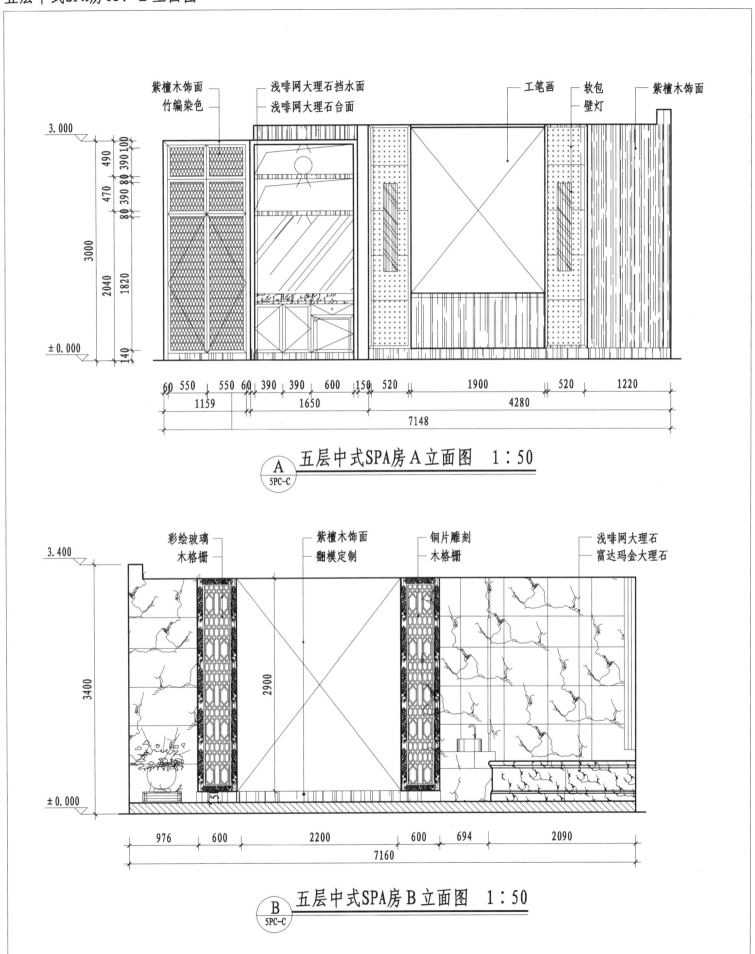

紫檀木饰面
竹编染色

浅啡网大理石挡水面
浅啡网大理石台面

工笔画   软包   紫檀木饰面
壁灯

3.000

490
470
2040 / 1820
3000
140
± 0.000

60 550 550 60 390 390 600 150 520 1900 520 1220
1159   1650   4280
7148

Ⓐ 五层中式SPA房A立面图 1：50
5PC-C

彩绘玻璃
木格栅

紫檀木饰面
翻模定制

铜片雕刻
木格栅

浅啡网大理石
富达玛金大理石

3.400

3400   2900

± 0.000

976 600 2200 600 694 2090
7160

Ⓑ 五层中式SPA房B立面图 1：50
5PC-C

见彩图第 224 页

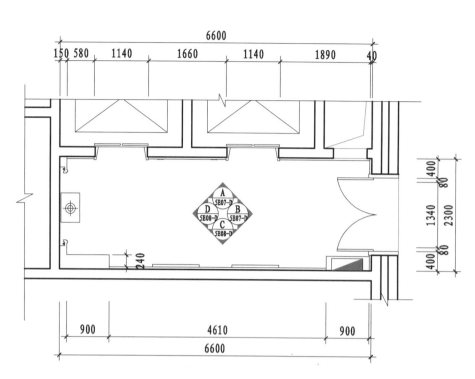

五层公共电梯厅平面布置图　1:75

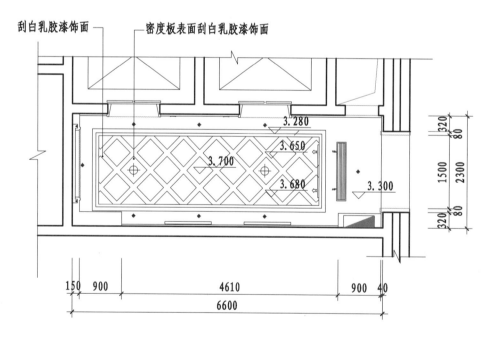

五层公共电梯厅天花布置图　1:75

五层公共电梯厅A、B立面图

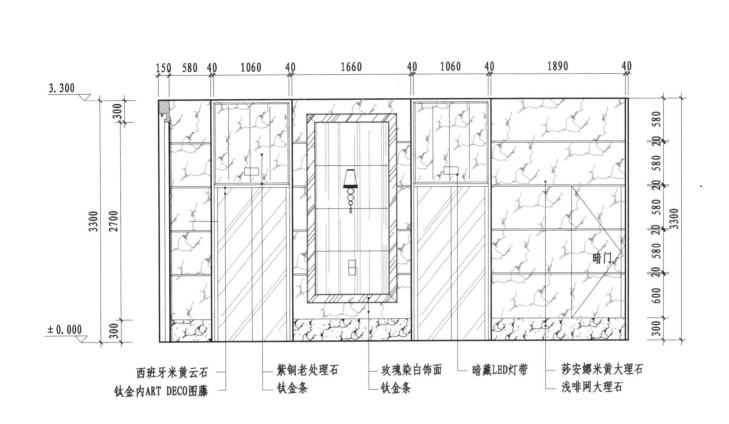

西班牙米黄云石   紫铜老处理石   玫瑰染白饰面   暗藏LED灯带   莎安娜米黄大理石
钛金内ART DECO图藤   钛金条   钛金条   浅啡网大理石

A 五层公共电梯厅A立面图 1：50
5PC-D

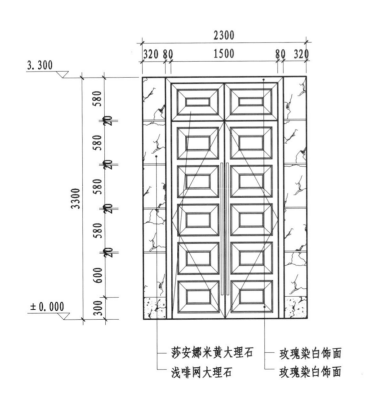

莎安娜米黄大理石   玫瑰染白饰面
浅啡网大理石   玫瑰染白饰面

B 五层公共电梯厅B立面图 1：50
5PC-D

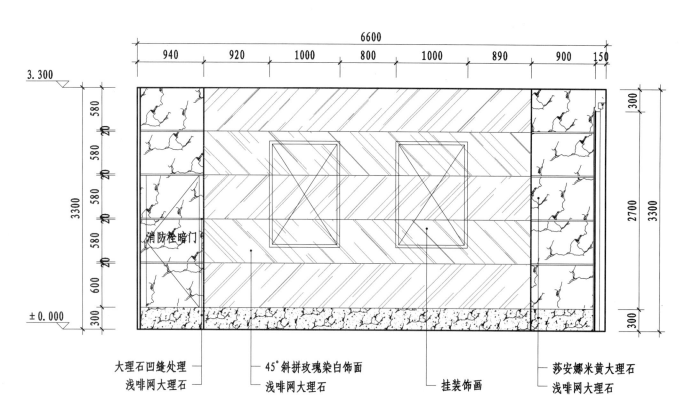

大理石凹缝处理 — 浅啡网大理石

45°斜拼玫瑰染白饰面 — 浅啡网大理石

挂装饰画

莎安娜米黄大理石 — 浅啡网大理石

消防栓暗门

C / 5PC-D　五层公共电梯厅C立面图　1：50

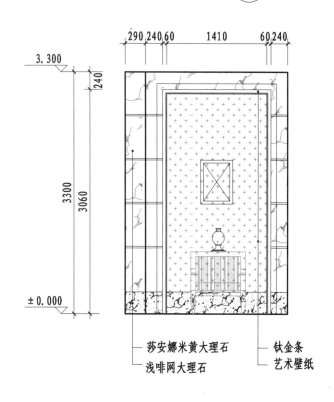

莎安娜米黄大理石 — 浅啡网大理石

钛金条 — 艺术壁纸

D / 5PC-D　五层公共电梯厅D立面图　1：50

风采·巴厘岛国际男士水疗会所

项目介绍　PROJECT INTRODUCTION

　　风采·巴厘岛国际男士水疗会所位于辽宁省沈阳市沈河区奉天街，建筑面积800平方米。会所集接待、洗浴、SPA、休闲等于一体。主要装饰材料有砂岩、镜面白钢、面板、马赛克、壁纸等。

意念　CONCEPTION

　　风采·巴厘岛国际男士水疗会所是一家异域文化的专业SPA会所，经营者希望通过"巴厘岛"引领当地"高端男士"的时尚消费。浓郁的东南亚装饰设计风格给人们带来一种舒适、静谧、奢华感觉。

风格　STYLE

　　会所为东南亚风格，本案中没有体现热带花园，舍去自然风光，将巴厘岛神秘、幽静加以提炼。考虑到空间不大，主色调选择了浅色，让空间纯净、透气。深色木框及纱幔既体现了巴厘岛，又柔化了男士SPA硬朗的空间，增加了一分温馨与静谧。软与硬的合理搭配，制造出别样的艺术美感。整个空间突出巴厘岛风情，低调却不失雅致，简约与自然的美妙空间，弥漫着现代、风情时尚气质。

↓ 大堂

大堂

　　大堂的设计上主要是结合东南亚民族岛屿特色及精致文化品位设计。基于空间范围较小，因此采用大面积玻璃橱窗设计，空间看起来开阔、明亮。广泛地运用木材和其他的天然原材料，如石材、木雕等。浅木色的家具，局部采用一些丝绸质感的布艺，灯光的变化体现了稳重、低调及豪华感。角落处同样不失细节，烛光与石雕头像既是女性柔美与男性刚硬的对比，又在空间上起到了点缀、丰富等重要作用。

↓更衣区

更衣区

　　更衣区设计以不矫揉造作的材料营造出豪华感，使人有种既创新独特又似曾相识的生活居所的感觉。材料上采用浅木色与深黑色实木家具，颜色上产生对比又起到了平衡空间的作用。简单的矩形吊灯与大气的落地布艺窗帘使更衣区看上去更加的低调、稳重、舒适。

↓浴区

浴区

　　东南亚搭配风格浓烈，但又不杂乱。浴区的装饰设计上有重有轻，恰到好处。材质天然，花纹木雕与发散式帷幔的运用，彰显出软与硬的合理搭配，同时制造出别样的艺术美感。理石台面下暗藏白色灯带，细节处理上利用红色的蜡烛进行点缀，整个空间看起来静谧、和谐。灯光洒落在水面上，弥漫着浪漫、风情气质。

浴区一隅

　　整个空间在设计上采用对称式装饰，凸显男士的稳重、大气。立体几何形式的天花造型打破了一如既往的死板造型，再加以灯光的变化，使空间看起来更加丰富、神秘。浴区墙面装饰丰富，利用大幅的石雕佛像，演绎了豪华、高贵的风格，柱子同样利用天然浅色实木挥缝，细节处理丰富。利用石材与红色蜡烛，软硬结合材质上产生对比。凸显本案的设计理念。

↑浴区一隅

休闲区

整个空间设计还是以男士的大气、稳重为主。运用木材和其他的天然原材料，如藤条编制成的座椅家具，一侧墙面采用丝绸质感的布艺，灯光的变化体现了稳重及豪华感。艳丽的泰抱枕，是沙发或床最好的装饰，跟原色系的家具相衬，演绎着浓烈的东南亚装饰风格。墙面与天花以冷静的深色线条划分，代替一切复杂装饰。灯光的变化使空间更加神秘、安静。

↓休闲区

楼梯

楼梯是供人行走的主要通道，在细节装饰处理上，在不影响人行走的前提下，还做得恰到好处。切合着本案设计风格，利用天然材料青铜、黄铜制成的装饰品不规则摆放，蜡烛有序置放在楼梯靠墙一侧，但又不布满整个梯阶，包括一些陈列都是有序中又见变化，看得出设计别具匠心。石雕女佛像让空间变得更加静谧、神秘。

↑楼梯

↓楼梯特写

↓楼梯一隅

楼梯

此处为楼梯特写，大气中不失细节，冷静的木雕线条加以石雕头像，其实设计者是巧妙地塑造了点、线、面三者相互结合的装饰艺术效果。越是简单的东西越是能创造出意想不到的视觉效果。楼梯用了颜色绚丽的地毯铺装迎合本案设计风格，从而塑造出高雅、大气、奢华、舒适的会所环境。

↑SPA房

SPA房

    运用天然的材料藤条、木材来装饰空间。宽阔的空间，天花配合着曲线空间形式，同时对应家具的摆放，相互呼应，整体统一。蜡烛等装饰品的运用，很好地丰富了空间细节。深木色装饰墙面、点式的灯光点缀着空间，一切都那么和谐、舒适，豪华但不奢侈，旨在给人们带来东南亚风雅的气息。

→SPA房

↓SPA房

SPA房

仍然运用天然的材料藤条来做空间的立面隔断。有如图单人的SPA在暖色追光灯的映衬下显得格外开阔与温馨。SPA房的整个色泽与装饰品完美协调，尽显出这个既温馨又有浓郁民族特色的SPA空间。

浴区特写

水在烛光衬映下显得更加柔和，配合其他饰品的点缀，整个空间的氛围更显现出慵懒和放松。精致的装饰物和协调的装饰品是设计师最好诠释和传达风格韵味的媒介。

↑浴区特写